河床河岸保护概论

郭 伟 陈鸿丽 樊 云 编译

黄河水利出版社

图书在版编目(CIP)数据

河床河岸保护概论/郭伟,陈鸿丽,樊云编译. —郑州:黄河水利出版社,2008.1

ISBN 978 - 7 - 80734 - 399 - 8

Ⅰ.河…　Ⅱ.①郭…②陈…③樊…　Ⅲ.护岸 - 概论　Ⅳ.TV861

中国版本图书馆 CIP 数据核字(2007)第 202961 号

出 版 社:黄河水利出版社

地址:河南省郑州市金水路 11 号　　邮政编码:450003

发行单位:黄河水利出版社

发行部电话:0371 - 66026940　　传真:0371 - 66022620

E-mail:hhslcbs@126.com

承印单位:黄河水利委员会印刷厂

开本:850 mm×1 168 mm　1/32

印张:7.75

字数:194 千字　　印数:1—1 300

版次:2008 年 1 月第 1 版　　印次:2008 年 1 月第 1 次印刷

定价:20.00 元

前　言

对水陆界面实施保护已有1 000多年的历史,但将科学应用到这一领域实际上是近年来的事情。最近几十年,在护岸设计时,采用了一些新的研究设施,如大型风浪试验槽、紊流测流计、数值模型等。本书中列出了一些根据实验或经验得出的经验关系式,在运用时,要求对这些经验关系式进行充分理解。本书的基本思路是:拟从理论探讨入手,重点放在了解上。以此提示读者,在进行防护设计时,需要把科学与经验结合起来。此外强调了水陆界面的防护设施是大型工程的一部分,本书探讨的核心内容是如何对能够承受水流、水位差或波浪产生的荷载的护岸设施进行设计。

本书共有11章,其中第1~4章由郭伟编译,第5~7章、第8章的第1~3节由陈鸿丽编译,第8章的第4、5节及第9~11章由樊云编译。

由于编译者水平有限,不当之处在所难免,敬请读者批评指正。

编译者

2007年10月

目　　录

第1章　导　言

1.1　如何看待护岸工程

1.1.1　缘由和时机

水陆界面在人类活动中一直起着重要作用,新拓居住区往往位于海岸、河岸或三角洲地区。当水陆界面由岩石组成时,冲刷作用往往可以忽略,而当界面为细粒材料时就有必要采取保护措施了。在天然情况下,界面随着冲淤自由摆动。除非某些利益受到威胁,冲刷实际上是无关紧要的。是否采取措施防止冲刷,需要在利害之间加以权衡。

泥沙淤积和冲刷呈周期性变化。经过一段时期的淤积,人们开始利用新形成的陆地进行农业生产。当再次发生冲刷时,就会出现这样的问题:这片陆地是否应该加以保护?花多少费用加以保护?海岸防护工程的费用通常非常高,如果经济活动属于边际行动,那么放弃这片陆地而把沙脊作为基本海岸线可能是明智的。如果在此期间形成了一个完整的城市,那就另当别论。随着人口的不断增长,这样的地区面临的冲刷压力也在增大。沿天然海岸或河岸在后退线以后兴建建筑物是一种好的做法。这种后退线与海岸或河道演变以及建筑物预定的使用年限有关。例如一座宾馆的使用寿命如果为50年,那么它就应该修建在50年内不会受到侵蚀威胁的地方。

面对冲刷侵蚀这种自然现象,天然条件能提供有效保护。珊珊礁就是极好的防浪物，植被也往往起保护作用，沿河岸的芦苇及沿海岸及三角洲地区的红树林可以减小流速与波浪并使泥沙就地淤积。破坏这些天然屏障标志着一大堆侵蚀麻烦的开始，如有可能，应该避免。因此，防止侵蚀的首要措施是保护界面的植被。此外，植被在河岸生态系统中还起着重要作用。第 11 章将论述这些问题以及自然友好保护的可能性。

最后应记住的是，一旦对遭受大范围侵蚀的海岸或河岸的某一部位进行保护，受保护范围以外又可能产生新的侵蚀，最终使得不得不对整个海岸或河岸加以保护，因此要三思而后行。

大量的问题依然是在何处进行保护才是有效的。图 1-1 给出了一个河床、河岸和海岸保护的实例。渠道、河道和河口的护岸设施通常需要经得起水流、波浪和船舶引起的荷载作用。海岸防护建筑物包括海堤、护坡、堤防及防波堤。对底部侵蚀可能危及建筑物（如桥墩、坝肩、泄水闸或其他过水建筑物）的地方，有必要进行河床保护。

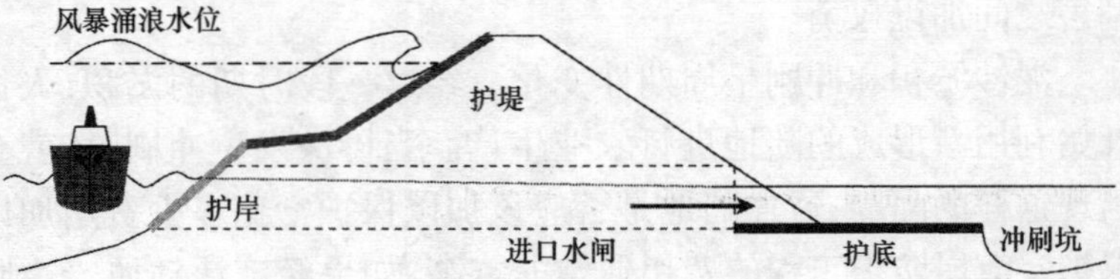

图 1-1　护岸实例

1.1.2　设　计

水陆界面的防护设施一般都是大型工程的一部分，如航道、海岸防护系统、人工岛或桥梁，因此防护设计在整体上必须与该工程协调，并作为整体设计过程的一部分。一般来说，这样得出的设计方案是有效且高效的。有效是指该建筑物对使用者和环境都有作用，即该建筑物按预期目标起作用而且对环境没有任何威胁。高效是指这个有效建筑物的成本应该尽量低，而且工期不应该比实际需要的长。

有效且高效的设计可以说是“现金价值”。在含有对建筑物要求的委托事项（ToR）中，这种预期价值是很明显的。委托事项必须转化为方案（可能的解决办法）。要求和方案不是一一对应的，可以通过试凑法来磨合，设计和比较一些可能的方案。当然，成本是一个比较因素。设计者获得现金价值的任务，可以综合考虑以下四个单元来完成，见图 1-2。

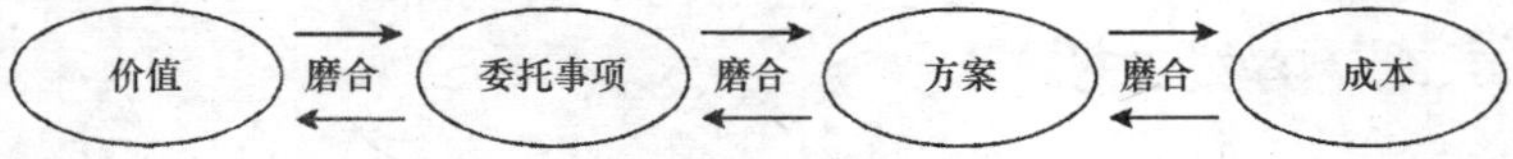

图 1-2　现金价值

设计过程具有循环性质，因为图 1-2 中的各单元不可能直接从左到右来进行。在第一阶段，设计者根据自己或他人的经验，针对委托事项思考一些方案。整个设计过程从处理图 1-2 中的 4 个单元的粗略方法开始，然后在以后的设计阶段对它们加以改进。有效性可以根据功能、环境和工艺来评价，而高效可以用成本和施工来表示，当然，这些方面会有重叠和联系。它们在每个设计阶段都起一定的作用，但重点却逐渐转移，如图 1-3 所示。

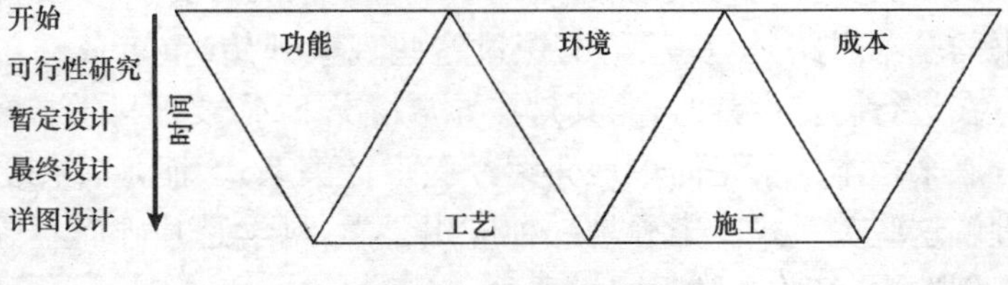

图 1-3　设计过程中的重点

在任何项目中，区分不同的详细层次是可能的。了解正在研究的这一层次的同时，密切注视相邻的层次是有益的。例如把层次区分为：①系统（大层次）；②分部（中层次）；③分段（小层次）；

④单元(微层次)。

再如,将海岸带、水系(河、湖等)、港口或圩垸定为大层次,海岸防护设施(海堤、防波堤等)、河岸、防浪堤、合龙坝和泄水闸等定为中层次,护堤、护岸或护底定为小层次,石料、大块材料等定为微层次。按这种分层,本书的名称属第三层次。第一层在背景中扮演一个角色,见第1.1.1节。第二层定为何时何地进行防护合适,当要确定块石的尺寸时,这一内容就属于第四层。可以说,在制定一个大型工程的技术计划时,护岸设计通常处在图1-3的较低部位。

1.1.3 科学或工艺

水陆界面的保护已有1 000多年的历史,但将科学应用到这一领域实际上是近年来的事情。第二次世界大战推动了人们对波浪和海岸的认识。在荷兰,1953年后,三角洲工程对防护工程的研究产生了一定的影响。最近几十年,新的研究设施(如大型风浪试验槽、紊流测流计、数值模型等)对设计的改进做出了重大贡献。虽然我们认识的科学基础有了相当大的进步,但是即使在50年后,我们对这些事物的认识大多数仍是经验性质的。本书中的大多数公式也是根据实验或经验得出的经验式。

为了避免使用错误,在运用这些经验关系式时要求充分理解。本书的基本思路是:从理论上探讨这些现象开始,重点放在了解上。在进行防护设计时,尤其是在异常情况下,需要把科学与经验结合起来。本书不是简单地介绍经验设计关系式,而是旨在更好地理解这些关系式。工程是一种应用科学,科学是基础而不是核心。创造力、经验和常识同样重要。

计算机模型在工程中起着越来越大的作用。然而,对于水利工程师来说,一张白纸和一支铅笔仍然是必需的,尤其是在设计初期,一张手绘的水流或波形草图与计算法则的正确应用同样有价值。做好这两者,都必须充分理解有关过程的物理性质。

1.2 如何对待防护设施

1.2.1 保护对象

水陆界面的规模和情况各不相同。图 1-4 为不同水系荷载现象典型值。

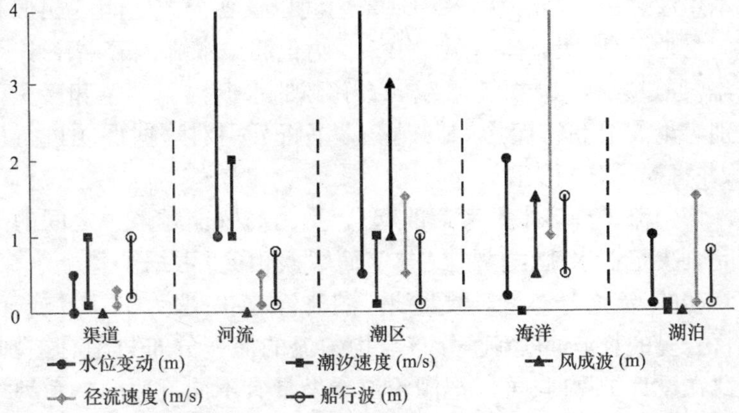

图 1-4 各种水系的水力条件

本书是针对现象而不是水系来讨论界面的稳定性。这是非常特殊的,因为大多数课本论述护岸、治河工程或航道,很多关于防护工程的知识都是基于经验,而经验通常不是全部来自上述的各个领域而只是其中之一。遗憾的是所涉及的现象都很相似,船行波和风成波起因不同,但表现基本相同。若谈到保护河床或河岸,河流中通过泄水闸等的水流也是如此。此外,在河岸保护中,风成波有时也起作用,但在关于治河工程的课本中常常被忽略了。因此本书试图找出所有这些相关问题的物理核心。

各种防护设施的一个共同作用是抵御运动水体的能量。运动水体具有能量,如水流、风成波、船行波、地下水流等,它们可以输移物质。能量来自外源,如风或船,最后通过黏滞摩擦转化为热能。这不是能量的损失,而是能量的转换,通过紊动,动能转换为热能。紊动发挥了重要作用,这将在下一章进行更详细的讨论。现在有理由认为紊动与动能转换为热能有关。在这个转换过程中,紊动对界面施加冲击。

水利工程的研究往往是经验性的而且是零碎的,这就导致各种课题的关系式大量涌现,它们之间的联系仍然不清楚。本书的基本想法之一,是要说明各种现象之间以及各公式之间的相似和不同之处,以阐明总体情况。第 2 章讨论明渠水流,第 5 章讨论孔隙流(通过粒状物质如土壤或岩石孔隙的水流),第 7 章和第 9 章分别讨论波浪和行船影响问题。本书将分别对这些课题进行讨论,并将揭示其相似性。

均匀流是许多水力考虑的起点,重力与壁面摩擦力之间的平衡完全决定了水流,边界层(与壁面摩擦相关)占据了整个水深,是紊动的,流速分布呈对数曲线。潮波(周期一般为 12 h、波长为几百公里的长波)的流速分布与均匀流的流速分布只稍有差别,因此在设计护岸时,可以把潮汐流看做具有不同流速的一系列均匀流。对于风成波(周期为 5 ~ 10 s、波长为 50 ~ 150 m),尽管在非常浅的水域接近潮波,但情况完全不同于非紊流沿轨道运动和薄紊流边界层。最后,在斜坡上破裂的波导致沿整个水深紊动。如图 1-5 所示。

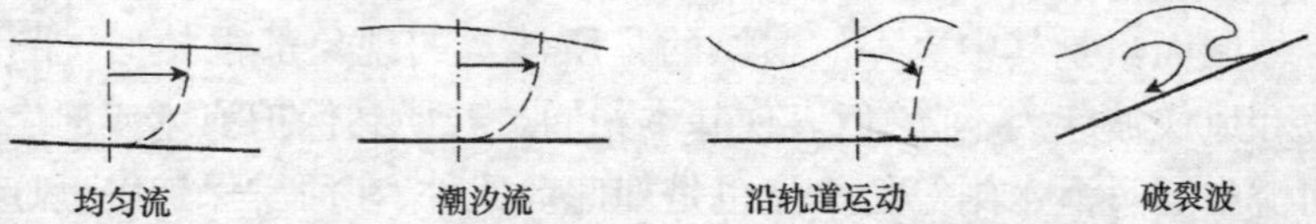

图 1-5　水流与波浪

水跃和碎波形成的水滚(涌浪)基本相同,当从一个固定的位置观察水跃而从波速移动的位置观察涌浪时可以发现这一点(见

图 1-6）。水滚与流水之间的摩擦力导致的紊流特性也很相似。第 7 章将作详细介绍。

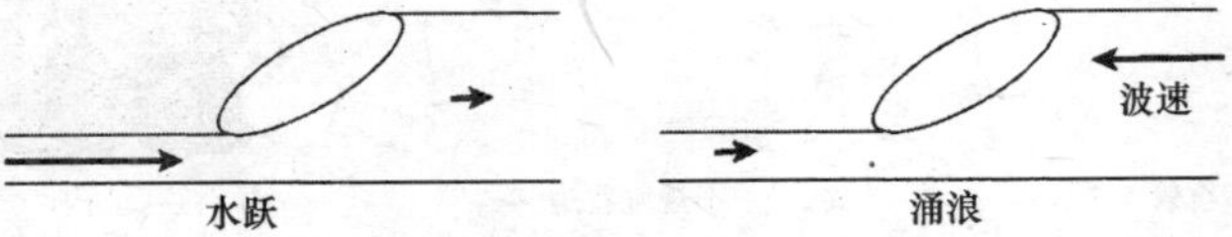

图 1-6　水跃与涌浪

流水中的固定物体与静水中航行的船只存在着相似性。物体周围的水产生加速，而船只周围则形成回流，都会引起水位下降。

水流中物体或船只的背后存在着尾流，尾流流速小于毗邻水流的流速。这种速度差导致所谓的混合层（见图 1-7），相对较慢和较快的流水在此混合形成紊流。射流（静水域或流速较慢的水域的出流）中也存在着同样的速度差（但尾流流速大于毗邻水流的流速），引起同样的混合层和紊流。

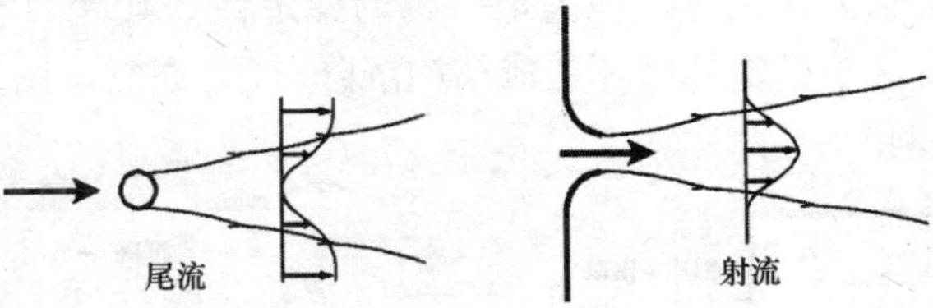

图 1-7　尾流和射流的混合层

本章讨论的最后一种相似性是管流与孔隙流（通过多孔介质如砂或石块的水流）之间的相似性（见图 1-8）。在直管中，（均匀）水流由壁面摩擦决定。而在不规则管道中，由于断面的不规则性，不存在真正的均匀流。即使是流量恒定，也总会存在加速和减速，在突变处，甚至会发生有混合层的水流分离现象。从微观考虑，颗粒之间的水流也表现出连续的加速和减速，并可用同样的基本方程式描述这种类型的水流，包括层流和紊流。然而实际上是把这种水流整合成通过许多颗粒和孔隙，这是因为掌握各个孔隙的速度资料既不可行也不必要。

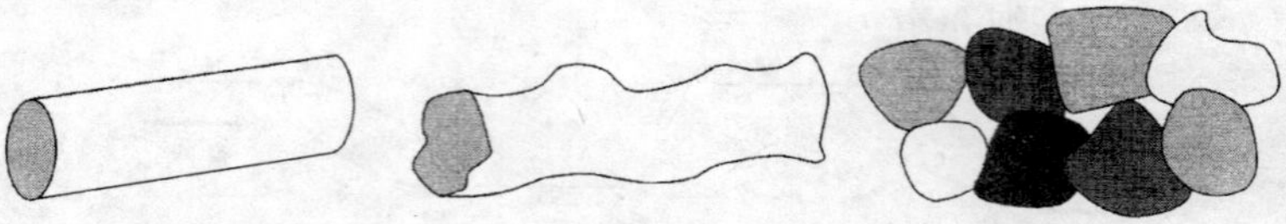

图 1-8　管流和孔隙流

上述所有例子都包含了 3 种现象因素:壁流、混合层和波动流(波浪),紊流对它们都起了一定的作用。均匀(管)流、潮汐流以及风成波的边界层中都存在壁流。水跃、涌浪(主流与水滚之间)、尾流和射流中的混合层是肉眼可见的。从微观上看,孔隙流包括壁流和混合层。简言之,各种水流情况都可以分解为这 3 种基本现象,或者说是它们的组合,但每种水流情况至少包含这 3 种基本现象之一,因此有必要认识和了解其基本特点。

通常,水力和土力机理决定结构的稳定性。其起因和结果在于两方面:保护设施的破坏造成结构沉降,反之亦然。图 1-9 给出了几个实例。

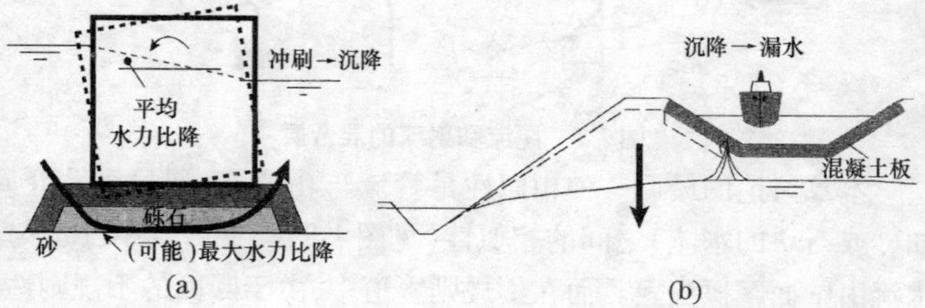

图 1-9　起因和结果

在情况(a)中,挡水结构底部的反滤层不能正常工作,因冲刷该结构会发生沉降。由于水流入口处反滤层内可能出现最大水力比降,沉降可能上游大而下游小。在情况(b)中,渠道位于地下水位以上,为了防止漏水,渠道底部设置了防渗层。如果渠道堤防产生沉降，因底土不够坚固，防渗层可能断裂，渠道中的水可能排入底土。情况(a)像是土力学问题，但是存在水力起因，而情况(b)则方式相反。

1.2.2 破坏和设计

前面几节已强调对可靠的界面防护设施设计来说，深入了解现象至关重要。忽略相关现象可能导致防护设施造成的损害比防止造成的还多，或者把问题转嫁到忽略的现象上，如图 1-10 所示。

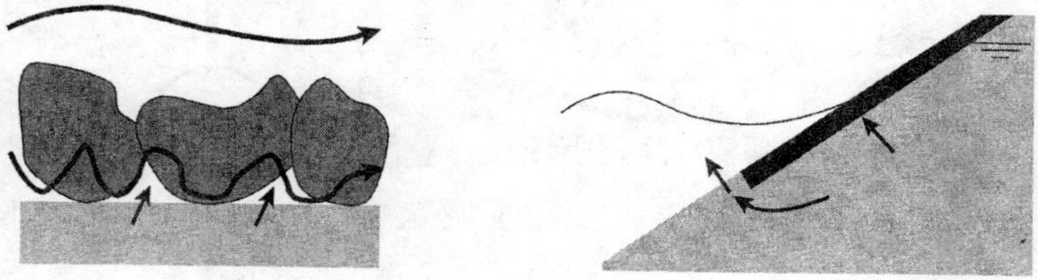

(a)　　　　(b)

图 1-10　不良的防护设计

在图 1-10(a)中，砂质河底上抛投大块石，在水流作用下河底会遭受冲刷。块石使河底流速略有降低，但紊动加剧，因此可能引起更大的冲刷。图 1-10(b)为沥青护坡，如果不护坡，在波浪作用下边坡会遭受冲刷。而在低水位时，护坡使边坡内外出现水位差，作用在护坡上的压力可能把护坡顶起。它也可能在沥青护坡边缘产生集中地下水流，导致那里产生冲刷。

图 1-11(a)示出作用于护坡设施上的力。*A* 是作用在临水面上的荷载，即波浪和水流引起的外荷载。*C* 是作用在背水面上的地下水压力。*B* 是外荷载与结构内侧物体之间的相互作用。尽管外力 *A* 通常相当强烈且引人注意，但许多护岸设施是因 *B* 或 *C* 而毁坏。

受外力 *A* 的作用需要强防护，这种强防护采用大而重的石块即可实现。图 1-10 的例子显示，由于过程 *B*，防护设施也应该是防止砂粒冲走的。为此，在表层和底土之间需要设垫层，例如反滤层、织物等。但是如果这一层不透水，C 可能就是一种威胁。这就意味着要求有渗透性（除非有使护岸设施不透水的其他理由；在这种情况下，护岸设施必须设计成能抵御可能的压力）。增加坚固度的另一种方法是确保表层的黏聚性，例如采用混凝土或沥青而不是抛石。那样，护岸会是不透水的或刚性的，如果预计会产生沉降，这又可能产生问题。因此，柔性是要考虑的另一个因素。图 1-11(b)示出护岸设计中相互矛盾的因素。

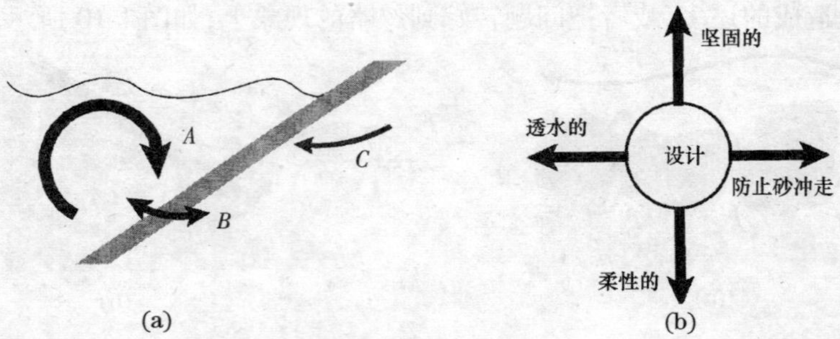

图 1-11　矛盾的需求

破坏机理：一般来说，考虑各种情况总是必要的。图 1-12 示出护岸设施的相关破坏机理。

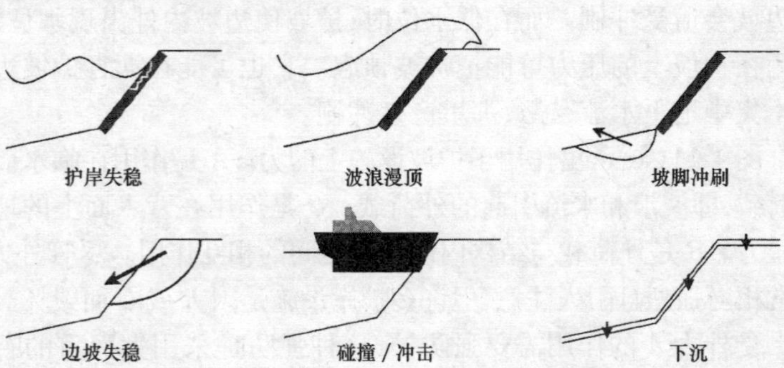

图 1-12　破坏机理

即使这些机理都不可以计算,但定性了解也有助于避免不平衡设计。洞察力比一个能计算结构某部分尺寸的精确公式更为重要。护岸设施很少因为低估了10%的荷载而破坏;大多数护岸遭到破坏是因为忽视了某种机理!

有时候设计者把大部分精力放在第一种破坏机理上,即护面层的失稳,也包括反滤层的作用(图1-11中的B)。但是如果护岸不加设防浪墙,波浪漫顶也会破坏护岸。坡脚保护常常被忽视或者低估。边坡失稳可能属于微观性质,也可能属于宏观性质,但都与坡角有关;第5章将对此进行详细的介绍。碰撞或冲击是明显的,但在设计中很难考虑到。如果护岸不是位于碰撞事故多发地点,那么防撞设计是不必要的浪费。较好的办法是准备好维修材料,在维修计划中预先考虑维修工作。

结构的破坏机理可以综合为一个事故树,见图1-13,该图给出了破坏可能的原因与树顶护坡破坏之间的关系。如果能确定各个事件发生的概率,就可能确定结构破坏的总概率并发现薄弱点。但是如果没有这样的定量资料,画一张事故树以获得总的情况是有用的。

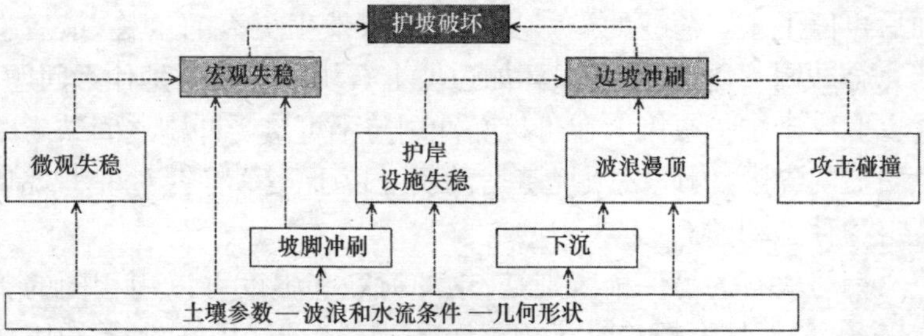

图1-13　事故树

1.2.3　荷载和强度

本书的核心是能承受水流、水位差或波浪产生的荷载的护岸设施的设计。对于由较小构件(岩块、碎石、块体等)组成的结构,强度的定义有点含糊。为了说明这一点，与钢结构进行了对比，见图 1-14。

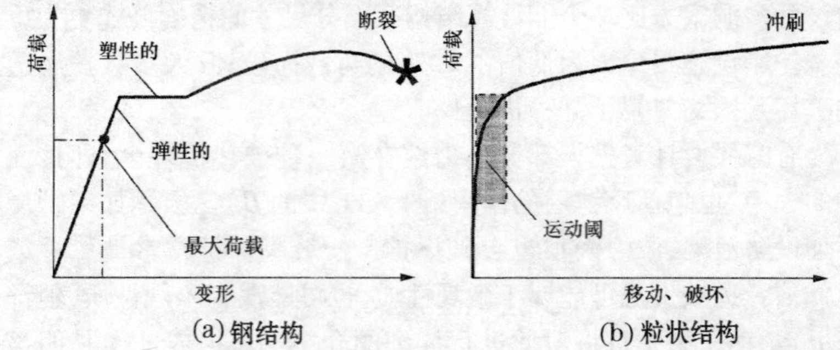

图 1-14　钢结构和粒状结构的荷载及强度

当给钢加载时，变形首先是弹性的，服从虎克（Hooke）定律。在一定的点，不增加荷载，变形变为塑性的，然后发生硬化直到钢屈服。根据对钢质的统计，通常选择钢的强度远远低于塑性极限强度。材料性能的明显变化可作为允许强度的一个标志。对于粒状结构，材料性能的变化不是很明显。当荷载小于强度时，根本不会发生任何事情。在一定荷载下，一些单元发生移动，经过若干时间后再停下来。荷载的进一步增加导致发生更大的位移，最后引起完全冲刷。通常，某些损坏如边坡上石块的移动不是什么问题，这也取决于维护政策。在可接受冲刷与不可接受冲刷之间缺乏一个明显的界限，因此必须规定运动阈。以下几章将针对各种现象规定这种运动阈。

钢与块石的另一个区别是，钢的荷载和强度可以用相同的单位表示，那就是牛顿。对于护岸工程来说，可以用 N 表示作用在单个块石上的荷载，把强度规定为块石的重量（质量 · $g = N$），但这是非常不实际的。习惯上用波高或流速来表示荷载，而强度可以用直径或厚度 d 以及材料的相对密度（$\Delta = \rho_m - \rho_w / \rho_m$）来表示，这样就导致无量纲参数如 $H/\Delta d$ 或 $u^2/\Delta gd$。

这可能会引起混淆，因为在水利工程中这些无量纲参数既可作为可变参数又可作为固定参数使用。但如果把可变参数当做输移方程中的自变量,而把固定参数当做稳定性方程中的因变量,那么它们之间的区别就很明显了:

输移,损坏 =f(可变参数,几何形状,…)

稳定(参数) =f(可接受损坏,几何形状,…)

第一类方程包含许多泥沙输移方程,如本书第 3 章中的 Paintal 公式,或第 4 章中修正形式及冲刷关系式。本书中的大多数关系式属于第二种,如第 3 章中 Shields 和 Izbash 的关系式,第 8 章中 Van De Meer 和 Hudson 的关系式。认识到这些区别是非常有用的,因为在一些教科书中使用这些参数不总是一致的。

用做可变参数时,较大值表示活动性更大(高荷载与低强度)。而用做固定参数时,$H/\Delta d$ 值较大,表示稳定性更大(同样尺寸的块石能承受更大的波浪或者说同样的波浪可以使用较小的块石)。既然已选择容许的损坏或移动的数量,那么可以把固定参数看做是可变参数的临界值。这也许有些含糊,但使用不同公式必须这样做。

根据 Van De Meer 关系式,不同之处可以利用处于破碎波中的边坡上块石的稳定性(见图 1-15)来说明,见第 8 章。在 $H/\Delta d$

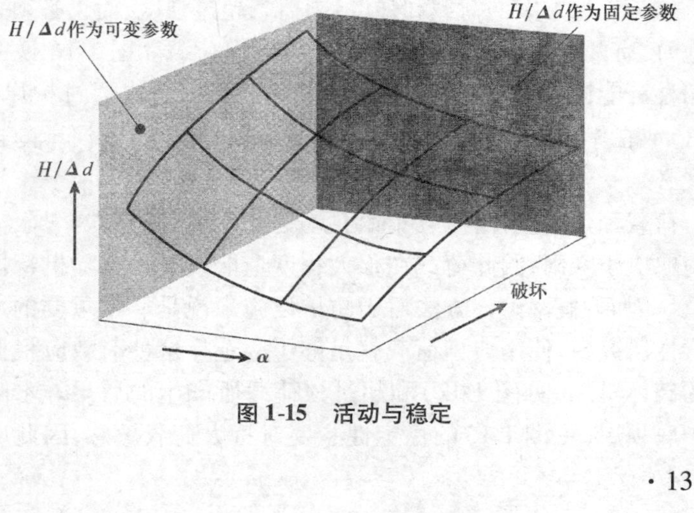

图 1-15　活动与稳定

损坏平面中，$H/\Delta d$ 是一个可变参数，在 $H/\Delta d—\alpha$ 平面中，它是一个固定参数。如果坡角为 α，块石尺寸为Δd，波浪较高，那么 $H/\Delta d$ 值较大，从而活动性和破坏性更大。对于一定的容许破坏，当坡度比较平缓时（α 小），给定的块石（Δd）可以承受更高的波浪。这与重力有关，因为重力减小了陡坡上块石的强度，而且还与坡角不同的边坡上的破裂波的不同性状有关，这将导致不同的荷载。这再一次说明，不能用钢结构确定荷载和强度的方式（荷载和强度都用牛顿表示）明确地来确定块石的荷载和强度。

举例：暴雨期间波高 3 m，砂粒径为 0.2 mm的海滩，$H/\Delta d$ 值约为 10 000。在这次暴雨中大量砂输移。对于混凝土沉箱墙，当波高相同时，$H/\Delta d$ 值小于 1，完全不发生移动。这就是说，可变参数值越高表明越不稳定。

该海岸将用块石护坡。实验发现，若坡度为 1∶2，护坡的稳定参数约为 2（块石几乎不移动），若坡度为 1∶4，护坡稳定参数约为 2.5（破坏程度相同）。如果设计暴雨的波高为 3 m，那么坡度为 1∶2的护坡的块石尺寸为 0.9 m，坡度为 1∶4 护坡的块石尺寸为 0.7 m。这就是说，固定参数值越高表示越稳定。

作为设计方案的荷载和强度：当荷载超过强度，而且必须采取措施时，有两种可行方法：增大强度或减小荷载。图 1-16 说明了这两种可能性。一个可能遭波浪冲刷的河岸，可以通过护岸（情况 A）或在岸前修建减波设施（情况 B）进行保护。若河岸的自然景观必须受到保护，则选择后者，见第 11 章。

荷载和强度统计：荷载实际上是变化的。波浪取决于风，河流流速取决于降雨，因此荷载在很大程度上取决于具有随机特性的气象。因而，概率设计方法对于防护设施来说是非常重要的。在可行性研究中，使用典型荷载就足够了。选择这种荷载应根据相关的破坏机理（见图 1-12）和超过该荷载所产生的后果。水闸后面护底顶层（见图 1-1）的稳定性主要对特大荷载敏感，因此应基

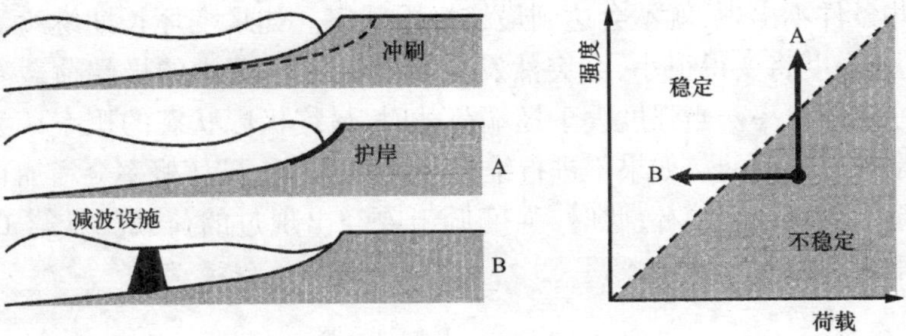

图 1-16　强度增加或荷载降低

于极端事件,而护底后面的冲刷则由每天的水流情况来确定。

通常,应根据与不同极限状态相关的各种情况来判断结构的性能。两种广泛应用的极限状态为:

(1)最终极限状态(ULS)。这种极限状态定义崩溃或使结构作为一个整体不再能完成它的主要任务的变形。它通常与极端荷载条件有关。对于第1.1.2节的各层次来说,这意味着例如一个堤防的崩溃(中层次)。在事故树(见图1-13)中,ULS 为树的较高部分。

(2)适用性极限状态(SLS)。这种极限状态规定所需的性能,例如,在港口使用防波堤减波。在本书中它描述一种需要维护的状态。对于第1.1.2节的各层次来说,意味着例如堤防保护受到损坏(微层次)。

注:对于护岸的顶层,它可看做是最终极限状态,以表明这些规定还取决于详细程度。图1-13 中,适用性极限状态与树的底部有关。

达到这两种极限状态的概率是超出该状态所引起破坏的函数。显然,达到最终极限状态的机会要比达到适用性极限状态的机会低得多。维护政策与这些极限状态密切相关。结构作为一个整体,强度可以低于极端条件下所需的水平(见图1-17),只要这些条件不出现,就不会达到最终极限状态。如果变坏长期继续下去,强度将变得很小,会突然发生崩溃。图 1-17 中的极端荷载有一定的概率。当强度大于极端荷载时,最终极限状态的概率认为是可以接受的。如果不进行维护,强度会降低,破坏概率会增加直至达到 100% 左右,此时,强度低于曾经出现过的荷载。见第 10 章详细说明。

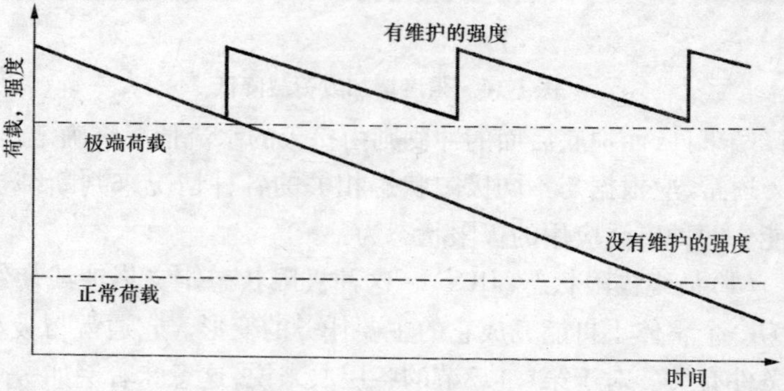

图 1-17　强度随时间和维护而变

第 2 章　水流荷载

2.1 导　言

在设计护岸工程时,有必要掌握有关流速场的详细资料。对于很多工程来说,水流资料可以得自历史记录或网络模型,这种模型可以计算各种数量,例如,流量。因此,如果已知某处的几何数据,就可求得平均速度:$\bar{u}=Q/A$。

对于河弯(见图 2-1(a))护岸的设计,必须了解近岸的流速,它可从河道或缩尺模型的测量结果得出,也可从数值模型得出。在图 2-1(b)中,由于主流与边墙附近水流之间的分离,一些部位的水流方向与主流方向相反,因此采用出流下游横断面的平均流速是不恰当的。图 2-1(c)为垂直断面的类似情况。采用平均速度值($\bar{u}=Q/A$),例如,对于均匀流的谢才定律 $\bar{u}=C\sqrt{Ri}$,由于潜坝上下游的几何条件相同会得出几乎相同的流速值。然而,该图显示上下游的水流情况完全不同。上游流速呈对数曲线分布,属

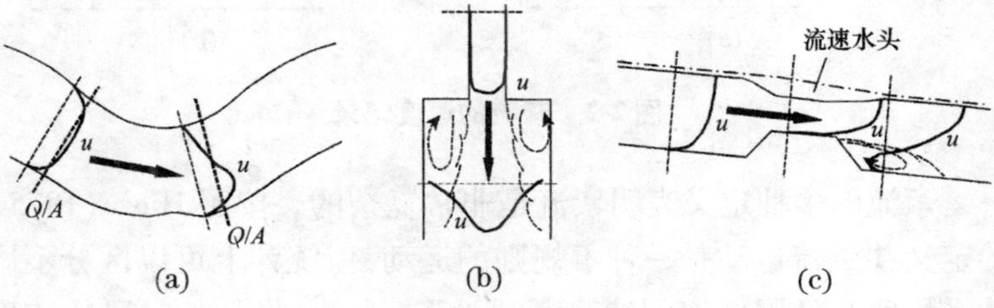

图 2-1　不同场合的流速场

均匀(稳定)流,潜坝下游出现漩涡,水流分离,靠近底部的水流方向与主流方向相反。漩涡可以看做是水流的一种不明确的边界,它也会影响紊流度。实际上,水流总是紊动的,且在主流与漩涡的过渡带紊动更厉害并持续不断,一直延续到远下游。这种区域的水陆界面的保护必须更加坚固,如果不加防护,冲刷会相当严重。

对于每位水利工程师来说,了解水的流动方式是至关重要的,而画出流速场的略图标志着各个工程的开始。对于这种略图必须把平均流速变为局部流速,而且还要对紊流有一定的了解。一般而言,必须深入了解水体内部正在发生什么。在水力学中紊流是最复杂的课题之一,下面几节将研究紊流的几个基本方面,重点放在现象,而不是公式。

2.2 紊　流

本节讨论紊流的特性及其在水利工程中的重要性。紊流最显著的特征之一是速度和压力呈不规则波动,见图 2-2。

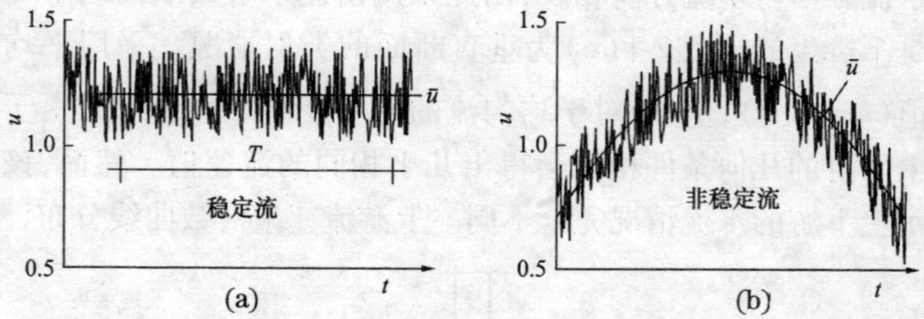

图 2-2　紊流的速度记录

紊流的多种定义表明紊流是非常复杂的。按照 Hinze(1975)的定义:"紊流运动是一种不规则的运动,但统计上可以区分不同的平均值并可用概率定律进行描述"。为此,将某一时段的速度进行平均,"修平"紊流的脉动。速度值和压力值可表示为:

$$
\left.\begin{array}{ll}
u = \bar{u} + u' & v = \bar{v} + v' \\
w = \bar{w} + w' & p = \bar{p} + p'
\end{array}\right\} \tag{2-1}
$$

式中：$\bar{\ }$ 表示平均值；$'$表示波动的度量。

选择进行平均的时段 T(有时称为紊流时段)，见图 2-2(a)，对修平紊流来说应足够长，相对于主运动则应足够短。对于稳定流来说图 2-2(a)是有效的，这里所说的稳定是指平均值不随时间而变。非稳定流的紊流信号可用活动平均值来修平，见图 2-2(b)。

在获得统计上不同平均值的下一步是确定速度波动强度的度量。既然定义为 0，这不能直接用波动的平均值来确定，因为按定义，波动的平均值为零，见图 2-2。因此，把波动平方后再进行平均。现在把强度定义为该平均值的平方根，且与速度有相同的因次：均方根值(均方根值等于高斯分布信号中的标准差)。

然后紊流可以用不同的方式来表示，例如：

$$
k = \frac{1}{2}\left(\overline{u'^2} + \overline{v'^2} + \overline{w'^2}\right), r_u = \frac{\sqrt{\overline{u'^2}}}{\bar{u}}, r_v = \frac{\sqrt{\overline{v'^2}}}{\bar{u}}, r_w = \frac{\sqrt{\overline{w'^2}}}{\bar{u}} \tag{2-2}
$$

式中：k 为紊流的总动能；r 是 u、v、w 的相对波动强度，习惯上它们都与水流主分量相比较，当 r 没有任何脚标时即为 r_u。

要知道使均方根值为无量纲值所用的这个参数。可以把紊流波动 u'与在不同地方测得的平均速度 $\bar{u}$ 联系起来。

雷诺应力：在二维情况下，由于使用了平均速度，动量方程中出现了附加的正应力和剪应力：

$$
\rho\left(\frac{\partial \bar{u}}{\partial t} + \bar{u}\frac{\partial \bar{u}}{\partial x} + \bar{w}\frac{\partial \bar{u}}{\partial z}\right) = -\frac{\partial \bar{p}}{\partial x} + \mu\frac{\partial^2 \bar{u}}{\partial z^2} - \rho\left(\frac{\partial\,\overline{u'^2}}{\partial x} + \frac{\partial\,\overline{u'w'}}{\partial z}\right) \tag{2-3}
$$

水流阻力：在层流中，阻力(表现为剪应力)与流速成比例。在紊流中，方程(2-3)中的二次项占主导地位，而且 τ 和 u 之间的关系为二次方程式,见图 2-3(a)。

$$\tau = c_f \rho u^2 \tag{2-4}$$

图 2-3(b)显示了管道和河道中层流和紊流的速度分布。由于紊流的动量交换,紊流速度更均匀。

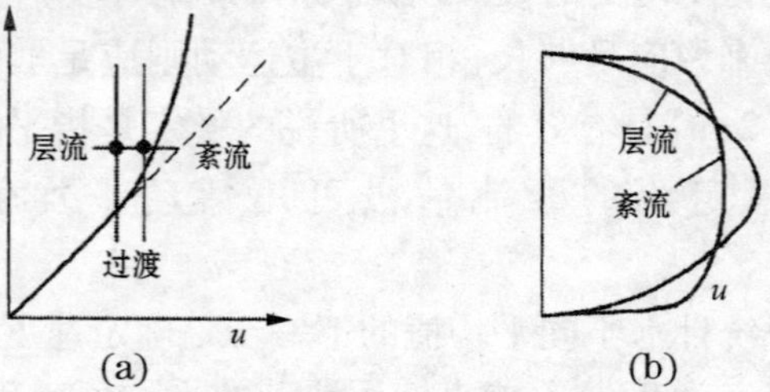

图 2-3　层流和紊流中的阻力

2.3　壁　流

2.3.1　均匀流

最基本的和最著名的壁流之一就是渠道中的均匀流。通过主流和湍流涡旋中的动能,斜坡不断引起势能转化为热。底部剪应力和斜坡流体压力的分量之间存在一种平衡,见图 2-4。

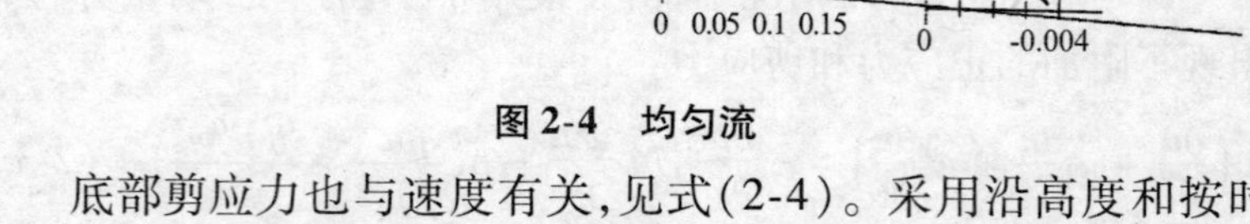

图 2-4　均匀流

底部剪应力也与速度有关,见式(2-4)。采用沿高度和按时间的平均速度(标两根上划线,在日常应用中减为一根,甚至没有),导致:

$$\tau_b = \rho ghI = c_f \rho \bar{\bar{u}}^2 (= \rho u_*^2 = \rho \overline{u'_b w'_b} \Rightarrow \bar{\bar{u}} = \frac{1}{\sqrt{c_f}} \sqrt{ghI}) \tag{2-5}$$

式中：u_* 就是所谓的剪切速度，定义为：$u_* = \sqrt{\tau/\rho}$；c_f 是一个无量纲摩擦系数。h 的使用仅对无限宽的渠道是正确的，否则应使用水力半径 R。

在传统的水力学中常常应用经验关系式，例如：

$$\left.\begin{aligned} &\text{谢才公式：} \quad \bar{\bar{u}} = C\sqrt{RI} \qquad C = \sqrt{\frac{g}{c_f}} \\ &\text{曼宁公式：} \quad \bar{\bar{u}} = \frac{1}{n} R^{2/3}\sqrt{I} \qquad n = R^{1/6}\sqrt{\frac{c_f}{g}} \end{aligned}\right\} \tag{2-6}$$

C 和 n 不是无量纲的，都包含重力加速度 g。作为引起水流动的主要原因的重力仅隐含在经验公式中。C 用[$m^{1/2}/s$]表示，n 用[$s/m^{1/3}$]表示。n 为粗糙系数，而 C 实际上是一个“光滑”系数（C 值较大意味着糙率较小）。根据式(2-5)和式(2-6)以及 u_* 的定义，$u_* = \bar{\bar{u}}\sqrt{g}/C$。

根据 Nikuradse - Colebrook，本书中使用的 C 与等效糙率有关，对于水力粗糙情况，有：

$$C = \frac{\sqrt{g}}{k}\ln\frac{12R}{k_r} \approx 18\lg\frac{12R}{k_r} \tag{2-7}$$

k_r 为等效糙率，对于颗粒光滑床面，k_r 通常是特征粒径的几倍（见第 3 章）。对于动床，波纹或沙丘的形成使 k_r 值可能较高。

图 2-4 也给出了一些均匀流的测量结果。$\bar{u}$ 表示紊动期的平均值，$\bar{\bar{u}}$ 表示紊动期和沿水深的平均值。鉴于实际原因，该符号在后面几节中没有使用。垂线速度分布呈对数曲线，平均速度出现在0.4倍水深处（从河底算起）。紊流波动约为：

$$\bar{r} = \frac{1}{\bar{\bar{u}}h}\int_0^h \sqrt{\overline{u'^2}(z)}\,\mathrm{d}z = 1.2\frac{\sqrt{g}}{C}, \frac{\overline{u'_b w'_b}}{\bar{\bar{u}}^2} = \frac{g}{C^2} \qquad (2\text{-}8)$$

沿深度平均的波动表示式是 1993 年 Hoffmana 根据数值计算得出的,而紊动剪应力直接从式(2-5)和式(2-6)得出。现在我们有了表示紊动流量的简单方程,能计算出雷诺应力。在均匀壁流中这些只是糙率函数。这不奇怪,因为壁流中壁面的糙率是引起紊动的唯一根源,在图 2-4 中也是清楚可见的。C 值的取值范围为 40 ~ 60$\sqrt{\mathrm{m}}$/s,r 沿深度的平均值为0.06 ~0.1。

2.3.2 非均匀流

实际上,水流从来都不是均匀的。加速和减速影响着边界层和水流的紊动。边界层定义为受壁面影响的区域,与边界层以外的区域形成对比。在稳定的均匀流中,沿整个水深形成边界层,速度呈对数曲线分布,见图 2-4。下面将说明边界层没有完全形成的壁流。当水突然沿壁面流动,边界层就开始形成,见 Schlichting 的举例说明,1968 年。图 2-5 显示了当把一块无限薄的板置于流速 $u = u_0$ 的水流中时边界层的形成过程。

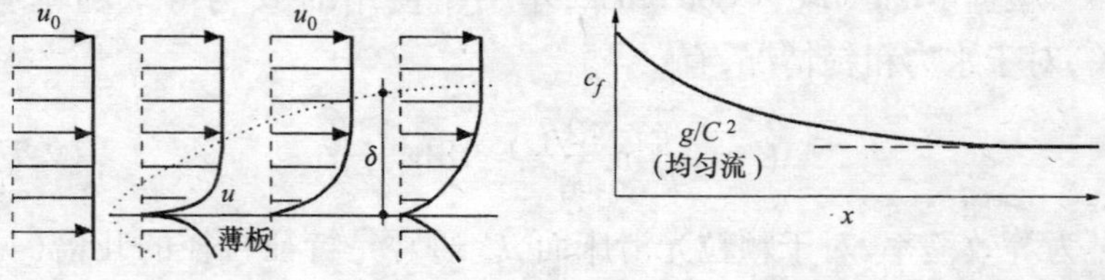

图 2-5 边界层的形成

沿薄板的剪应力使水流变慢,动量交换导致边界层形成,可粗略估计边界层的增长为 $\delta(x) \approx 0.02x - 0.03x^2$,这表明当距离为水深的 30 ~ 50 倍时,水流完全发育,边界层占据整个水深。随着 δ 的增大,剪应力减小,最后 c_f 达到式(2-5)中所表达的值。

在图 2-5 这样的情况下,在宏观层次上没有加速或减速,薄板只是形成了一个新的边界层。如果有了加速或减速就会出现其他情况。加速是因水流方向的压力梯度造成的，相反的梯度会导致减速，两者都会引起边界层厚度的变化。δ 的变化可粗略地由下式表示(Booij,1992)：

$$\frac{\mathrm{d}\delta}{\mathrm{d}x}=\frac{-(4\sim5)\delta}{u_0}\frac{\mathrm{d}u_0}{\mathrm{d}x} \tag{2-9}$$

表明加速引起边界层厚度减小，减速则相反。在速度分布中，边界层的这些变化是明显的，见图 2-6。在加速水流中，流速分布图比较完整，$\partial u/\partial z$ 增大，因而剪应力增大。

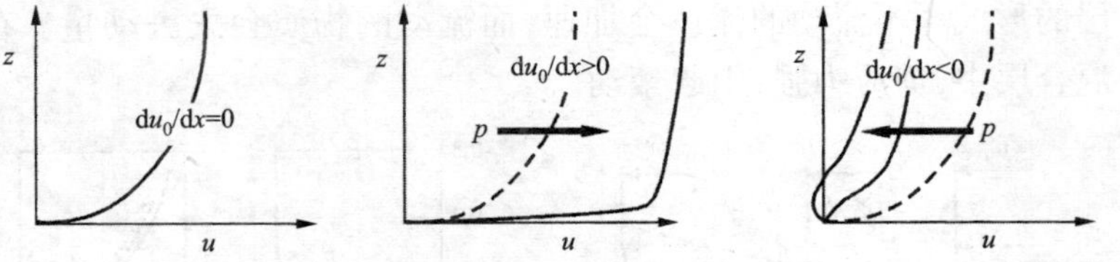

图 2-6 压力梯度对流速分布的影响

从图 2-7 可以看出加速对紊动的影响。在风洞中，紊动是借助栅格引起的。栅格下游波动减小。在收缩段，由于水流集中，水流方向的波动进一步减小，而垂直于水流方向的波动加大。紊动动能 k 的总量几乎保持不变。由于收缩段流速增大，采用局部平均流速的相对紊流度 r 减小，见式(2-2)。

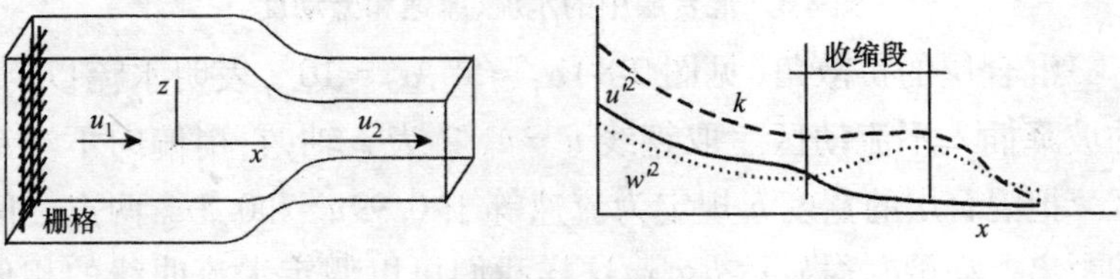

图 2-7 风洞收缩段的紊动(Reynolds,1977)

在减速水流中情况则相反：边界层随着可能的水流分离而增长(见图 2-6)，紊动显著增加。下面几节将举例说明。

2.4 无压流

2.4.1 混合层

当两种流体以不同速度相互向前流动时，它们之间就会形成混合层，与壁流中边界层的形成差不多。图 2-8 显示了混合层的某些特征（Rajararnam，1976）。为了简化，图中一层是流动的，而另一层则是不流动的，这并不重要，因为任何速度差都会导致混合层的形成。不流动的流体会加速，而流动的物质会失去动量。在混合层中，剪应力强，引起紊动。

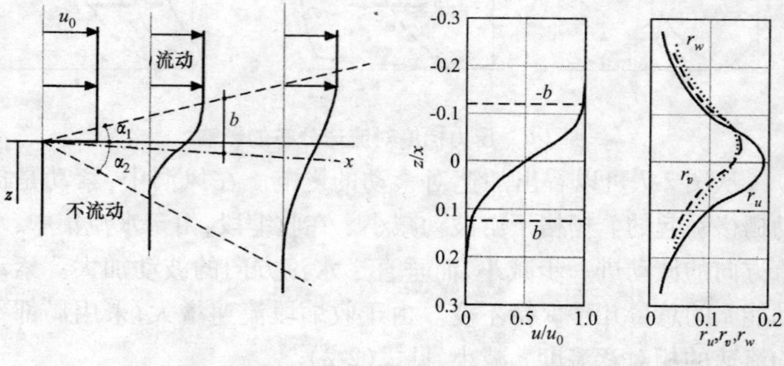

图 2-8　混合层中的水流、流速和紊动度

混合层的扩散角（见图 2-8）$\alpha_1 \approx 5°$，$\alpha_2 \approx 10°$，表明水流以1∶6的坡降插入不流动区。取直线 $u = u_0/2$ 为 x 轴，它稍偏向不流动区。把混合层的宽度 b 规定为流速等于 $0.99u_0$ 和$0.5u_0$ 两点之间的距离。动量方程显示 $b \propto x$，这样我们可以假定水流曲线的相似性，因此 u/u_0 只是 z/b 的一个函数。这种相似性假设已经在实验中得到证实，图 2-8 是根据测量结果绘制的（Rajararnam，1976）。绘出了u/u_0。对 z/x 的曲线，在 $b \propto x$ 的情况下，相当于绘制了 u/u_0

对 z/b 的曲线。

混合层的流速分布可以表示为：

$$\left.\begin{aligned}&\text{当 } z < -b \text{ 时}, u = u_0\\&\text{当 } z \geqslant -b \text{ 且 } b \approx 0.12x \text{ 时}, u = u_0 e^{-0.693(\frac{z}{b}+1)^2}\end{aligned}\right\} \tag{2-10}$$

紊流速度的波动影响稳定性和冲刷，r 的一些测量值也在图 2-8中示出。注意，利用剪切层的驱动速度 u_0，使各个方向的波动成为无量纲的。当速度梯度最大且 $u = 0.5u_0$ 时，u' 值最大。与局部速度相比，速度波动是它的 2 倍。混合层中心总的紊流动能与 u_0 有关，约为：$k/u_0{}^2 = (r_u{}^2 + r_v{}^2 + r_w{}^2)/2 \approx (0.2^2 + 0.15^2 + 0.15^2)/2 \approx 0.0425$，见式(2-2)。

2.4.2 射 流

射流流入大水体，其流速比周围流体大得多。水利工程中的许多水流条件与射流相似，比如涵洞的出流或船舶螺旋桨后的水流。落入卷跃碎波(见第 7 章)的水体也具有射流的特征。平面射流是从一个孔口流出的二维出流，而圆形射流是轴对称的三维出流。射流牵引周围的水体，以恒定的动量通量引起水流方向的流量增加。极端情况是，一端是无穷小的孔口存在极高的流速，另一端是无穷大的过水面积存在极低的流速，但动量通量相同。图 2-9示出射流的一些特点。

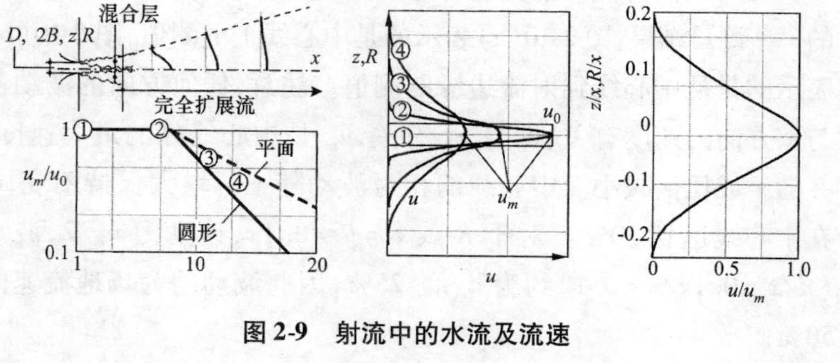

图 2-9 射流中的水流及流速

在孔口附近（水流扩展区），紊动贯入射流的中心，这是前一节描述的混合层。中心线的流速为 u_0。当水流完全扩展后，流速降低，射流扩散，而且无量纲速度分布曲线不再随 x 而改变。见图 2-9。

这里只介绍与水利工程相关的成果。至于射流现象的详细描述，请参考 Rajararnam（1976）。流速分布可以用只有两个参数的高斯曲线描述，u_m（射流中心处为 u）和 b（典型宽度，通常规定 $u = u_m/2$ 处的宽度）。u/u_m 对 z/b（平面射流；对于圆形射流则为 R/b，R 是从中心量起的径向距离）关系曲线对于所有 x 来说都相似（在扩展区，见图 2-9）。对于平面射流：$u_m \propto 1/\sqrt{x}$，且 $b \propto x$；对于圆形射流：$u_m \propto 1/x$，$b \propto x$。其比例系数必须通过实验测定。对于自由射流，发现具有如下比例关系，也见图 2-9：

$$\left.\begin{aligned}&\text{平面射流：}\quad u_m = \frac{3.5u_0}{\sqrt{x/B}} \quad b = 0.1x \quad u = u_m \mathrm{e}^{\left(-0.693\left(\frac{z}{b}\right)^2\right)}\\&\text{圆形射流：}\quad u_m = \frac{6.3u_0}{x/D} \quad b = 0.1x \quad u = u_m \mathrm{e}^{\left(-0.693\left(\frac{R}{b}\right)^2\right)}\end{aligned}\right\} \tag{2-11}$$

这些表达式只在完全扩展的水流区有效，平面射流在 $x = 12B$ 处开始（B 为孔口宽度的一半），圆形射流在 $x = 6D$ 处开始（D 为孔口半径）。在水流扩展区，流速大约为 u_0。

因为我们再次对紊流波动感兴趣，故在图 2-10 示出圆形射流的一些测量结果：图 2-10（a）表示的是中心线上的测值，图 2-10（b）表示的是从中心线到射流边缘的测值。注意，任何方向的波动都与 x 方向的速度有关，即与 u_m 有关，u_m 是中心线处的最大速度，并随 x 成比例减小。中心线的相对波动随 x 的增大保持不变，r_u 在中心线达到 30%。对于 R 或 $z = b \approx 0.1x$，速度为 $u_m/2$，波动（$R/x = 0.1x/x = 0.1$）约为 u_m 的 25%，因此波动约为场地流速的 50%。

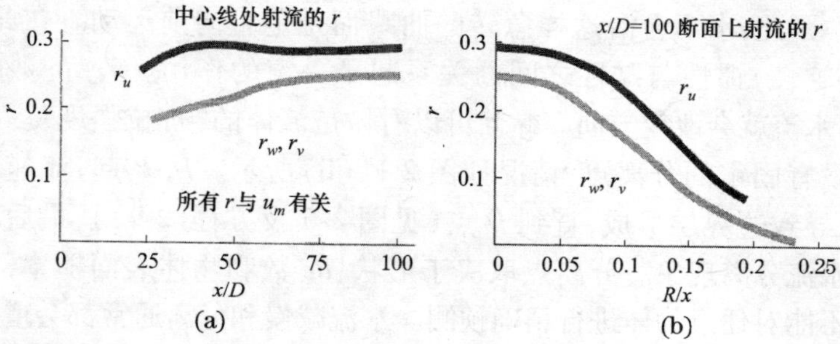

图 2-10　圆形射流的紊流波动

举例：从直径为 1.5 m 的喷嘴射出的圆形射流，速度为 6 m/s。那么在喷嘴下游 15 m 处和距离射流轴线 1 m 处的速度是多少？根据方程(2-11)，射流轴线下游 15 m 处的速度为：$u_m = 6.3u_0/(x/D) = 6.3\times6/10 = 3.78$ (m/s)。离轴线 1 m 处的速度为：$u = u_m\exp[-0.693(R/0.1x)^2] = 2.78$(m/s)。

2.5　壁流与自由流的组合

2.5.1　水流分离

大多数水流是壁流与自由流的组合或交替，例如，沿潜坝、坝肩、丁坝或桥墩的水流，以及河流和渠道中的收缩与扩大段。对于几何形状变化的典型（垂直和水平收缩及扩大，外来物体），根据试验结果对加速、减速和紊动进行讨论与说明。重点仍然是现象而不是公式。

在这些情况中边界层和混合层都出现。可以把水流分离视为从壁流到自由流的过渡。在锐缘情况下（见图 2-11），很容易看出水流不得不分离，因为不分离意味着流线会形成一个直角，半径 $R=0$，从而导致无限大的向心力（$F_c = u^2/R$）。

因此，水不会沿这样急转的曲线而是笔直向前运动。在此，(传递性)惯性与黏性之间的关系起了一定的作用。若 *Re* 数很低，水流就会改变方向。黏性可以看做是流体的“抗拉强度”。如果没有固定的分离点，情况如图 2-11(b)所示。从 *B* 起，流速下降，导致边界层形成，直到 *D* 点(见图 2-6 及方程(2-9))，最后出现水流分离现象。分离点取决于形状、*Re* 数和物体表面糙率，而且不能对任意物体进行精确预测。水流减慢和分离通常都会增大紊动，从而水流产生荷载。

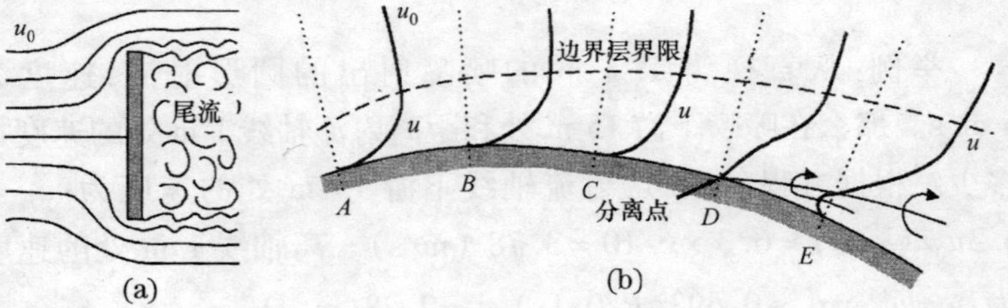

图 2-11　粗糙和圆形物体周围的水流分离现象

2.5.2　垂直扩大(后向台阶)

水流方向水深的突然增大说明出现了后向台阶。台阶前的均匀壁流变成自由流，台阶紧下游出现混合层，最后又变成均匀壁流，水深增大。图 2-12 示出后向台阶附近的一些测量结果，主要摘自 Nakagawa/Nezu(1987)。图 2-12(a)示出某些特征区的水流情况。在混合层和底部之间存在一个回流区，这在完全自由的混合层的情况下是不存在的。主流降落的位置是重附着点。从这里出现一个新的壁流边界层，而且水流会达到一种新的平衡。图 2-12(b)、(c)和(d)分别示出 $\bar{u}/\bar{u}_1$、r_u(与 $\bar{u}_1$ 有关)和 $u'w'/\bar{u}_1^2$。$\bar{u}/\bar{u}_1$ 是台阶顶部的最大速度(按时间平均)。混合层和回复到均匀壁流的趋势是明显的。速度分布和 r_u 值正好符合式(2-10)和图 2-8。重附着点位于台阶下游 5 ~ 7 倍台阶高度处。在重

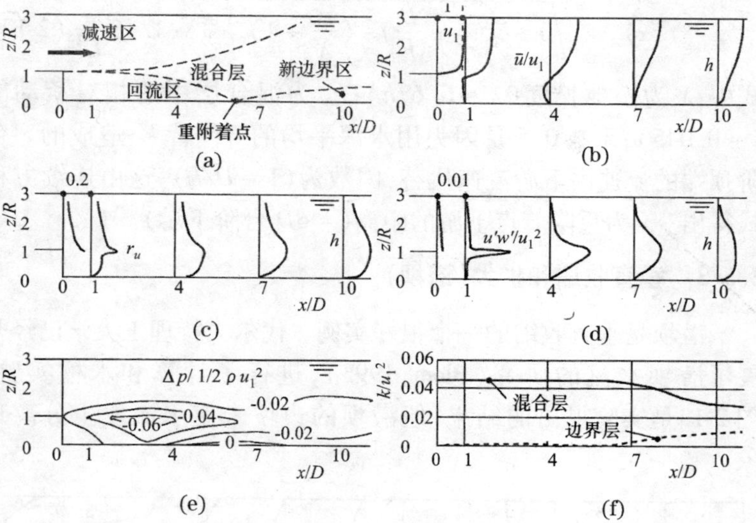

图 2-12　后向台阶的水流现象

附着点附近稍微靠下游的区域似乎是冲击护底的关键区，见第3章。很明显，台阶下游10倍台阶高度的地方水流仍然不是均匀流。

图2-12(e)示出偏离静水压力的偏差($\rho\ g(h-z)$)，它已用伴随台阶顶部流速($\Delta\rho/2\rho u_1^{\ 2}$)的压力变成无量纲量。在重附着点附近，水流冲击底部，压力高。由于水掺入主流，回流区压力低。这种压力形式导致重附着点的水流与主流方向相反。

为了计算石块的稳定性和冲刷，重要的概念是要将水流的恢复度作为台阶下游距离的函数。图2-12(f)(摘自Hoffmans，1993)显示了混合层中的紊动到新的壁流边界层的紊动的过渡。台阶下游的 $k/u_1^{\ 2}$ 的值为0.045，如第2.4节图2-8所示，边界层的最终紊动度根据与式(2-8)类似的表达式计算。

对于重附着点的下游，Hoffmans提出用下式计算按水深平均的相对紊动度 r：

$$r(x) = \sqrt{0.5k_0(1 - \frac{D}{h})^{-2}(\frac{x}{\lambda} + 1)^{-1.08} + 1.45\frac{g}{C^2}} \quad (2\text{-}12)$$

式中:λ 为松弛长度($\lambda \approx 6.67h$);k_0 为混合层中的相对紊动能(≈ 0.045);系数 0.5 是因为用水深平均的 r 代替 k_0 造成的。台阶顶端的流速由下游流速代替,因数为($1 - D/h$),这由连续方程式得出。x 为重附着点下游的距离($\approx 6D$ 台阶下游)。

2.5.3 垂直收缩和扩大(潜坝)

潜坝是垂直收缩的一个很好实例。代尔夫特理工大学已经开展了潜坝水流的研究(Blom,1993),进行了计算和水槽实验。图 2-13是实验得出的结果,但潜坝的边坡未使水流发生分离现象。

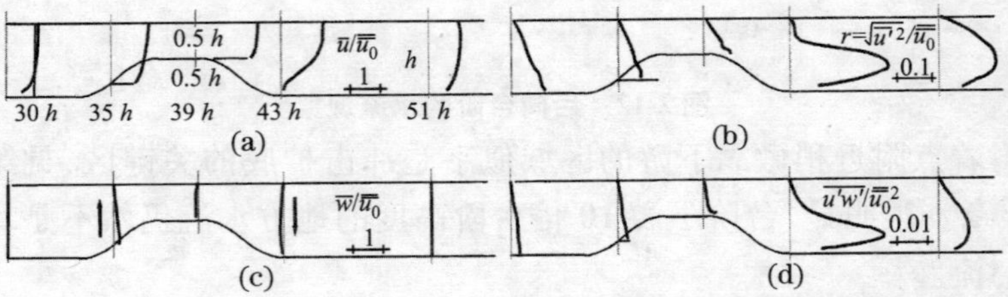

图 2-13 潜坝周围的水流特征(Blom,1993)

从图 2-13(a)可以看出速度的变化:潜坝前呈对数分布,顶部为加速流和矩形分布,潜坝范围以外为减速流和几乎分离的水流,而且又慢慢恢复到均匀流的对数分布,见图 2-6。除潜坝附近外,竖向流速可以忽略(见图 2-13(b))。

紊流波动 r_u 与 u_0(上游平均流速,Q/A,图 2-1(c))有关,在潜坝前相当小而在潜坝上保持基本相同,从而导致局部 r 值较低(平均流速提高 1 倍),潜坝范围以外,由于减速作用以及能量转化为紊动(在基础水力学中这个内部过程称为卡诺能量损失),紊动度有了相当大的增加。潜坝范围以外的 r 值约为 0.3,稍稍低于混合层的值0.35~0.4（~0.2与潜坝顶的流速有关，为下游平均流速的2倍）。因此，即使没有水流分离现象，这种流态也与后向台阶的流态相似，而且减速始终会导致紊动度大增。

在加速区剪应力往往增大，从图2-13（d）可以看出。在减速区，当流速梯度最大时剪应力大，但在底部很小。记住，收缩段后面的剪应力不能决定荷载；雷诺正应力可能更重要。在潜坝范围以外，水流慢慢恢复为均匀流。

2.5.4 水平扩大

这种情况与第2.5.2节的后向台阶相似，但现在水流在水平方向收缩。代尔夫特理工大学对此进行了研究（见举例，Tukker，1998 和 Zuurveld，1998）；图2-14显示了一些研究结果。

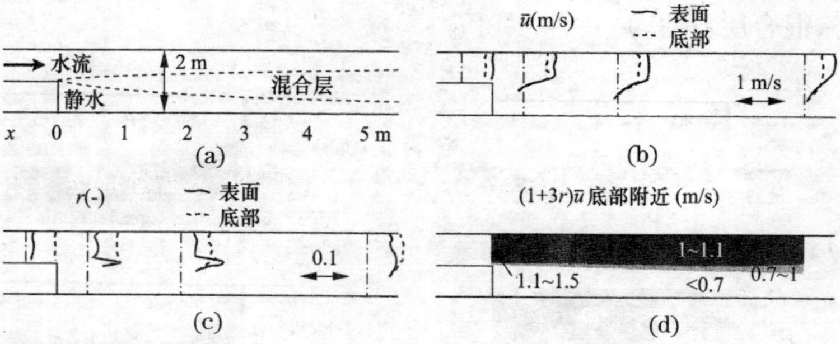

图2-14 水平扩大的水流特征（Zuurveld，1998）

混合层起源于突然扩大处之外，但与第2.4.1节描述的情况相比，由于底部摩擦力（见图2-14（a）），它的发展受到限制。底部和表面附近，流速蔓延到静水区，在扩大段外又形成回流（见图2-14（b））。紊流波动说明底部和表面之间存在很大的区别（见图2-14（c））：在表面，混合层的影响很明显，而在底部摩擦力起主要作用。图2-14（d）显示了底部附近的峰值流速。这些峰值流速

$(\bar{u}+3\sigma=[1+3r]\cdot\bar{u})$通常是引起稳定问题和冲刷的原因。底部附近的最大峰值流速似乎出现在主流而不是混合层。

2.5.5 水平收缩和扩散(丁坝)

桥墩和丁坝是水平收缩很明显的例子。河宽的自然变化和凸出点表明相同的现象。代尔夫特理工大学为了研究冲刷和颗粒的稳定性,把水槽1/6的宽度拦断,研究这种条件下的流态(Ariens,1993)。

图2-15显示了速度$\bar{u}$(垂线平均和紊流期平均,见式(2-1))的测量值,相对紊动度(与$\bar{u}$的场地值有关)r,以及(绝对)峰值流速$(1+3r)\bar{u}$。图中加速和减速是显而易见的,加速再次引起相对紊动度从8%减小至5%以下,而减速区相对紊动度增大。在混合层,相对紊动度达到较高值(现在因水流被迫从水槽侧边流向中心,混合层弯曲。)

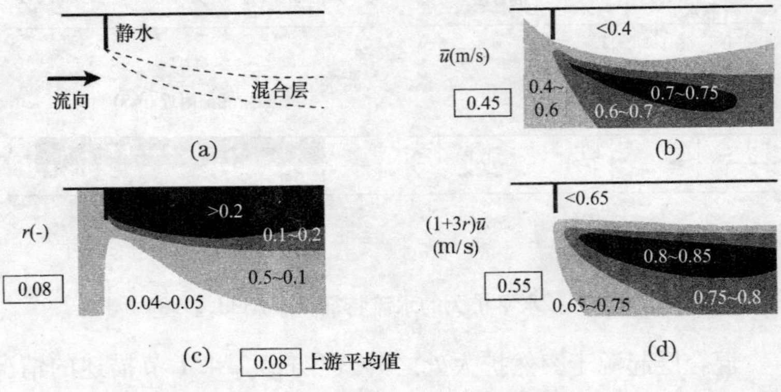

图2-15 水平收缩的水流特征(Ariens,1993)

示出峰值流速的图中包含一大片高值区。与第2.5.4节中的扩大段对照,最高峰值流速区在很大程度上与混合层一致,这是因为流速态势与丁坝周围的加速有关。

2.5.6 外来物体

外来物体的例子是桥墩和突堤、海上结构物和海上平台。研究较多的外来物体的基本形状是圆柱体。由于这种形状对工程很重要，因此注意圆柱体周围复杂的水流特点是非常有用的。在很大程度上，流态和水流的作用力由圆柱体周围的水流分离来确定，但由于分离取决于表面糙度和 *Re* 数（定义为 uD/v，D 为圆柱体的直径），因此仍然很难确定。另外，圆柱体周围的水流的确是三维的。

势流（见举例，LeMehaute，1976）是研究圆柱体周围水流的一种典型方法，它忽略了上述复杂因素中的某些因素，但作为起点仍然是有帮助的。图 2-16（a）和（c）是根据势流所得出的流线和速度（相对于上游平均值）。图 2-16（b）和（d）为底部附近的测量结果。通过比较图 2-16（a）和（b），显示势流法的优点和局限性。上游区和加速区，大致到圆柱体的中心线，相似性是相当好的。在减速区，水流分离，整个流态出现变化。圆柱体尾流中出现回流，正如我们以前在扩大段所见到的。势流理论预测圆柱体旁的流速提高了 1 倍。底部附近的实测结果与预测相同，虽然绝对值较低。

图 2-16（e）显示根据势流所得出的水面且与实测结果相同。沿中心流线，圆柱体附近前方的水流减速，两侧面的水流加速，圆柱体后方的水又减速。相应的水位随局部流速水头（$u^2/2g$）上升、下降、再上升（见点 1－2－3）。可以把从 1 到 2 势能转换为动能看做是“下坡”，从 2 到 3 是进入一个压力上升区的“上坡”。在理想流体中没有摩擦，1 和 3 的压力相等（压力恢复），因此作用在外来物体上的净力为 0。

然而，真实流体的黏性完全改变了这种情况。边界层的摩擦力使 2 和 3 之间的向上运动停止，引起水流分离。水流分离和尾流导致额外的水流拖动力作用于外来物体上（除沿外来物体的摩

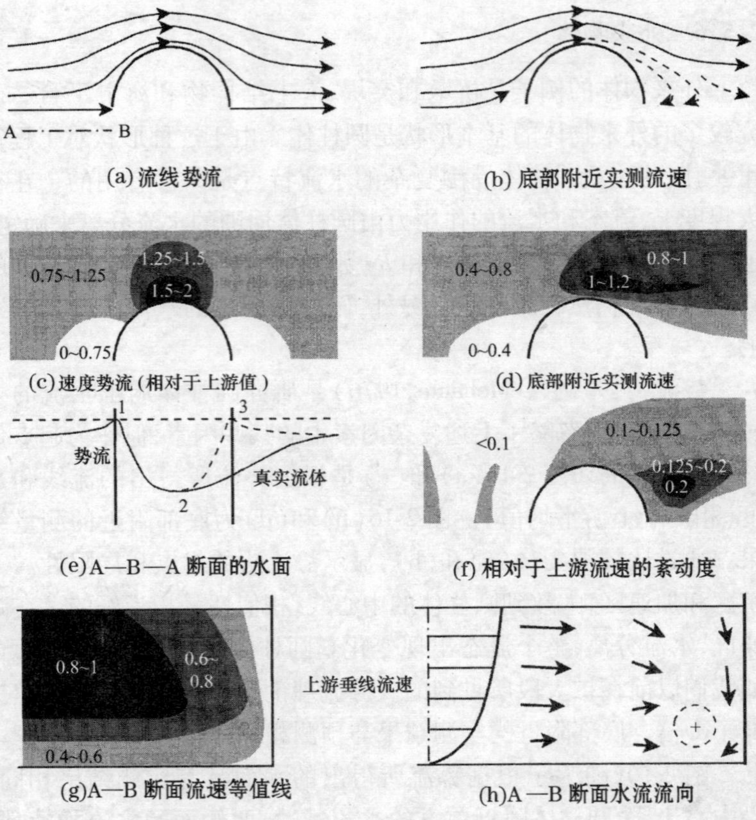

图 2-16　圆柱体周围的水流详情（Melville/Raudkivi）

擦力外）。

图 2-16 说明了圆柱体周围水流某些更加值得注意的详细情况（Melville/Raudkivi，1977）。图 2-16（f）显示底部附近的紊动强度（$r = rms(u')/u_0$）。圆柱体两侧加速区的紊动强度变小，如图所示。圆柱体后尾流和主流之间混合层的最大紊动强度大约为 0.2。

图 2-16（g）和（h）是圆柱体中线纵剖面图。图 2-16（g）为主流

方向的流速等值线,减速非常明显。因流速下降引起的压力上升导致另一种值得注意的现象。压力上升,$\Delta\rho = 1/2\rho\ u^2$,水面附近的流速比底部附近的高,沿水深的测压管水平不变,$\Delta\rho$ 导致压力梯度向下。这就引起了垂直射流(见图 2-16(h)),它对圆柱体周围的冲刷起着重要作用,见第 4 章。理论上,射流的竖向流速可以达到与行近流速相同的值,但实测结果却不到该值的 1/2。桥墩脚部回流明显。在第 4 章我们会发现这是一种被称为马蹄形涡流的开始。有些作者认为这种涡流总是出现在桥墩的周围,而另一些人则认为它起源于桥墩前的冲刷坑,没有冲刷就没有这种涡流。

2.6 减小荷载

有时,作为一种防护措施或为了避免大量保护设施的需要,削弱水流可能是可取的。图 2-17 说明了削弱水流的三种方式,其中两种针对河岸,另一种针对出水口。

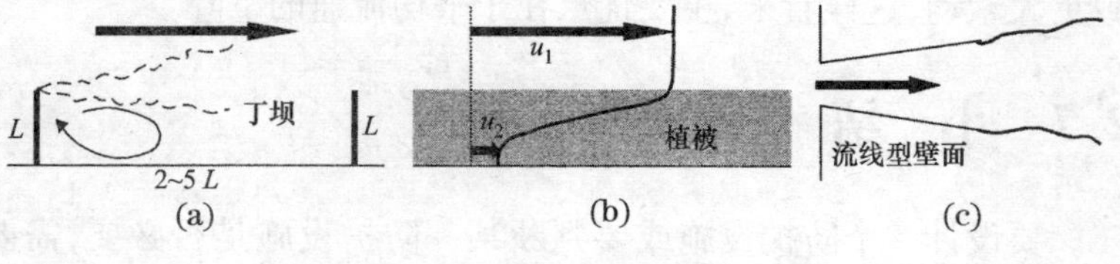

图 2-17　削弱引起荷载的水流

丁坝使主流与河岸保持一定距离。在河道中,它们通常是一个完整的河道整治方案的一部分,不仅降低了流速,而且保持具有足够通航水深的稳定河槽。在这种情况下重点是削弱水流。在丁坝顶端,水流分离并形成漩涡(见图 2-17(a))。为了让主流远离河岸,两丁坝之间的距离应该小于丁坝长度的5 倍。对漩涡形式的要求更加严格。为了适当控制主流,两丁坝之间应有一个涡流,要求丁坝间的距离大约是丁坝长的 2 倍。涡流的流速约为主流流速的1/3，减少了2/3左右。然而丁坝成本非常高，而且其本身也会出问题，比如丁坝顶端出现冲刷坑。在任何情况下都要考虑成本效益的关系。

不采用丁坝，通过提高糙率用分散方式可以削弱河岸附近的水流，这可以通过使底部更粗糙或在水流中布置阻力元件来实现。后者是沿河岸种植植被如芦苇或树木等。可以用谢才系数表示加糙河床的阻力。假设主流和河岸的水位比降相等，得出流速减小的第一个近似值，见图2-17(b)：

$$u = C\sqrt{hI} \rightarrow \frac{u_2}{u_1} = \frac{C_2}{C_1}\sqrt{\frac{h_2}{h_1}} \tag{2-13}$$

第11章将给出各种植被的糙率。

当混合层引起的紊动必须避免或推迟到一个流速较低的点时，壁面通常是流线型，边坡为1∶8甚至更低以防止水流分离，见图2-17(c)。一般在涵管或类似结构的出水口都是这样做的。流线型壁面水流不分离并不意味着紊动强度没有增加。减速往往导致更大紊动，这样看来，主要优点在于平均流速的下降。

2.7 小 结

要设计一个防护设施或要判断某一防护设施是否必要，需要有流速场的详细资料以确定荷载。这可从实测结果、根据流量资料进行水工模型试验或绘制水流略图以及对水流现象进行深入研究来获得。实际上，初步设计都应该从绘制简单的水流草图开始。

对于流速场的紊动度来说也是如此，只是紊动度的确定更难、更具不确定性。紊流速度波动是速度差的结果，或水流与壁面(贴壁紊动)之间，或两种流体(自由紊动)之间的速度差。紊动总是和动能损失联系在一起的，尤其是减速区预计紊动度更大。在加速水流中，相对紊动度较小，但剪应力增加。紊流波动导致雷诺应力,即单向速度波动引起的正应力和双向波动之间的相关性引起的剪应力。

对于均匀流,其平均流速已有相当简单的部分经验的关系式,如($\overline{\overline{u}}\ C\ \sqrt{RI}$)以及壁面糙率和壁流紊动度的附随表达式。均匀流的边界层涉及整个水深。混合层在自由紊流中起着基本作用,并在水利工程的很多情况下存在。自由紊流的另一个例子可以在射流中发现,它总在水工结构附近的水流中频繁出现。贴壁紊流紊动度的典型值 $r(=r \cdot m \cdot s \cdot u'/\overline{u}) \approx 0.1$,对于自由紊流,$r_{max} \approx 0.2 \sim 0.3$。这些值也取决于取定 $\overline{u}$ 值的位置。

物体(如桥墩)周围的水流情况,通过垂直收缩段(如潜坝)的水流情况,以及通过水平收缩段(如丁坝)的水流情况,都呈现出首先加速,然后减速,并伴随着紊动。加速导致流速高于均匀流的流速,引起对相邻界面作用着较大的荷载。减速区的情况也是如此,紊流波动的增大引起雷诺应力增大。

第3章 水流稳定性

3.1 导 言

本章的重点是关于岩块和砾石等松散的非黏性颗粒的稳定性问题。此外,第3.5节提出了黏性材料的稳定性条件。天然岩石是非常重要的用于防护设施的建筑材料。它几乎无所不在,比较容易获得。通常天然岩石的容重为2 500 ~ 2 700 kg/m^3,最大的达3 000 kg/m^3。这有利于稳定性,人造材料如混凝土难以与之相比。岩块有各种尺寸,从数毫米到一二米,相应于石块质量约10 000 kg。因此,作为水利工程的一种建筑材料,石料仍是不可缺少的。砂砾石也是由非黏性的且更小和更圆的颗粒组成。它们并不是稳定的建筑材料,但是为了确定冲刷,必须了解稳定性的相同限制。

在以下几节中,将讨论在各种水流条件下石块的稳定性,再从均匀流和(几乎)水平河床开始。在代尔夫特理工大学,最近几年进行了水流中的稳定性的几项研究,旨在将理论概念转化为实际的设计规则。其中一些将在适当的时候提到。

3.2 均匀水流 - 水平河床

3.2.1 基本方程

尽管进行了许多研究和发表了许多报告,但是关于浸没在水流中的颗粒的特性的知识仍然是非常经验性的。为了试图理解松散颗粒的稳定性，必须知道哪些力使石块运动。以紊流和（几乎）水平河床开始。

不难想象，有一个水流流速的临界值，在该流速下，颗粒不再处于平衡而开始运动。不容易确切表示水流如何引发运动，以及颗粒如何阻止运动。图 3-1 示出作用在颗粒上的力。水流作用在颗粒上的拖动力是容易想象的。单个石块剪应力的概念稍微麻烦；对于颗粒较小的平坦河床的某一区域，它似乎较为适当。上举力主要由水流绕过颗粒的曲率所引起。作用在颗粒上的各种水流力可表达如下：

$$\left.\begin{aligned} &\text{拖动力：} && F_D = \text{‰} C_D \rho_w u^2 A_D \\ &\text{剪切力：} && F_S = \text{‰} C_F \rho_w u^2 A_S \\ &\text{上举力：} && F_L = \text{‰} C_L \rho_w u^2 A_L \end{aligned}\right\} F \propto \rho_w u^2 d^2 \qquad (3\text{-}1)$$

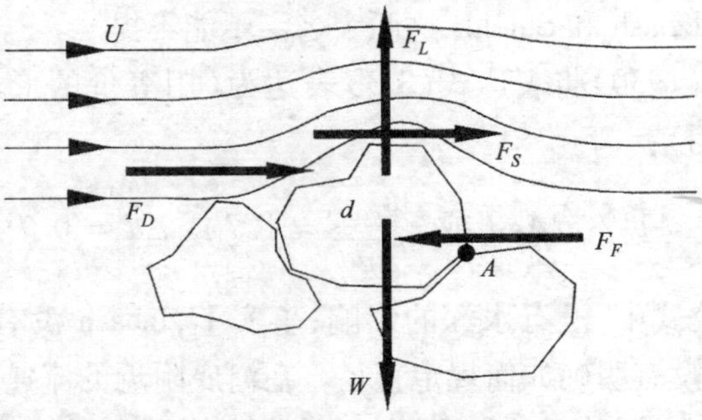

图 3-1　作用在颗粒上的力

式中：C_i 为比例系数；A_i 为所暴露的表面积。因此，所有的力都正比于流速的平方（在颗粒附近某处的流速），因为颗粒表面正比于代表尺寸 d 的平方（以后定义），合成荷载可用一个项表达，其中比例常数仍然不知道。

可以同样来考虑平衡。这里可能出现几种抗力和机械作用。上举力直接被（浸没的）重量所平衡。剪切力和拖动力被关于 A 的力矩所平衡，或被摩擦力（对于单个颗粒，有点像剪力的特殊概念）所平衡。无论考虑水平平衡、垂直平衡还是考虑力矩平衡都是一样，荷载与强度之间只保持一种均衡：

$$\left.\begin{aligned}\Sigma H = 0:\ F_{D,S} = fxW = F_F\\ \Sigma V = 0:\ F_L = W\\ \Sigma M = 0:\ F_{D,S}\cdot O(d) = W\cdot O(d)\end{aligned}\right\}\rho_w {u_c}^2 d^2 \propto (\rho_s - \rho_w)gd^3 \tag{3-2}$$

采用的流速为临界流速 u_c，因为在这里讨论的是稳定性参数（见第1章）。这导出一个荷载与强度之间的无量纲关系式：

$$u_c^2 \propto \left(\frac{\rho_s - \rho_w}{\rho_w}\right)gd = \Delta gd \rightarrow u_c^2 = K\Delta gd \tag{3-3}$$

所有关于颗粒稳定性的公式都归结到该比例。该关系式中的常数必须用实验得出，这是问题的出发点。在讨论流水中石块的稳定性时，Izbash 和 Shields 这两个名字不能不提。

Izbash（1930）将表达式（3-3）表达为（用等价的形式，在其他来源中使用）：

$$u_c = 1.2\sqrt{2\Delta gd}\ 或\ \frac{u_c}{\sqrt{\Delta gd}} = 1.7\ 或\ \Delta d = 0.7\frac{u_c^2}{2g} \tag{3-4}$$

在该公式中，没有水深的影响；事实上，Izbash 没有规定流速的地点，也没有明确如何规定直径。在河底附近的流速为已知，但在不清楚与水深关系的情况下，它被作为第一次近似的一种手段而提出，如进入水体的射流。在其他情况下，推荐采用 Shields 的方法。

也许最著名的均匀流公式为 Shields 于 1936 年提出的公式。Shields 给出了无量纲的剪应力与所谓的颗粒雷诺数（Particle Reynolds – number）之间的关系：

$$\Psi_c = \frac{\tau_c}{(\rho_s - \rho_w)gd} = \frac{u_{*c}^2}{\Delta gd} = f(Re_*) = f\left(\frac{u_{*c}\,d}{\upsilon}\right) \tag{3-5}$$

Shields 将剪应力选为主动力。我们知道,这不一定是正确的选择,但是,事实上差别并不很重要。注意,颗粒直径和剪切速度出现在公式两侧。Ψ_c 通常被称为 Shields 参数,是一个用临界(剪切)流速值确定的稳定性参数。当采用在河床中出现的直径和实际流速而不是临界流速时,Ψ 为流动性参数,因此不用下标 c。了解 Ψ 的使用总是必要的。颗粒雷诺数表示颗粒伸入到紊流边界层还是停留在黏性子层中。它与正常的雷诺数不同,更不用说作为整体的水流(通常为紊流)的水流特性了。

图 3-2 示出 Shields 关系式的 2 个代表式。图 3-2(a)是典型形式。对于高的 Re_* 数(大颗粒,大于黏性子层,围绕颗粒的紊流),Ψ_c 不再决定于 Re_*,成为常数,值约为0.055。较低的 Ψ_c(中等的 Re_* 值)数(指示较低的稳定性)有时用剪应力的作用比拉动力的作用大来解释,给出一个较大的力矩臂,导致较不利的情况。对于非常低的 Re_* 数(非常小的颗粒),Ψ_c 线性增加,用 Re_*^{-1} 补偿式(3-5)中的速度平方,该式在黏性子层中无效。

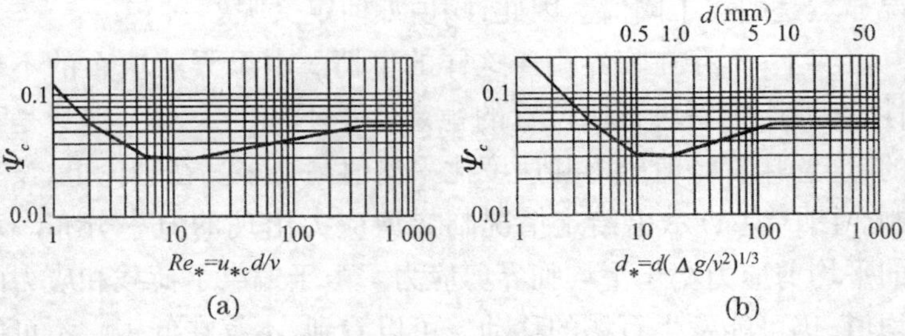

图 3-2 按照 Shields – Van Rijn 的临界剪应力

图 3-2(b)给出了相同的稳定性关系式,但是,现在 Re_* 由一个无量纲的颗粒直径 d_* 所代替,例如,在 1984 年,Van Rijn 在介绍 Shields 的关系式所使用的,它有避免对 u_{*c} 进行迭代的优点。从颗粒雷诺数中消除 u_{*c} 是可能的,因为每一个颗粒直径有一个对应的 u_{*c} 值。可将 d_* 视为一个颗粒的浸没重量与黏滞力之比。

可以得出,对于 $d=6\sim7$ mm,取决于 ρ 和 ν,Ψ_c 成为一个常数。这是重要的,因为它表明对于在正常河床保护中的块石,Ψ_c 可以用做一个常数,不必对 Shields 曲线中的直径进行迭代。另一个重要的结论是,当石块的尺寸超过 6 ~ 7 mm 时,在试验中不会出现缩尺效应。建议使用图 3-2(b)对 u_{*c}进行迭代不总是必需的。对于 $\nu=1.33\times10^{-6}\ \mathrm{m^2/s}$ 和 $\rho=2\ 650\ \mathrm{kg/m^3}$,在图中颗粒尺寸的值用毫米(mm)表示。

3.2.2 运动的阈值

在上节中,提到关于稳定性的临界速度。但是,正如你在水槽实验中看到的,速度临界值的概念相当复杂。当速度低时,一块或多块石块只移动一点点。这些石块可能突出许多,或者处于不利的位置。一旦找到了新的位置,这些石块就不再移动。因此,不能将此作为整个河床的阈值。在增大水流速度之后,会有一些石块移动一定的距离。进一步加大流速将导致到处的石块移动。这种情况显然是超过了阈值。因此,阈值如何定义呢?

事实上,不存在临界流速这样的事情。由于天然块石的不规则性,在河床中每块石块位置的稳定性是不同的。水流本身是紊动的,这意味着峰值压力和速度比平均值高得多。在理论上,没有限制。图 3-2(a)示出给定情况临界剪应力出现的概率分布。水流的平均剪应力小于平均临界剪应力。由于偏离了荷载和应力的平均值,仍可能发生石块的移动。可以看到,不存在低于它不可能发生移动的临界速度。

当在一个实验中做出判断时,运动的阈值是一个主观的事实。图 3-3(b)示出图 3-2(a)的 Shields 曲线,以及对启动运动的研究结果(荷兰水力实验室,1969)。显然,有 7 个输移阶段:

(0)完全没有移动;

(1)在某些位置偶尔移动;

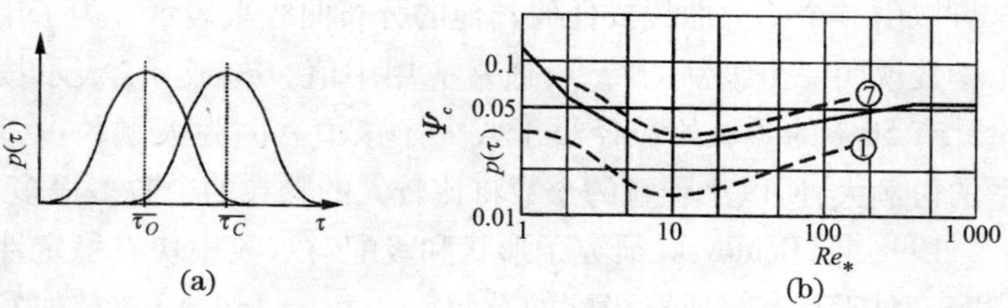

图 3-3　荷载和强度分布，以及输移的外推法

(2)在某些位置频繁移动;

(3)在几个位置频繁移动;

(4)在许多位置频繁移动;

(5)在所有位置频繁移动;

(6)在所有位置不断移动;

(7) 颗粒的总体移动。

看来，Shields 判据非常适合于阶段 6。Shields 把材料输移的实测值外推到零发现了该值。

3.2.3　石块的尺寸

对于稳定和冲刷，石块或砂粒的尺寸是一个重要参数。然而，在确定单个石块或颗粒的尺寸时就很含糊，更不要说确定一大堆石块或砂粒的尺寸了。这与天然材料的形状有关，它可类似于球形、盘形、立方形或圆柱形，带有圆形或成角的表面，使尺寸的确定复杂化。另一个复杂因素是实际中确定尺寸的方法。对于小颗粒，习惯上使用筛，对于大块石不能使用筛。大石块可以称重，小颗粒就不能称重了。人们可以想象，在稳定性方面，颗粒的重量是重要的因素。这导致在最近几十年中在水利工程中使用所谓的标称直径。

第 3 个复杂因素是所有天然颗粒的尺寸和材料的级配各不相同。砂含有较小或较大的颗粒，来自采石场的石料被分为多级。

这可以由一个筛分曲线或任何其他的分布曲线来表示。为了用一个参数说明一个级别的特点，通常应用中值。d_{50} 或 d_{n50} 表示按重量计有 50% 的颗粒的粒径小于或大于该值。因为大颗粒占总重量的份额大，所以小颗粒的个数将比较大的颗粒的个数多得多。

1998 年，Boutovski 研究了形状和级配对水流中块石稳定性的影响。对于具有窄或宽级配的石料（$d_{85}/d_{15}=1.4\sim3.1$），他发现当 d_{n50} 被用做特征直径时，稳定性没有什么区别。假如再次使用 d_{n50}，对于含有 80% 盘形或圆柱形块石的混合石料，发现稳定性与“正常”石料相同。对于天然保护材料，采用 d_{n50} 已经成为惯例。对于小的颗粒，如砂，筛孔直径仍然是标准，表示为 d_{50}。d 通常比 d_n 大 20%。

在较早的一些研究中，所应用的直径是如何确定的往往不清楚，导致了在解释结果时产生某些不确定性。

3.2.4 水　深

利用第 2 章的均匀流关系式，式(3-5)可改写为与 Izbash 公式相同的形式：u_*（剪切速度）$=\bar{u}\sqrt{g/C}$，式中 $\bar{u}$ 是垂线或横断面平均流速，见第 2 章。这导致：

$$\frac{\bar{u}_c}{\sqrt{\Delta g d_{n50}}}=\frac{C\sqrt{\Psi_C}}{\sqrt{g}} \tag{3-6}$$

注意，通过 C，水深隐含地进入了关系式，因为 C 随着水深度的增加而增加（给定底部糙率）：$C=18\lg(12R/k_r)$。k_r 是所谓的等效砂糙率。可是，这在运动阈值的概念中引进了另一个不确定性。k_r 取决于石料的级配和堆积，从而由构造河床的方式来确定。第 3.2.5 节将给出更多的信息。在本节中，我们简单地采用 $k_r=2d_{n50}$时。当$k_r=2d_{n50}$时，式(3-6)成为 $\bar{u}_c/\sqrt{\Delta g d_{n50}}=5.75\lg(6h/d_{n50})\cdot\sqrt{\Psi_c}$。

在图 3-4 中，画出了 Ψ_c 取不同值时该关系式的曲线，并与 Izbash 的式(3-4)作了比较。Shields 给出了在较大水深处较大的允许速度。这也已经在实验中发现，使 Shields“超越”Izbash。但是，需要考虑以下评论。

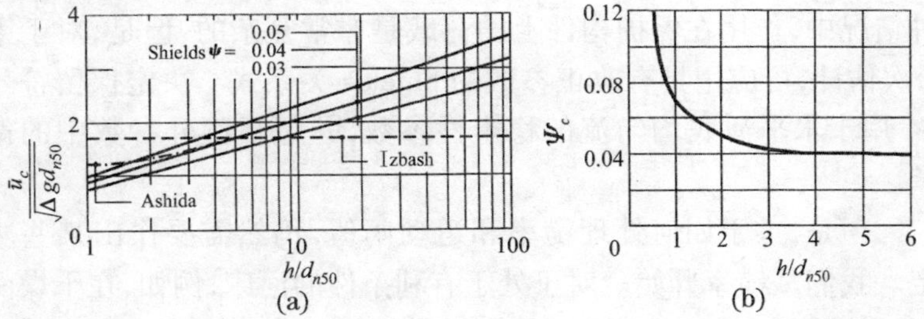

图 3-4　水深对临界速度的影响

水深对临界速度的有利影响不会无限制地继续，因为水深大的天然河流中速度的对数分布只呈现在水深的下一半中。h/d_{n50} = 1 000 可以被看做一个安全的上限。

对于较浅的水深，某些地方 $h/d_{n50} \approx 5$，Izbash 给出的允许速度比 Shields 的高。对于 $h/d_{n50} < 5$，1973 年 Ashida 发现 Ψ_c 的值有很大的增加，见图 3-4(b)。这个更有利的 Ψ_c 值可能归因于以下事实：作用在颗粒上的剪应力的整个概念不再有效，而水流只对颗粒施加拖动力。正如我们在第 3.2.1 节中所见到的，在经验关系式中，没有分开处理拖动力和剪切力。另一个可能的解释可能来自紊动涡流：在石块直径 d 的数量级的水深中，这些涡流的最大尺寸与 d 的数量级相同。对于更大的水深，涡流尺寸可能将加大，导致对河底更大的冲击。

3.2.5　实际应用

通常，在设计中，必须找到承受某种极端速度值的石块级别。为此，将式(3-6)改写为：

$$\frac{\bar{u}_c}{\sqrt{\Delta g d_{n50}}} = \frac{C\sqrt{\Psi_c}}{\sqrt{g}} \rightarrow d_{n50} = \frac{\bar{u}_c^2}{\Psi_c \Delta C^2} \qquad (3\text{-}7)$$

该式是在水流情况下所有稳定性关系式的基础。在以下几节中,除了水平河床的均匀流外,将增加其他的水流情况。在许多这种情况中,作用在保护构件上的荷载是非常复杂的,但是,对于第1次估计,可应用具有改正参数的 Shields 关系式。决定保留符号 Ψ_c 用于水平河底均匀流的稳定性参数,并包括额外参数中的偏差。

但是,关于如何处理糙率和运动阈值,仍然需要作出某些决定。我们从糙率开始。对于处于有利条件的河床,例如,在干燥而可见的地基土上,$k_r \approx 2d_{n50}$似乎是可以达到的。Lammers(1997)和 Boutovski(1998)发现,对于在水槽实验中的平坦河床:$k_r \approx 6d_{n50}$(没有侧壁修正)。Van Rijn(1986)建议 $k_r \approx 3d_{n90}$,约为$(4\sim5)d_{n50}$。当石料用驳船倾倒时,不规则性更大,因而底部的糙率更大。另一方面,当石块在这种情况下运动时,不规则性会被弄平。这也与 Ψ_c 的选择有关。

在第3.2.2节中,我们看到,当选择了 Ψ_c 的一定值时,总会有某些运动。1998年,De Boer 发现,当 Ψ_c 低于0.06时,经过某一段时间后,输移停止了。1997年,Lammers 也发现某些类似的情况。图3-5(a)示出非常粗糙河床(松散石料的人为波纹)的实验结果,随着流速的增加荷载增加了1倍。第1次,糙率从$18d_{n50}$减小到$6d_{n50}$(它也是在平坦河床上发现的值),因为石块的输移导致河床更加平坦。曲线旁边的数字表示第3.2.2节中的输移阶段。此后,停止水流,然后再次增加。现在,糙率保持平坦河床的值更加重要得多,输移阶段数低得多。这是由于河床的加强。起初处在不利位置的石块找到了更好的位置,河床作为一个整体,变得更加稳定。

只要没有关于优化建设和维护成本方面定量的概率信息,Ψ_c

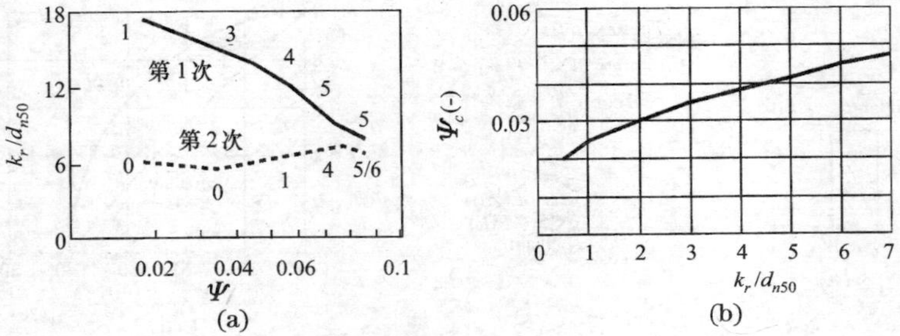

图 3-5　糙率和运动阈值(图 3-5(a)来自 Lammers,1997)

的选择仍然是主观性的。因此,适用性极限状态和最终极限状态的定义是不明确的。目前,已知各种不确定性,不得不对 Ψ_c 和 k_r 作实用的选择。

式(3-7)表明,Ψ_c 值和 k_r 值的不同组合,可以得出相同的直径。已知 1997 年 Lammers 研究的结果,选择高糙率值和 Ψ_c 值,看来是合乎逻辑的。但是,只要合理组合两个值,结果对选择并不非常敏感。因此,$\Psi_c = 0.03$和 $k_r = 2d_{n50}$是实用的选择。

3.3　倾斜河床

对于水平河床上的石块,第 3.2 节中的关系式是有效的。倾斜河床将减小强度。当倾斜角等于休止角 φ 时,石块已经处于运动的阈值,任何荷载将引起运动。当河床处于水平和休止角之间时,用式(3-7)计算的直径需要修正,如在本节所解释的那样。

为了确定坡度对稳定性的影响,假设对于平坦河床上的石块,临界水流的力或者强度可以表达为 $F(0) = W\tan\varphi$,见图 3 - 6(a)。这意味着在水平河床上石块的摩擦系数等于休止角的正切。我们将推导的坡度修正系数将不采用绝对值,而是相对于水平情况。

强度的降低可分为 2 个分量。重量沿斜坡的分量 $W\sin\alpha$ 和垂直

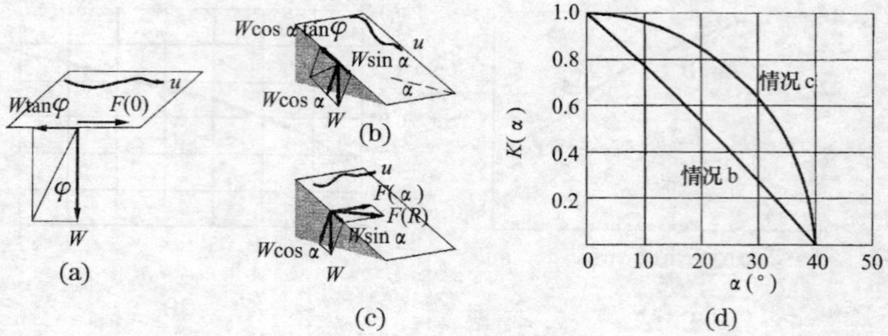

图 3-6　坡度对稳定性的影响

于斜坡的分量 $W\cos\alpha$。水流顺坡(图 3-6(b))强度变成:$F(\alpha_{/\!/}) = W\cos\alpha\tan\varphi - W\sin\alpha$。(注:当水流逆坡时,情况变得更加稳定)$F(\alpha_{/\!/}) = W\cos\alpha\tan\varphi + W\sin\alpha$。于是,$F(\alpha)$ 和 $F(0)$ 之间的关系给出强度降低系数为:

$$K(\alpha_{/\!/}) = \frac{F(\alpha_{/\!/})}{F(0)} = \frac{W\cos\alpha\tan\varphi - W\sin\alpha}{W\tan\varphi} = \frac{\sin\varphi\cos\alpha - \cos\varphi\sin\alpha}{\sin\varphi} = \frac{\sin(\varphi - \alpha)}{\sin\varphi} \tag{3-8}$$

对于坡角为 α 的侧坡,可以遵循相同的步骤,见图 3-6(c),但是,现在各个分量必须向量相加:$F(R)^2 = F(\alpha_{\perp})^2 + (W\sin\alpha)^2 = (W\cos\alpha\tan\varphi)^2$。这导致强度:$F(\alpha_{\perp})^2 = (W\cos\alpha\tan\varphi)^2 - (W\sin\alpha)^2$ 和降低系数成为:

$$K(\alpha) = \frac{F(\alpha)}{F(0)} = \sqrt{\frac{\cos^2\alpha\tan^2\varphi - \sin^2\alpha}{\tan^2\varphi}}$$

$$= \cos\alpha\sqrt{1 - \frac{\tan^2\alpha}{\tan^2\varphi}} = \sqrt{1 - \frac{\sin^2\alpha}{\sin^2\varphi}} \tag{3-9}$$

在图 3-6(d)中,已经就 $\varphi = 40°$ 画出在水流方向的斜坡的降低系数 $K(\alpha_{/\!/})$ 和在垂直于水流方向的斜坡的降低系数 $K(\alpha_{\perp})$。显然,在水流方向的斜坡要不利得多。

注：$K(\alpha)$是对直径的修正系数，必须应用于式(3-7)中的分母。$K(\alpha)$表示强度的降低，因此$K(\alpha)<1$。

这两个公式已经在实验室实验中进行了检验。1994 年，Chiew/Parker 给出了在水流方向斜坡的结果，见公式(3-8)。该结果对于不接近休止角的斜坡令人满意。对沿水流方向上升的斜坡(使石块更加稳定)也进行了研究，得出相同的结果。1970 年，荷兰水力实验室(DHL)给出了采用砾石的实验室实验的某些结果，坡度为 1∶3 和 1∶4，垂直于水流方向。结果同样令人满意。

3.4 非均匀流

Shields 关系式对于(稳定的)均匀流是有效的。当水流不均匀时，局部荷载将较高。对于大型水工建筑物，可用缩尺模型进行研究，在未来，可能用先进的计算模型，可确定每一个地点的紊流速度。对于较小的建筑物和初步设计，较高的荷载可在稳定性关系式中用速度系数 K_v 表达。

我们已经看到，在加速水流中，剪应力增加和(相对)紊动度减少；在减速水流中，情况刚好相反(见第 2 章)。对于在垂直和水平收缩段中的这些现象，只有实验研究的结果可以得到。利用在第 2 章中描述的液体运动的信息，下面将讨论这些结果。

3.4.1 加 速

3.4.1.1 垂直收缩－溢流

图 3-7(a)示出当水流经过一个垂直收缩段时可以区分的各个区域。在均匀流区域，Shields 等给出的关系式是有效的。对于处在底坎顶部的石块，由于加速引起剪应力增加，人们预计可能会存在更加不利的关系式。在实验中已经发现，底坎最初的损坏发生在下游顶部。在该处，流速最高，水深和强度最小(因为沿水流方向为下坡)。如果底坎顶部有单块石块突出，在几乎任何速度

下它将运动，从而改变顶部的形状。通常，这并不认为是损坏。图3-7(b)给 出了实验结果，就图3-4中相同的 Ψ_c 值与Shields公式比较，采用底坎顶部的流速（当然它大于上游横断面的流速）。在Deltaworks的框架中，做了水槽实验（荷兰水力实验室，1985年）。所有实测临界流速位于 $\Psi_c = 0.04$ 线的上方，表示临界流速和石块直径之间的关系不亚于均匀流的情况。这可用峰值流速低于均匀流的流速这一事实来说明。$u + 3\sigma = (1 + 3r)u$，而 r 在加速区域低于均匀流。

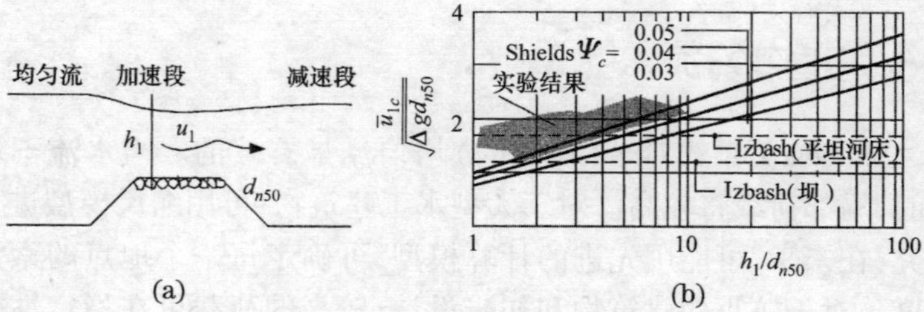

图3-7　底坎顶部的稳定性研究(DHL,1985)

除了早先提到的Izbash关于平坦河床的公式之外，1970年，Izbash提出了一个用于坝顶（突出的）石块的第2个公式。可以将图3-7中坝的Izbash线看做稳定性的保守值。

当底坎较高时，尤其是当临界水流可能发生时，流态完全不同。底坎上方的流线强烈弯曲，在底坎顶部的下游侧经过石块的水流变得很重要。在该情况下，处理流速是没有用的。1985年，荷兰水力实验室重新分析了许多实验成果，对于较高的坝，看来底坎两侧的水头差是一个令人满意的参数，见图3-8(b)。而且，对于高坝，水头差 $(h_u - h_d)$ 更易定义和测定。

作为比较，Shields公式（式(3-7)）以图3-8的格式改写，$k_r = 2d_{n50}$ 和 $\Psi_c = 0.03$，采用底坎顶部流速表达式的伯努利方程和取自同一个荷兰水力实验室实验的流量系数 μ：

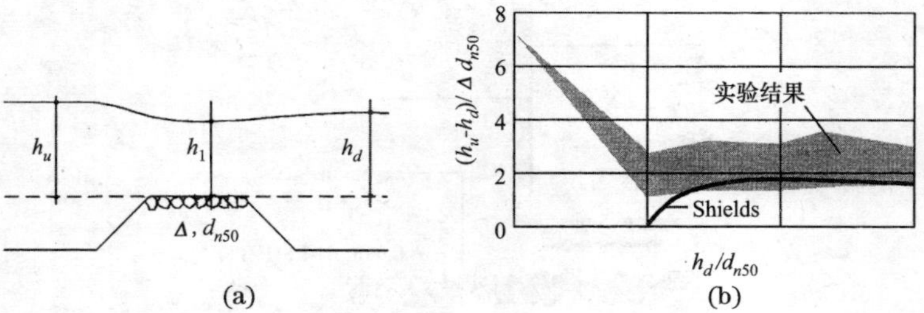

图 3-8　底坎顶部的稳定性和水头差(DHL,1985)

$$u_1^2 = \mu^2 2g(h_u - h_d) = \left(0.5 + 0.04\frac{h_d}{d_{n50}}\right)2g(h_u - h_d) \tag{3-10}$$

该关系式已经在图 3-8(b)中画出,采用式(3-10)中的 h_d 和 u。对于下游相对较深的水深,Shields 公式令人满意且偏于安全。对于较浅的下游,应该使用图 3-8(b),这里,稳定性参数现在定义为$(h_u-h_d)/\Delta d_{n50}$。对于较深的下游,稳定性简单地成为:$(h_u-h_d)/\Delta d_{n50}\approx 2$,而对于水深较浅的场合,该值大大增加,见图 3-8(b)。可将 $h_d/d_{n50}\approx 5$ 视为过渡点,它也似乎是临界流与亚临界流之间的过渡。

3.4.1.2　垂直收缩－底流

图 3-9 所示为 Eastem Scheldt 挡潮闸研究的堰下水流。在堰下水流收缩段,当取 $\Psi_c = 0.03$、收缩射流高度用做水深时,稳定式(3-7)相符。因此,计算稳定性也不需要额外的系数。

3.4.1.3　水平收缩

丁坝使围绕障碍物的水流加速。而且,在丁坝头部的块石位于垂直于水流的斜坡上,对此必须应用一个修正系数,见公式(3-9)。在荷兰水力实验室,1986 年基于用块石平堵河流截流的实验分析了这种情况。稳定性可用 Shields 和斜坡修正(式(3-7)和式(3-9))求解:

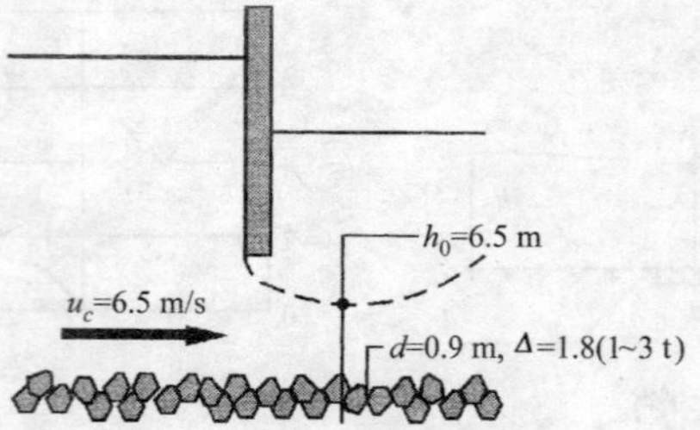

图 3-9　堰下水流的稳定性

$$\frac{\overline{u_{gap}}}{\sqrt{\Delta g d_{n50}}} = C\sqrt{\frac{\Psi_c}{g}}\sqrt[4]{1-\frac{\sin^2\alpha}{\sin^2\varphi}} = 4.5\lg\left(\frac{3h}{d_{n50}}\right)\sqrt{\Psi_c} \quad (3\text{-}11)$$

损坏发生在一半水深处，因此 C 成为 $18\lg(12h/2)/2d_{n50} = 18\lg(3h/d_{n50})$。对于截流工程，$\alpha = 30°$ 和 $\varphi = 40°$（堆石坝的正常值），稳定性参数简化到式(3-11)右侧项。图 3-10 比较了式(3-11)计算结果和实验测量结果。结果与图 3-7 相似：情况并不比均匀流情况不利（采用龙口流速）。

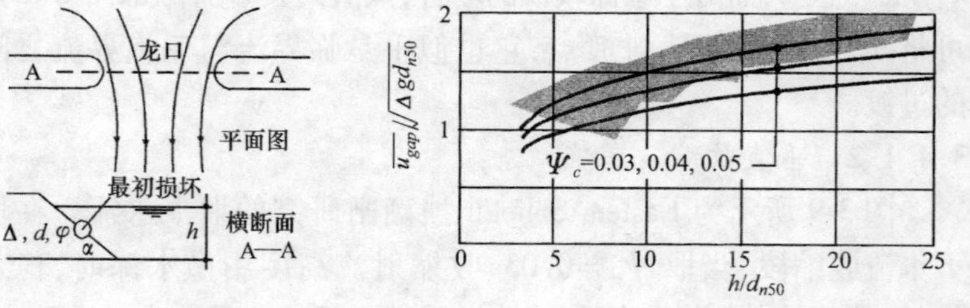

图 3-10　位于丁坝头部的块石的稳定性

简单地，在加速水流中，如果采用 Shields 关系式中的局部速度，疏松石料的稳定性并不低于均匀流中的稳定性。或者，当采用第 3.4 节第 1 段所表示的速度系数 K_v 时，在加速水流中，局部速度的设计值为 1。

3.4.2 减 速

在减速水流中，水流状态与均匀流或加速水流中完全不同。常常出现水流分离和混合层，在所有情况下，由于总的动能损失而使紊动度高得多。现在，关于局部流速的流速系数预期大于 1。K_v 定义为：

$$K_v = \frac{均匀流\ \bar{u}_{cu}}{随荷载增加的\ \bar{u}_{cs}} \tag{3-12}$$

其中，$\bar{u}_{cu}$是均匀流的垂线平均临界流速，$\bar{u}_{cs}$是有建筑物情况下的流速。在某些位置，$\bar{u}_{cs}$可以进行垂线平均或者横断面平均。

可以预期，速度场中的极端情况会引起初始运动。这些极端情况可以用 $\bar{u}+3\sigma \approx (1+3r)\bar{u}$ 这样的公式来表示。因此，我们可以预期式(3-12)中的 K_v 和紊动度之间的关系式：

$$(1+3r_{cu})\bar{u}_{cu} = (1+3r_{cs})\bar{u}_{cs} \rightarrow K_v = \frac{\bar{u}_{cu}}{\bar{u}_{cs}} = \frac{1+3r_{cs}}{1+3r_{cu}} \tag{3-13}$$

式中：r_{cs}是某些部位的垂线平均紊动强度；r_{cu}是均匀流的强度。

采用垂线平均值是一阶近似。流速和紊动度分布将影响对底部的冲击。

在下列例子中，我们将根据式(3-12)确定 K_v 并检验式(3-13)。在将来可以应用现代化的水流模型，且在每个地点的紊流速度都可以知道时，不用缩尺模型就可设计底部保护。现在，主要借助像式(3-13)这样的公式来深入了解某些过程。目前，对于复杂的建筑物，用缩尺模型检验计算。

3.4.2.1 垂直收缩－溢流

图 3-11(a)表示潜坝后面水流分离和混合层的情况。我们将重点放在重附着点附近，可以预期最大水流冲击该点。我们可以采用在第 2 章所描述的混合层的关系式，设法找到一个在重附着

点处的速度和紊动度的表达式。一个更粗略的方法是假设潜坝顶部水流的全部能量直到重附着点仍保持不变,并假设那里的稳定性可用潜坝顶部的流速来描述。根据连续性我们得到:

$$u_1(h_2 - D) = u_2 h_2 \rightarrow u_1 = \frac{h_2}{h_2 - D} u_2 \rightarrow K \approx \frac{h_2}{h_2 - D} \tag{3-14}$$

式中,K_v 与重附着点处的局部流速(垂线平均)u_2 有关。

图 3-11(b)表示,对于高度达到水深 65% 的潜坝,该公式与实验结果(DHL,1985)惊人地吻合(已知假设的粗略性)。增加荷载直到潜坝上出现临界水流,通常为 $D/h_2 \approx 0.75$ 时出现这种情况。当 D/h_2 进一步增加时,总的能量损失也增加,但是,与次临界流相比,“超额”损失在潜坝的下游坝坡被吸收。该方法仅在潜坝后面靠近重附着点的最重冲击点有效。1993 年,基于作用在后向台阶的下游构件上力的测量结果,Wang/Fontijn 发现,最重的冲击发生在下游 10 ~ 20 台阶高度处。1999 年,De Gunst 也研究了后向台阶下游的稳定性,$D/h_2 = 0.34$,按照式(3-14),$K_v = 1.5$。De Gunst 发现按照式(3-12),$K_v \approx 1.2$,它处于图 3-11(b)(潜坝可能给出比后向台阶较不利的水流)中实验结果的较低区域。根据紊动度测量结果和式(3-13),De Gunst 发现 $K_v \approx 1.2$,因此对底部的

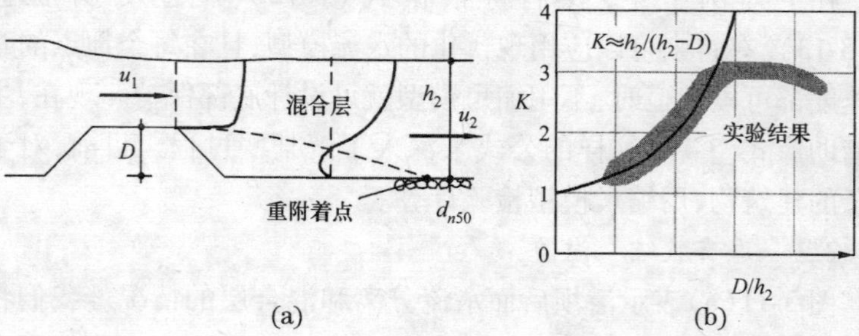

图 3-11 潜坝下游的稳定性

冲击与峰值流速的概念相一致。在垂直收缩的情况下，K_v 的定义是清晰的。

再下游，往往重新回到均匀流，可用在第 2.5.2 节中的紊动衰减关系式计算 K_v。

3.4.2.2　垂直收缩－底流

对于底流情况的减速，没有关于石块稳定性方面的数据。

因此，我们考虑水跃下游的稳定性，对于水跃，1987 年，RWS（荷兰水利研究院）根据 Kumin 所做的研究给出了某些例子，见图 3-12。

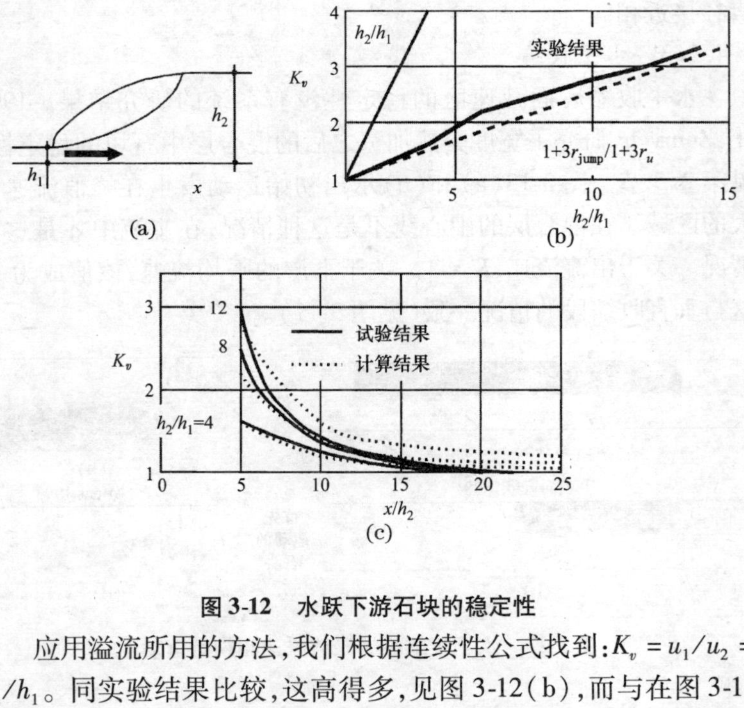

图 3-12　水跃下游石块的稳定性

应用溢流所用的方法，我们根据连续性公式找到：$K_v = u_1/u_2 = h_2/h_1$。同实验结果比较，这高得多，见图 3-12(b)，而与在图 3-11 的溢流情况下，是惊人的相似。解释可在能量消耗的部位找到。在潜坝的情况下，它主要发生在底部；在水跃中，主要发生在水跃旋滚的表面。这似乎对底部的冲击有利。采用某些有关在水跃中紊动的数据，按照式(3-13)，K_v 也在图 3-12(b)中示出。这种相似性是非常合理的。

Kumin 的实验也包括确定水跃下游更远处的 K_v 值，见图 3-12(c)。采用第 2.5.2 中的紊动度减少表达式，连同平面射流的发散($u \propto 1/\sqrt{x}$)产生图 3-12(c)中的虚线。结果是鼓舞人心的，在该过程中，流速主要随距离的平方根而降低。由于 $d \propto u^2$，这意味着必需的块石直径将与离开出流的距离成比例。对于 Eastern Scheldt 挡潮闸的研究表明，在长数百米的底部保护的顶层石块的直径接近相同。

3.4.2.3 水平收缩

水平收缩后面减速区的稳定性没有系统的研究结果。1998 年，Zuurveld 研究了宽度突然加宽之后的混合层中石块的稳定性，见第 2.5 节。图 3-13(a)和(c)示出初始运动发生在峰值流速最大的区域。在混合层的中心线不是这种情况，在主流中才是这种情况。关于出流流速，$K_v \approx 1$。关于下游的平均流速，该值成为 2，这与垂直收缩段的情况一致(见图 3-11)。

图 3-13　水平收缩段的峰值流速和初始运动

1993 年，Ariens 研究了丁坝后面石块的稳定性，见图 3-13(b)和(d)。这里也发现石块首先在最高(峰值)流速区运动。按运动阈值,最高流速$(1+3r)\bar{u}=(1+3\times0.053)\times0.72=0.83(\text{m/s})$。在空的无障碍水槽中,求出启动平均流速为0.69 m/s,垂线平均的紊动强度$r=0.077$。这导致最高流速$(1+3r)\bar{u}=0.85$ m/s,因此这里峰值流速似乎是运动的原因。其冲刷模式给人的印象是:初始运动发生在混合层,但是,这是错误的!由于几何形状,水流绕丁坝加速,与局部速度相比,K_v 比1大不了多少。因此,流态对稳定性起着很大的作用,再次突出深入研究这种流态的重要性。

3.4.3 实际应用

实际上,根据实验和应用式(3-12),选用 K_v 值。Ariens 于1993年和 Van Breuget/Ten Hove 于1995年确定了对初步设计有用的值。按照 $\bar{u}$ 的不同定义(以后将加以阐明),表3-1给出了 K_v 系数。

表3-1　不同建筑物的 K_v 系数

建筑物	形状	K_{v0}	K_{vG}	K_{vM}
丁坝	矩形	$b_0 K_v/b_G$	1.3~1.7	1.1~1.2
	梯形	b_0K_v/b_G	1.2	1
边墩	矩形	b_0K_v/b_G	1.3~1.7	1.2
	圆形	b_0K_v/b_G	1.2~1.3	1.2
	流线形	b_0K_v/b_G	1~1.1	1~1.1
墩	圆形	b_0K_v/b_G * 2 K_v	1.2~1.4 *	1~1.1
	矩形	b_0K_v/b_G * 2 K_v	1.4~1.6 *	1.2~1.3
出水口	宽度突然扩大	—	1	—
	流线形	—	0.9	—
潜坝	顶部	第3.4.1节	第3.4.1节	第3.4.1节
	下游	图3-11	图3-11	图3-11

注: * 对于河流中的许多墩,K_v 的第1个表达式是适当的。对于在无限宽水流中孤立的墩,第2个表达式是有效的,此处,K_{vG}没有定义。

这 3 个系数中采用哪一个决定于流速数据的可获性和水流状态的性质。这里要再次提醒以下容易犯错误的问题。对于水平的收缩，$\bar{u}_G$ 和 $\bar{u}_0$ 通过连续性方程相关联。当水平收缩小时，$\bar{u}_G$ 和 $\bar{u}_0$ 将几乎相等。当我们考虑在一条河流或渠道中的情况时，不会有问题，但是，在无限宽的水流中时，这将导致没有意义。图 3-14(b) 表示在海洋中的一个墩的情况。可以定义上游的平均速度和最高速度，但是，没有“间隙”。

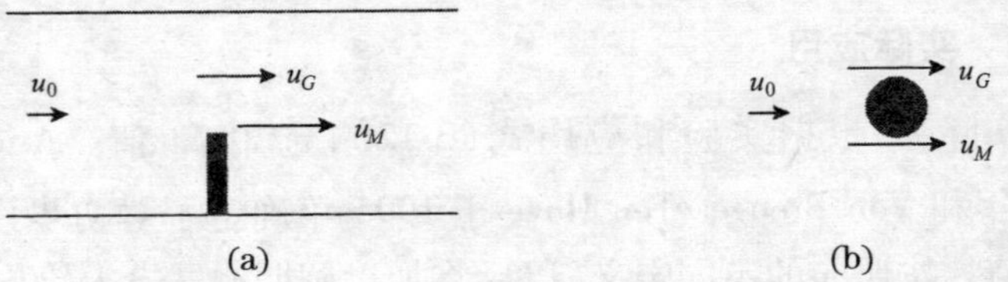

图 3-14　与 K_v 有关的流速的定义

关于表 3-1，可以作出以下评论：

(1) 当最高流速可以测定或估计时，最好采用 K_{vM}。

(2) 一般说来，流线化有利，但是，成本 - 效益必须具体问题具体分析。

(3) 在出水口处，没有额外的紊动影响。孔口内的最高流速决定了稳定性。

现在，将以前几段中的所有参数与式(3-7)结合成：

$$d = \frac{K_v^2 \cdot \bar{u}_c^2}{K_s \Psi_c \Delta C^2} \tag{3-15}$$

式中，K_s 是第 3.3 节中定义的斜坡修正系数。式(3-15)是实际应用的设计公式。人们可以考虑把 K_v 和 $\bar{u}$ 直接结合，K_v 为荷载增加系数。但是，在这种情况下，K_v 可能通过 C 干扰糙率的迭代过程，这可能导致 d_{n50} 值过于保守。式(3-12)中 K_v 的原意是在相同的水深中进行带与不带建筑物的实验，对于 h/d 有相同的值。因此，首先不用 K_v 确定 d_{n50}。

3.5 黏性材料

与以前几节中所说的松散石料不同，具有一定黏性的材料通称黏性材料。这种不同并不是截然不同。

3.5.1 石笼

石笼由松散石料组成，装成较大的构件。当可用的石料对于预计的水流而言不够大时，石笼很有用，或者因为它们容易铺设而使用。由于石块之间的孔隙，石笼比实心岩石的密度小：

$$\Delta = \frac{(1-n)(\rho_s-\rho_w)}{\rho_w} \tag{3-16}$$

通常，孔隙率 n 为 40% 左右。石笼比单块石块稳定，因为孔隙率使水流的荷载影响下降。采用 Izbash 方法，单个石笼的系数约为松散石料的系数的 2 倍，因此稳定性系数的最终增益为 $2\times\sqrt{1-n}\approx1.5$。

3.5.2 黏土

1959 年，Ven te Chow 给出了不带植被的各类黏土的某些临界速度数据。结果如表 3-2 所示。

表 3-2　黏土的临界速度

孔隙率(%)	20	40	60
临界速度(m/s)	1.5~1.8	1.0~1.2	0.1~0.4

3.5.3 植被

第 11 章给出了关于草阻拦水流的某些信息。

3.5.4 砌石

可以将正方形或矩形石块堆起来，形成一堵垂直墙。因此，休止角为 90°，导致无限大的阻力（tan90° = ∞）。理论上，这是正确的；铺得很好和相互顶住的石块不能转动，相互卡住，见图 3-15(a)。

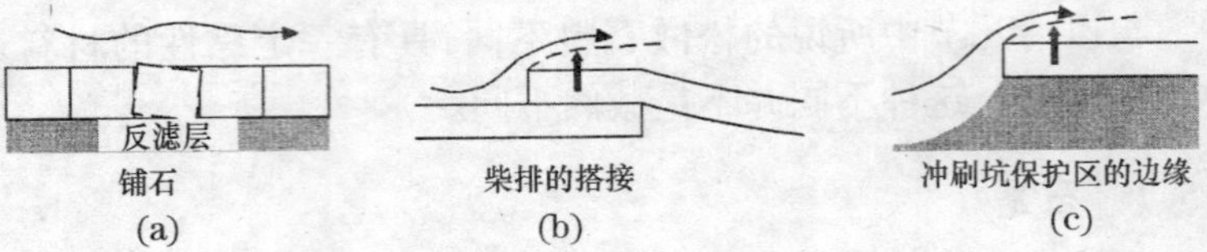

图 3-15　黏性材料的水流状态

3.5.5　柴排

柴排可由装有石块的土工织物所组成，它们也可能是任何其他形式的沉排保护设施。整体上，柴排的临界流速几乎是无穷大。脆弱的部位是过渡区，例如，两个柴排之间的搭接处，或者冲刷坑保护区的边缘，见图 3-15(b)和(c)。（当柴排像屋顶上的瓦片一样铺设时，在单向水流中，这些情况并不必然发生；在潮汐水流中，就会发生）。由于流线弯曲，或者甚至水流分离，在上侧，压力相对较低。结果可能抬起柴排，使压力差更大（受保护的部位像水流中立着的垂直墙，它产生很大的阻力）。上举力的大小取决于柴排的渗透性；石笼型柴排可以认为是透水的，在不透沙的土工织物上的混凝土块是不透水的。

3.6　小　结

本章讨论了水流中的稳定性。对于像石料这样的非黏性材料，基本关系式是带修正非水平河底和非均匀流的水流情况的修正系数的 Shields 关系式（式(3-15)）：

$$d = \frac{K_v^2 \cdot \bar{u}_c^2}{K_s \Psi_c \Delta C^2}$$

以下是关于使用该公式中的各个参数的说明：

$\bar{u}_c$ 用于初始运动的均匀流中按水深平均的临界流速。

Ψ_c 为运动阈值参数，表示接近初始运动的输移程度。可将 $\Psi_c = 0.06$ 视为泥沙输移的开始，并可在冲刷计算中使用。对于只有很少材料损失可以接受的河床保护，推荐采用较低的值，例如 $\Psi_c = 0.03$。

C 表示糙率的 Chezy 系数，$k_r = 2d_{n50}$ 可作为等效糙率的最初估计（以及 $\Psi_c = 0.03$，见第3.2.5节）。

K_s 为斜坡上石块的强度降低系数，见式(3-10)和式(3-11)。

K_v 为流速/紊动系数，表示偏离均匀流的荷载。对于不同的水流状态，表 3-1 给出了 K_v 的值。该系数应被作为在确定了均匀流中的直径之后的修正；否则，会影响 d 和 C 的迭代（C 也通过 k 包含 d）。

在加速水流中，如果在公式中采用局部速度，总是可以采用 $K_v = 1$。

最后，介绍了关于如柴排、石笼和黏土这样的黏性材料的稳定性的某些信息。

第 4 章　水流冲刷

4.1 导　言

即使在考虑保护工程之前,人们也应该对可能的冲刷有一个概念。事实上,冲刷(和泥沙淤积)在河底由细泥沙组成的地方到处发生。本书不包括地貌形成过程,它只限于建筑物附近的局部冲刷。这种冲刷可能由建筑物本身所引起,如河中的桥墩,也可能是自然过程的结果,建筑物(如蜿蜒河流的护岸)是用来防止或限制这种过程的。必须强调了解地貌形成的过程对于在自然系统中兴建工程来说十分重要。

4.1.1 作为泥沙输移的冲刷

冲刷是泥沙输移的特殊情况,当局部输移的泥沙超过上游的来沙时就会发生冲刷。输移的不同可能是由于流速的不同或紊动的不同,或者两者都不同。泥沙质量守恒的一般表达式为:

$$\frac{\partial k z_b}{\partial t} = \frac{\partial S}{\partial x} = 0 \tag{4-1}$$

式中:z_b 为河床的位置;S 为单位宽度的总泥沙输移量。

局部冲刷的 3 种可能情况见图 4-1:

(1)$S_2 = S_1 > 0$。这是一种动态平衡状态。泥沙可能被冲起,也可能再次下沉,但是底部位置没有净变化。

(2)$S_2 > S_1 = 0$。上游没有来沙,而有泥沙向下游输移。这种情况称为清水冲刷。

(3)$S_2 > S_1 > 0$。上游有来沙,但向下游输移的泥沙更多。这

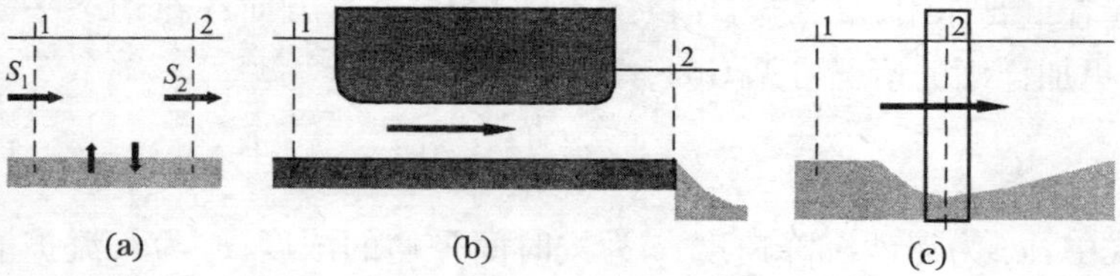

图 4-1　局部冲刷的一般情况

种情况称为动床冲刷。

清水冲刷（情况（1））可能是由于上游缺少输移能力或者缺少易被冲刷的材料。图 4-1（b）表示第 1 种情况的例子，断面 1 在湖中，大坝的上游，断面 2 在泄水建筑物的下游。断面 1 处的水流太弱，不能输移材料。如图 4-1（c）所示，也有可能断面 1 的流速低于临界流速，而在断面 2 处由于墩引起牵动从而引起输移。无限长的上游护底是第 2 种情况的一个例子。断面 1 的输移能力等于断面 2 的输移能力，但是 1 处的输移为 0，因为流速不能冲起泥沙。因此，一个无限长的护底也不能防止冲刷。当水深使流速降低到临界速度以下时，清水冲刷停止。

在动床冲刷情况（情况（2））中，图 4-1（c）中的上游水流大到足够输移泥沙，但是，建筑物引起的紊动加速和减速，导致输移能力的增加。当断面 2 中冲刷容量等于断面 1 中的来沙容量时，冲刷停止。受冲刷的泥沙将沉降在断面 2 的下游，因此在更大的规模上，情况（3）可能是情况（1）的部分。

泥沙输移是速度和泥沙性质的函数，常常表示为（也见第 1 章和第 3 章关于可动性参数和稳定性参数）：

$$S = f(\Psi - \Psi_c) \text{ 或 } S = f(\Psi) \tag{4-2}$$

第 1 类表达式包括一个运动阈值。一个例子是著名的 Meyer – peter – Muller 公式。第 2 类表达式省略了 Ψ_c。实例为 Engelund – Hansen 公式和 Paintal 公式。在 $\Psi \gg \Psi_c$ 情况下，悬浮质在冲刷中

起着重要作用。在均匀和稳定条件下,在垂直方向存在动态平衡(更加详细的情况可见 Graf, 1971):

$$w_s \bar{c} + v_s \frac{\partial \bar{c}}{\partial z} = 0 \tag{4-3}$$

式中:w_s 为泥沙沉降速度;$\bar{c}$ 为按时间平均的浓度;v_s 为紊流扩散能力。

式(4-3)中的第 1 项表示泥沙的沉降,第 2 项表示泥沙的泛起。w_s 取决于泥沙,v_s 取决于水流的状态,与水流的紊动有关。

可以预计,可以设法把冲刷和高紊动强度联系起来。图 4-2 表示 Eastern Scheldt 挡潮闸的水道之一在施工期间的冲刷情况(摘自荷兰水力实验室,1988)。该水道中的水流 2 次分离:围绕水道的左岸墩和围绕浇筑的混凝土梁的(临时)边缘。在混合层中的紊动起着旋风的作用,导致较深的冲刷坑。

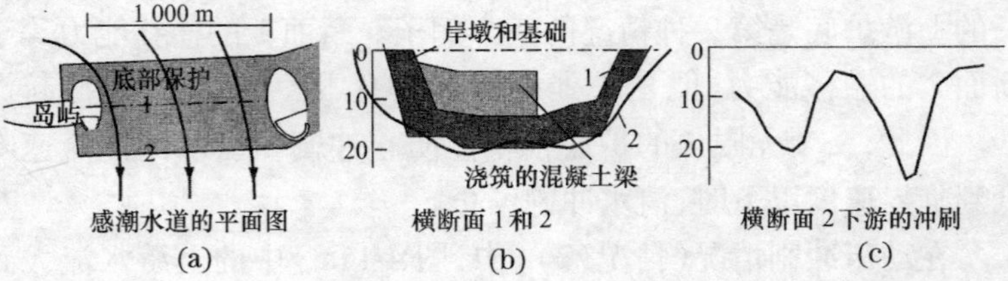

图 4-2　Eastern Scheldt 挡潮闸在施工期间冲刷的例子

在第 3 章中,我们看到底部受冲击最严重的位置并不一定位于混合层中。在冲刷中,这可能不同。当悬浮质变得重要时,式(4-3)表示紊动也变得重要。而且,1998 年 Zuurveld 和 Booij 发现颗粒粒径和旋涡之比决定稳定性。在水平扩大段,当 $\Psi \approx \Psi_c$ 时,在主流中的涡旋对颗粒引起的作用力比在混合层中的涡旋的大。当 $\Psi \gg \Psi_c$ 时,这种情况会完全改变。

作为泥沙输移的特殊情况,用像式(4-2)这样的公式,加上紊动系数描述冲刷似乎是符合逻辑的,如在稳定性关系式中发现的那样。但是,实际上所有的冲刷关系式都是冲刷深度的经验表达式。在以下几节中,将针对不同情况介绍一些表达式。

4.1.2 冲刷过程

图 4-3 表示冲刷的某些特点。最初,底部仍是平坦的,速度分布尚未受到冲刷坑的影响,水流仍接近均匀。然后,泥沙悬浮在水中,见式(4-3),由主流挟带。上游坡形成,β 增加,然后成为常数。

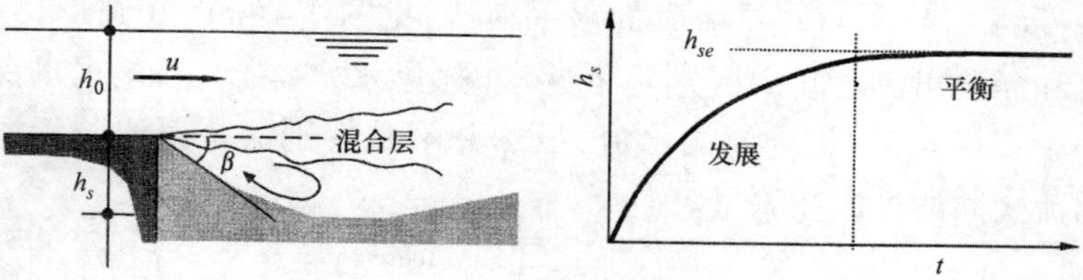

图 4-3 冲刷坑的一般定义和随时间的发展

因为这个斜坡,水流分离,引起在冲刷坑中的混合层和一个与主流方向相反的回流区。这也表示冲刷过程受到冲刷坑本身的影响,与第 3 章所讨论的稳定性现象相比,情况复杂。在斜坡的较低部位泥沙泛起,在冲刷坑中的流速达到接近临界值,冲刷过程放慢,上游坡材料不再移走,渐近地达到最终冲刷深度。

对于实用目的,发展和平衡深度是重要的。当冲刷过程很快时,只有平衡深度是让人感兴趣的。当冲刷过程较慢时,随时间的发展也变得很重要。随时间发展的重要性也反映在维护策略中,当冲刷深度深到具有危险性时,维修策略可包括冲刷坑。另一种情况(其中冲刷随时间的发展是重要的)是在施工期间冲刷的发展;不同的施工阶段存在不同的冲刷强度。

4.2 没有保护的冲刷

当冲刷不是一个问题时,对冲刷进行保护并不总是必要的。

只有建筑物的稳定性受到威胁时，才需要保护护坦。为了能决定是否要采取措施，深入研究在没有保护时冲刷的发展程度，对于设计人员来说是重要的。不加保护冲刷通常发展很快，因此设计人员只对平衡深度（h_{se}，见图 4-3）感兴趣。

4.2.1 射流和涵洞出流引起的冲刷

有许多种射流，圆形的和平面的，水平的和垂直的，跌水的和淹没的。这里，重点是淹没的水平射流，见图 4-4（a）。（圆形）射流和涵洞出流之间的区别是下游水深（尾水水深）。当尾水水深小于直径 D 时，称为涵洞出流，虽然并不是特别清楚射流与涵洞出流之间的过渡在哪里。

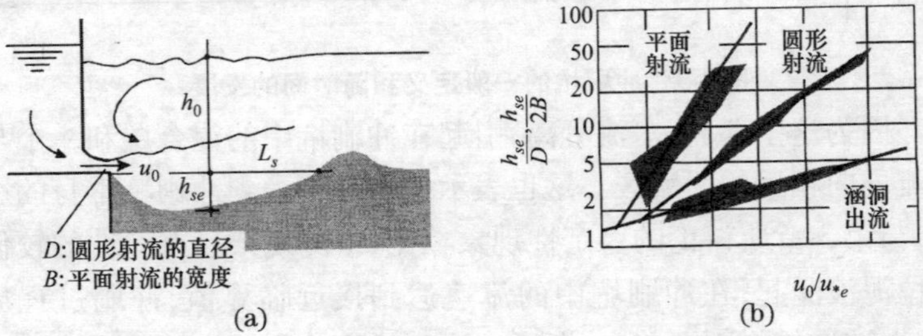

图 4-4　水平射流和涵洞出流引起的冲刷

对于水平射流的冲刷，采用 1991 年 Breusers/Raudkivi 提出的方法。实验结果暗示射流冲刷坑的长度－深度比 L_s/h_{se} 为常数（≈5～7），见图 4-4（a）。假设 L_s 由射流的 u_m（见第 2 章）等于底部材料的临界流速的位置来确定，我们找到（应用第 2 章的射流速度关系式）：

$$\left.\begin{aligned}&\text{圆形射流：}u_c=u_m\propto\frac{Du_0}{x}\propto\frac{Du_0}{L_s}\propto\frac{Du_0}{h_s}\rightarrow\frac{h_{se}}{D}\propto\frac{u_0}{u_c}\propto\frac{u_0}{u_{*c}}\\&\text{平面射流：}u_c=u_m\propto\frac{u_0\sqrt{B}}{x}\propto\frac{u_0\sqrt{B}}{\sqrt{h_s}}\rightarrow\frac{h_{se}}{B}\propto\left(\frac{u_0}{u_{*c}}\right)^2\end{aligned}\right\}\quad(4\text{-}4)$$

当水深没有明确定义时,使用 u_{*c} 代替 u_c,作为明确定义的临界流速。这些比例关系,结合实验结果,最终导致下式,见图 4-4(b):

$$\left.\begin{aligned}&\text{平面射流:}\quad \frac{h_{se}}{2B} = 0.008\left(\frac{u_0}{u_{*c}}\right)^2\\&\text{圆形射流:}\quad \frac{h_{se}}{D} = 0.08\,\frac{u_0}{u_{*c}}\end{aligned}\right\}\tag{4-5}$$

由于圆形射流中水流的水平分散,平面射流的冲刷比圆形射流的高得多。对于圆形射流,冲刷坑的宽度约为其长度的一半。

涵洞的实验已经给出了比圆形射流小得多的冲刷深度。对于涵洞,1991 年 Breusers/Raudkivi 提出了冲刷深度如下,也见图 4-4(b):

$$\frac{h_{se}}{D} = 0.065\left(\frac{u_0}{u_{*c}}\right)^{0.33}\tag{4-6}$$

在能量损失中可能找到解释。要达到同样的出流流速 u_0,由于水流在大的尾水水深中的“淹没”,人们预计射流必要的水头差大于涵洞的。能量损失(或者确切地说势能转变成动能,因而引起紊动)等于 $\rho g(h_u - h_d)Q$,所以对于相等的 u_0,亦即相等的 Q,射流的紊动能量较大,导致更大的冲刷。考察这种区别的另一个简单方法是,较大的流量能输送更多的泥沙。正如以前所述,随着尾水水深的变化,射流与涵洞出流之间的过渡将不会很清楚,因此式(4-5)和式(4-6)仅能起得出初步指标的作用。

4.2.2 外来物体附近的冲刷

墩是最常见的外来物体的例子,在许多水利工程场合是重要的。图 4-5(a)表示围绕一个圆柱的水流的清晰情况(取自 1991 年 Breusers/Raudkivi 的文献)。在第 2 章中,我们已经看到,在一个圆柱前面有一股向下的水流,由于压力差,它或多或少起着垂直射流的作用,它也由水平流速的垂直差所引起。这种射流以及墩两侧的加速水流($u_{max} \approx \bar{u}_0$)引起冲刷。一旦出现冲刷坑,就会出现图 4-3 中冲刷坑中所发现的环流。这种涡流由水流挟带，导致马蹄形的涡旋。这种涡旋，连同加速水流和尾流涡流，进一步将泥沙输移到下游。在墩后面，输移能力再次下降，并形成一个沙洲。

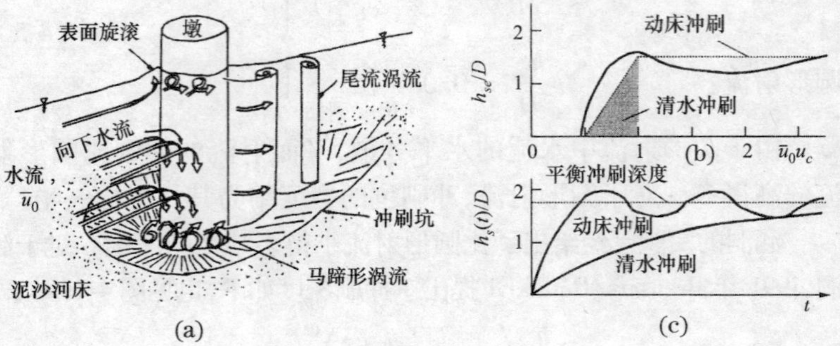

图 4-5　圆柱体附近的冲刷（Breusers/Raudkivi，1991）

图 4-5(b)表示平衡深度（除以墩的直径使其成为无量纲）与流速的增加。当 $\bar{u}_0 < u_c$ 时，由于上面提到的绕墩载荷的增加，业已发生冲刷，在 $\bar{u}_0 \approx 0.5u_c$ 时开始冲刷（清水冲刷）。当 $\bar{u}_0 \approx u_c$ 时，冲刷达到最大。当 $\bar{u}_0 > u_c$ 时，冲刷可再次稍微冲刷，因为那时整个河床移动（动床冲刷）。这是清水冲刷和动床冲刷之间的过渡。在河床平坦段，在沙波/沙丘和逆向沙丘之间的过渡处，可能发生第 2 个高峰。在此情况下，水流不需要花费能量来克服沙丘的形状阻力，全力以赴输移泥沙。图 4-5(b)中虚线是表示在最终的冲刷公式（式(4-7)）中采用的速度系数的曲线。

最后，图 4-5(c)表示清水冲刷和动床冲刷的不同发展。动床冲刷达到平衡比清水冲刷快得多。而且，由于沙波和沙丘在河床上的迁移，冲刷坑的深度波动。通常，冲刷过程非常快，以致在水利工程中人们只对平衡深度感兴趣。

绕墩的复杂三维流态排除了计算冲刷深度的解析方法；只有实验结果可用。对于细长的墩（水深/直径 >2 ~3），发现冲刷深度与墩的直径成正比，比例常数为1.5～2(Breusers 等，1977)。绕墩水流流速的增加并不是直径的函数(对于任何直径，势流给出行近流速的2倍)，但是，这种比例可用在墩前方的向下水流和在尾流中的涡流来解释。当一个较宽的物体挡住水流时，向下水流预计会增加，当圆柱体后面的尾流扩宽时，在墩后面的涡流会增长。当墩的直径接近或者超过水深时，预计这种增长不会继续。当墩起到一堵完整的墙的作用时，向下水流会受到限制，涡流的规模也会受到水深的限制。

图4-6表示1997年Breusers等给出的实验结果的范围。以上概述情况的整个范围的数学描述可以利用无量纲参数 h_s/D 和 h_0/D 的双曲正切给出。对于大的 h_0/D 值(在深水中的细长桩)，$\tanh(h_0/D)$ 成为1，因此 $h_s \propto D$。对于较小的 h_0/D 值(在浅水中的大型物体)，$\tanh(h_0/D)$ 成为 h_0/D，因此 $h_s \propto h_0$。对于设计目的，1977年Breusers等推荐比例常数为2。

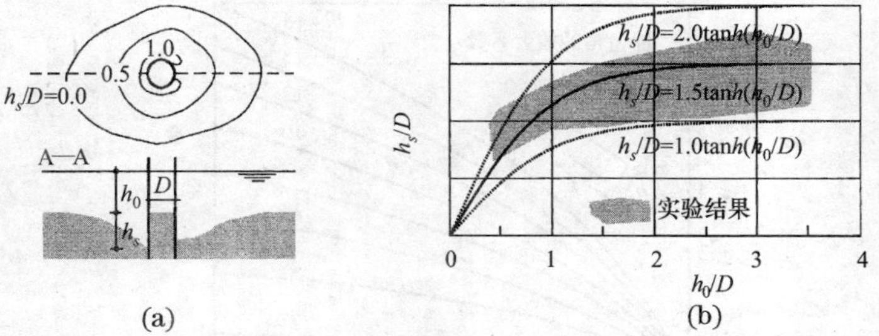

图4-6 围绕圆柱体的冲刷与水深和直径的关系曲线

注：双曲函数没有物理意义。它只是描述上述关系具有方便数学特性的一个函数。

图4-6对于圆柱形的墩是有效的。对于其他形状，表4-1给出了形状系数的值。流线形防冲刷是有利的，但是当水流方向偏离墩的主轴时，其影响可能成为负面的，见图4-7。对于初步设计，推荐采用下列简化公式：

$$\frac{h_s}{D} = 2K_sK_\alpha K_u \tanh\left(\frac{h_0}{D}\right) \tag{4-7}$$

式中：K_s 为形状系数，见表 4-1；K_α 为冲击角系数，见图 4-7；K_u 为速度系数，见图 4-5(b)。$u/u_c < 0.5$，$K_u = 0$；$u/u_c > 1$，$K_u = 1$；$0.5 < u/u_c < 1$，$K_u = (2u/u_c - 1)$。

表 4-1　各种形状的系数值

墩的形状	l/b	K_s
圆柱形	—	1.0
矩形	1	1.2
	3	1.1
	5	1.0
椭圆形	2	0.85
	3	0.8
	5	0.6

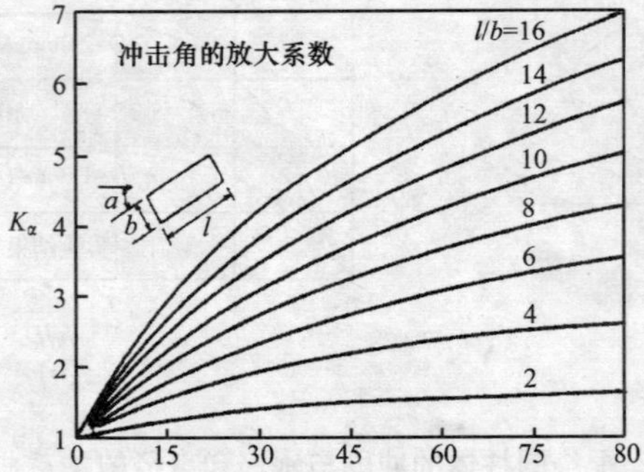

图 4-7　水流方向偏离墩的主轴的放大系数

注：

(1) 漂浮物或浮冰可加大墩或桩的有效宽度；

(2) 对于多桥墩的桥，由于水流缩窄，可能发生过度冲刷；

(3) 围绕墩的波浪作用基本上不会增加冲刷深度（最多约 10%）。

4.2.3 附着物体和收缩段附近的冲刷

收缩段附近的冲刷将通过考虑不同的构体进行处理:边墩、逐渐收缩段和各种组合,比如丁坝。

4.2.3.1 边墩

边墩冲刷的首次逼近法是将边墩视为半个墩。图 4-8 表示冲刷深度、边墩宽度(D,伸入水中的尺寸)和水深之间的关系。这种情况与图 4-6 的情况相同,虽然,现在 D 为一半直径,因为墙可视为墩的中心轴。这使边墩的冲刷小于墩的冲刷,可能是因为墙消除了向下的水流和建筑物后面的涡流。现在流线化是适当的,因为冲击角不重要。注意,隐含假设水流的宽度为无限大;水流宽度受边墩缩窄,在这些实验中不起作用。

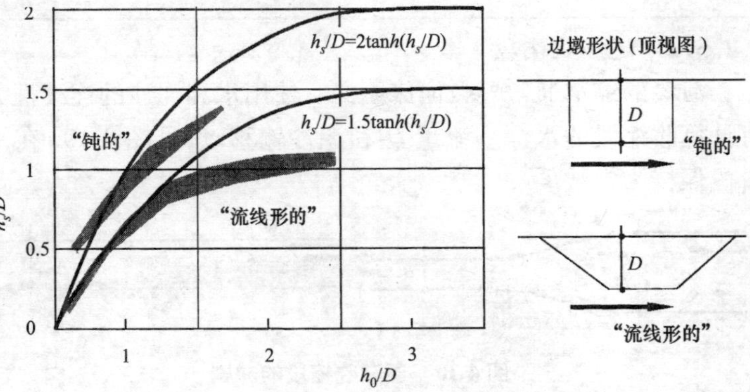

图 4-8 边墩附近的冲刷(根据 1991 年 Breusers/Raudkivi 文献修改)

图 4-9 表示在第 1 个 Zeebrugge 防波堤施工后的水流流态和冲刷,该防波堤可视为一个巨大的边墩($D\approx 1\ 500$ m)。流速加大不到 1 倍,与根据势流预见的相一致。冲刷深度约为$17.5-7=10.5$ m,约为水深的1.5倍,这与式(4-7)和表4-2相符。因此,对于首次逼近,这些公式是有用的,尽管在物理意义上有缺点。

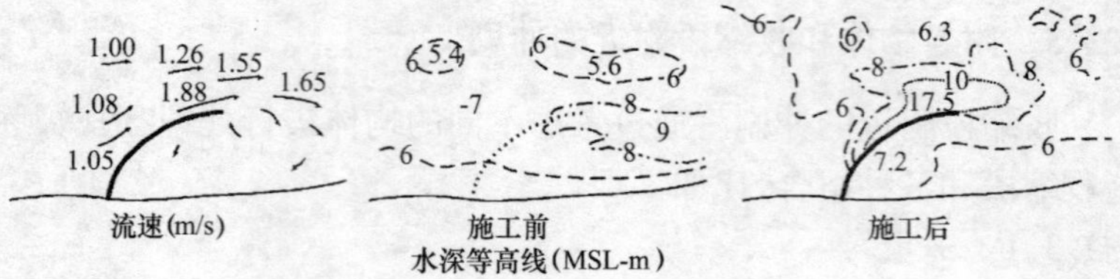

图 4-9　Zeebrugge 防波堤附近的水流流速和冲刷

表 4-2　边墩的形状系数

边墩形状	K_s(在式(4-7)中使用)
矩形("钝的")	1.0
圆柱形	0.75 ~ 1.0
流线形	0.5 ~ 0.75

4.2.3.2　逐渐收缩段

河段的缩窄通常导致河床刷深。使用水和泥沙的连续性方程可计算收缩段的水深。流量 Q 和泥沙输移 S(见图 4-10)在平衡阶段保持为常数。

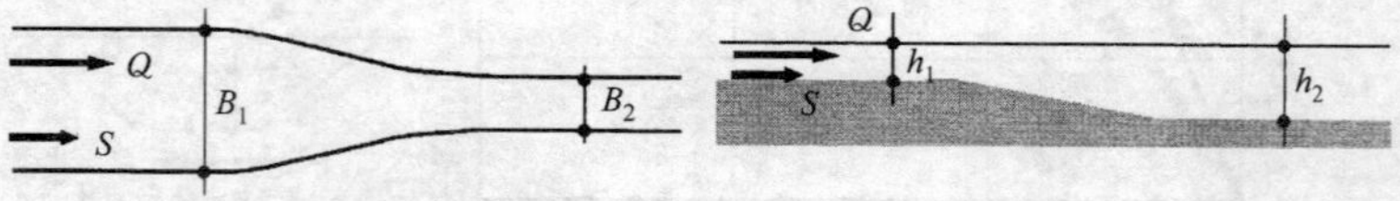

图 4-10　逐渐收缩段的冲刷

假设泥沙输移与流速之间的简单关系式:$S = ku^m$,我们得:

$$\left.\begin{aligned} Q &= B_1 u_1 h_1 = B_2 u_2 h_2 \rightarrow u_2 = u_1 \frac{B_1 h_1}{B_2 h_2} \\ S &= B_1 k u_1^m = B_2 k u_2^m \end{aligned}\right\} \rightarrow \frac{B_1^{m-1}}{B_2^{m-1}} = \frac{h_2^m}{h_1^m} \rightarrow$$

$$\frac{h_2}{h_1} = \left(\frac{B_1}{B_2}\right)^{\frac{m-1}{m}} \tag{4-8}$$

通常,m 为 4 ~ 5,因此式(4-8)中的幂为0.75 ~ 0.8。

4.2.3.3　丁坝

可以将丁坝视为钝的边墩，但是，河床的缩窄也起作用。因此，收缩的河流宽度出现在冲刷深度的关系式中。1991 年，Breusers/Raudkivi 建议，对于笔直的河道和垂直于河岸的立式丁坝，作为初步近似（见图 4-11），采用

$$h_0 + h_{se} = 2.2\left(\frac{Q}{B-b}\right)^{2/3} \tag{4-9}$$

注意，本式中的常数 2.2 不是无量纲！

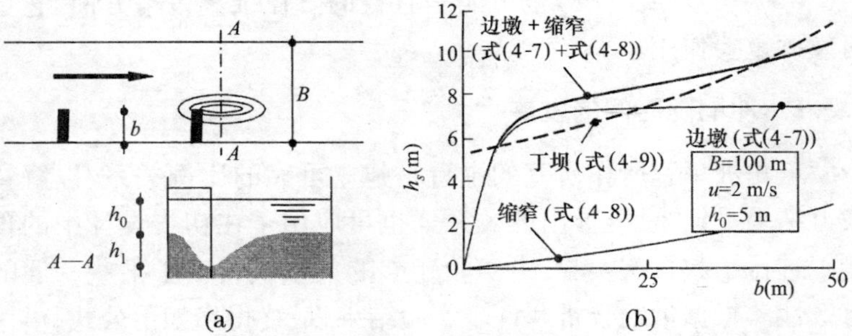

图 4-11　丁坝附近的冲刷

如果丁坝的头部不是直立的，丁坝后面的水流分离就不在一个垂直平面中发生，这对冲刷产生有利的影响。45°的坡度，冲刷深度约小 15%。坡度非常平缓的丁坝头部，冲刷深度减少 50% 似乎是可能的。当丁坝位于河弯凹岸时，冲刷深度可增加 10% ~ 15%，取决于弯曲半径。详情见 1991 年 Breusers/Raudkivi 的文献。

图 4-11 也示出式(4-9)与式(4-7)（适用于边墩）和式(4-8)的比较。边墩冲刷和缩窄冲刷简单地相加。这种情况的相似性相当好，但是，对于其他河宽和水深，其结果可能相差很大。这里的比较只是说明在经验公式之间有“类族的联系”，同时说明，在将来有可能用一种方法来替代它们，处理整个现象。

4.3 河床保护设施的冲刷

对桥墩周围整个荷载增加的区域进行河床保护，导致冲刷几乎可以忽略。对射流或涵洞的下游进行保护，增加的荷载慢慢消失，主要影响是水流变得更加平静，冲刷的发展减轻。在荷兰三角洲工程的框架中，为了合龙坝的设计，对该题目进行了许多研究。随时间的发展是一个重要因素，由于合龙的进展，每个施工阶段的平衡深度从未达到。但是，在其他情况下，了解冲刷是时间的函数（图 4-3 中的发展阶段）也可能是有益的。在维修策略方面，它也可发挥重要作用。

4.3.1 冲刷随时间的发展

三角洲工程所作研究的主旨是建立可靠的比例关系，以解释模型结果。但是，推导出的关系式也可应用于在初步设计中的预测。进行了数百次实验，由实验建立的关系式给出了某些一般的有效性。根据量纲分析和许多实验结果，最终得出如下公式，供用于河床保护设施后的清水冲刷：

$$h_s(t) = \frac{(\alpha\bar{u} - \bar{u}_c)^{1.7} h_0^{0.2}}{10\Delta^{0.7}} t^{0.4} \tag{4-10}$$

式中：$h_s(t)$ 为冲刷坑的最大深度，是时间的函数；h_0 为原先的水深；$\bar{u}$ 为保护设施末端的垂线平均流速；t 为本经验公式中的时间，单位为 h；常数 10 并不是无量纲的；α 表示紊动，增加了有效流速。这是冲刷公式中的“垃圾箱”。

从式(4-10)，我们看到：

(1)冲刷深度随时间以0.4次幂增长。

(2)泥沙的比重有一些影响(0.7次幂)，水深的影响很小(0.2次幂)。

(3)α 乘实际流速的积与临界流速之差，由于为1.7次幂，所以起主要作用。

注意：

（1）式(4-10)对于冲刷过程的发展阶段是有效的；所以 $\alpha\bar{u}-\bar{u}_c$ 不应太小（≥0.1 m/s）。

（2）式(4-10)中时间的0.4次幂，严格说来只适用二维水流情况。对于三维水流（水平收缩段，泄水闸出流等）在开始时应较高，后来稍小。作为初步近似，0.4可应用于所有与时间有关的冲刷。

4.3.2 系数 α

为了进行初步设计，必须了解几何形状与 α 之间的关系。α 是流速放大系数，它表示水流的扰动，因此预计与水流的紊动波动有关。但是，与石块的稳定性关系式中的流速系数 K_v 相似，见第3章，在很大程度上取决于速度在哪里定义和如何定义，也见1991年 Jorissen/Vrijling 的文献。

图4-12(a)示出式(4-10)中定义 α 和 $\bar{u}$ 的两种方法。当 $\bar{u}$ 定义为 Q/A 时，在 α 中必须包括局部速度增加的影响，因此在流速分布方面“败坏”了该系数。当 $\bar{u}$ 为局部流速时，α 仅代表由紊动引起的放大系数。当然，在两种情况下，α 与 $\bar{u}$ 的积是相同的。

对于 $\bar{u}=Q/A$，图4-12(b)表示，α 为二维和三维冲刷的垂直收缩的函数（分别为无与有水平收缩）。该数据来自三角洲工程系统的冲刷研究。α 的值显著不同，主要是由于速度的分布。采用局部流速，图4-12(c)给出了 α_L 与垂直收缩之间的关系式。差别非常小，因为速度分布不影响 α。所以，可以预计，α 与水流的紊动之间的相关将只在采用 u_L 和 α_L 时才存在。图4-12(d)示出 α_L 与紊动波动之间的关系式，表达为 r（按水深平均）

对于 $\alpha_L>1.8$ $$\alpha_L=1.5+5r \tag{4-11}$$

因此，确实存在 α_L 和 r 之间的关系式，表示紊动与局部流速

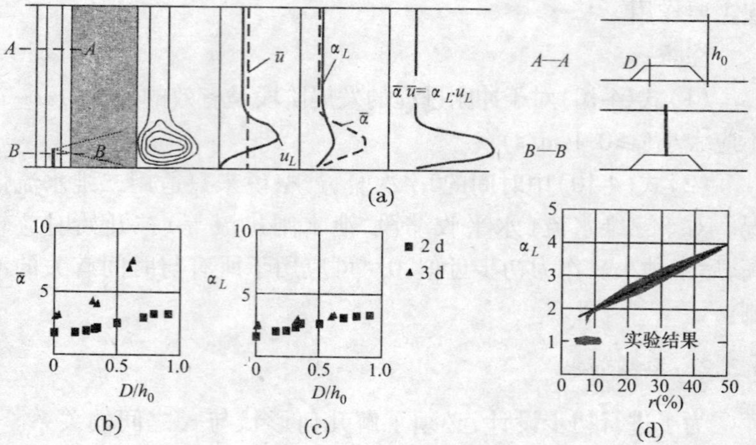

图 4-12　α 的定义对数值的影响

导致与时间有关的冲刷(见图 4-13)。

供初步设计使用,图 4-14 给出了在垂直收缩与水平收缩情况下,基于局部流速的 α 值。对于重要的工程,采用缩尺模型的实验将是必要的。在泄入大体积水体的泄水建筑物情况下,没有明确的垂直和/或水平收缩的尺寸。在这种情况下,冲刷可能接近于垂直涡流的 α 值,对于长 $10h_0$ 的底部保护,其值约为 4。

4.3.3　保护设施的长度和糙率

由于紊动的消散,预计较长的底部保护设施将导致较低的 α 值,见第 2 章。图 4-15 表示底部保护设施对 α 值的影响,基于系统的冲刷研究的结果。对于 $L/h_0>5$,这种影响可用下式描述:

$$\alpha(L/h_0) = 1.5 + (1.57\alpha_{10} - 2.35)e^{(-0.045L/h_0)} \tag{4-12}$$

式中,α_{10}为 $L/h_0=10$ 的 α 值。注意,对于一个无限长的护底,最小值 $\alpha_{min}\approx1.5$。

因此,确实如第4.1.1节所述,这样的保护设施不能防止冲刷!

护底的糙率也有影响。对于光滑的保护设施,靠近河床的流

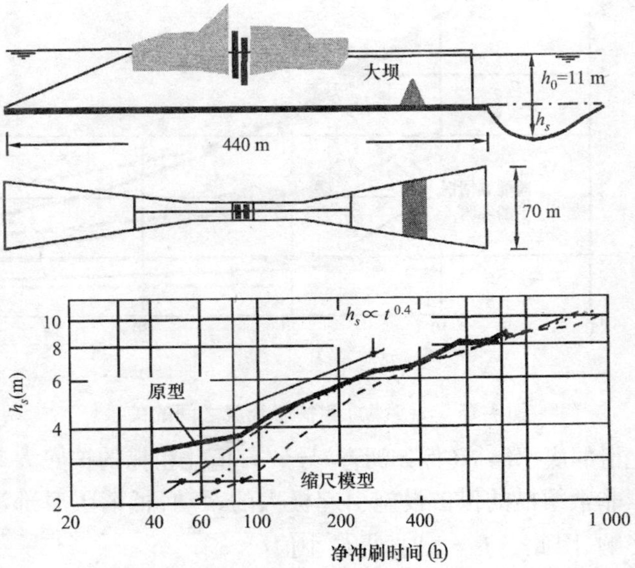

图 4-13　模型与原型冲刷发展的比较(de Grauw/Pilarczyk,1981)

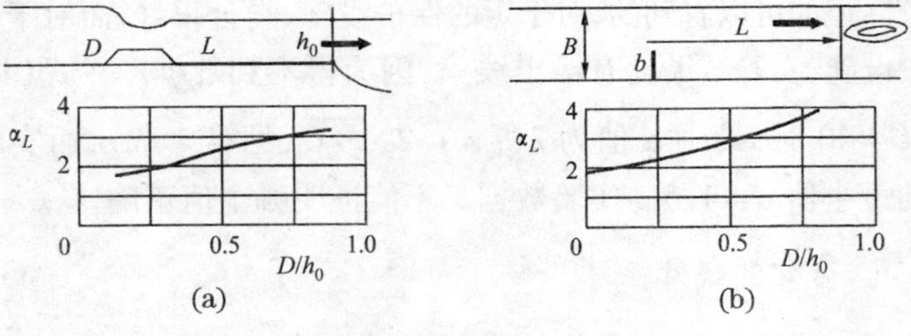

图 4-14　当 $L/h_0=10$ 时,α_L 的值是垂直收缩和水平收缩的函数

速高,引起更多的冲刷。糙率对 α 的影响由 Booij/Hoffmans 于 1993 年给出:

$$\alpha = 1.5 + 5r_0 f_c \tag{4-13}$$

式中:$f_c=\frac{C}{40}$(当 $C \leqslant 40$ 时,$f_c=1$)。

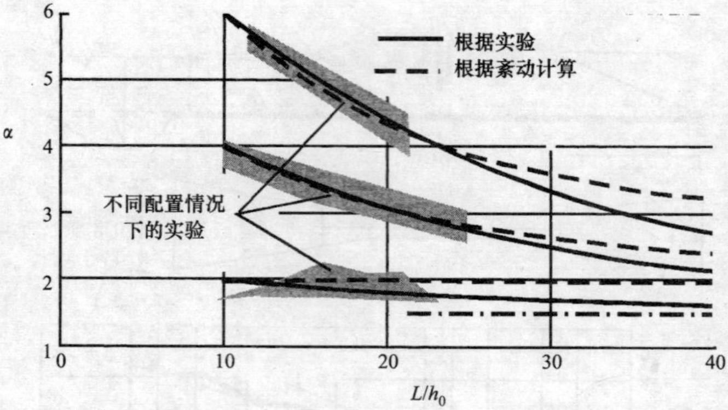

图 4-15　α(紊动)和护底长度之间的关系

光滑的底部保护(例如沥青)导致 α 值比粗糙的护底大 20% ~ 30%。非常粗糙的保护设施引起极大的紊动,抵消了底部流速较低的影响,因此当 $f_c=1$ 时,得最小值。

图 4-15 中,也对实验结果(式(4-12))和粗糙的护底($C=40$)引起的紊动消散之间作了比较。对于 $L/h_0=10$、相等 α 值,作了比较。正如可以看到的,对于短的保护设施,吻合很好,而对于长的保护设施,实验结果没有给出线索,因为得不到数据。在式(4-13)中,$C=40$ 时,最小 α 值为 2($r=1.2\sqrt{g/C}$,见第 2 章),而实验产生的最小值 $\alpha=1.5$。实验数据又不能证明哪个值正确。

4.3.4　变化的条件

对于水流强度逐渐变化的冲刷,可使用式(4-10),用下式替代 $(\alpha\bar{u}-\bar{u}_c)^{1.7}$:

$$\frac{1}{T}\int_0^T(\alpha\bar{u}-\bar{u}_c)^{1.7}\mathrm{d}t \tag{4-14}$$

式中,T 是平均过程所采用的时间。在潮汐情况下,水流改向,例如,对于泄水闸,在低水时向海中泄水,仅在部分潮汐期间工作。

于是,只应采用单向水流计算建筑物一边的冲刷,见图 4-16(a)。

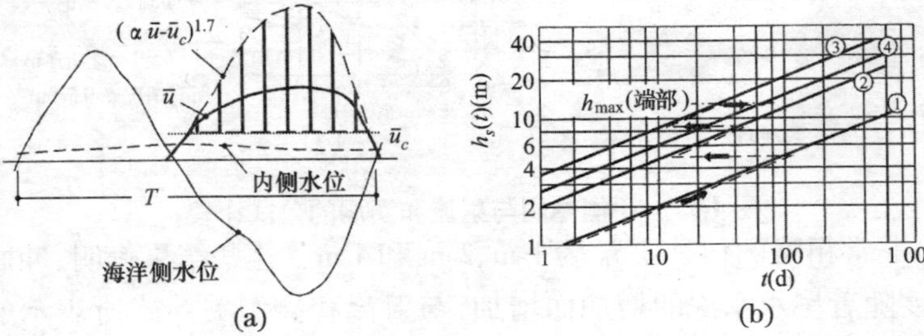

图 4-16　在潮汐水流和施工期的冲刷

当必须确定建筑物施工期的冲刷时,图 4-16(b)表示了过程。对于不同的代表性的建筑阶段,每个阶段持续 Δt_i,需要确定不同的冲刷 - 时间曲线。时段 Δt_1 采用第 1 条曲线。在该时段结束时,该线水平地继续到第 2 条曲线(按照第 2 条曲线的冲刷坑从第 1 时段的结束值开始),如此继续直到结束。可使用这种过程,因为冲刷坑形状的相似性是系统冲刷研究的重要成果。

4.3.5　平衡冲刷

4.3.5.1　清水冲刷

在具有河床保护设施的清水冲刷情况下,求出平衡深度的简单方法是假定当冲刷坑中的流速乘以 α 等于 u_c 时就达到平衡深度。这样估计的平衡深度偏大,因为 α 是在保护设施的边缘定义的,而不是在冲刷坑本身定义的。α_u 减小 50% 似乎是合理的。

根据连续方程,得到下式,见图 4-17(a):

$$\left.\begin{array}{l} u_c = 0.5\alpha\bar{u}_s \\ \bar{u}_s(h_0 + h_{se}) = \bar{u}h_0 \end{array}\right\} \rightarrow \frac{h_{se}}{h_0} = \frac{0.5\alpha\bar{u} - \bar{u}_c}{\bar{u}_c} \tag{4-15}$$

图 4-17(b)表示用式(4-15)计算的平衡深度与分别用式(4-5)和式(4-6)计算的圆形射流和涵洞深度的比较。对于保护长度为 0 的情况,$\alpha = 5$,这是根据图 4-15(从 $L = 10\ h_0$ 时,$\alpha = 4$ 开

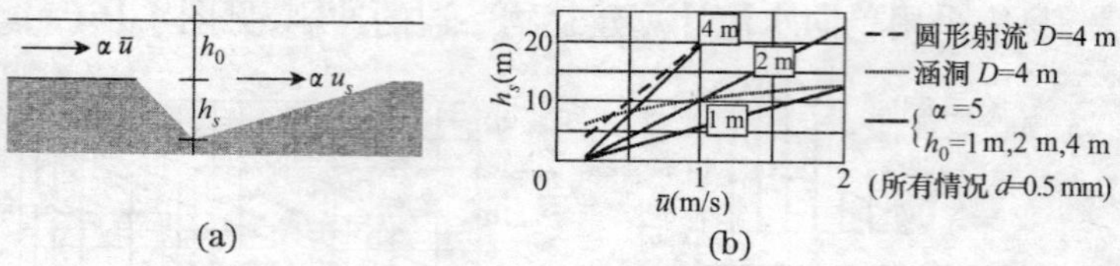

图 4-17　平衡冲刷与射流和涵洞的公式比较

始)非常粗略的估计。h_0 为1 m、2 m 和4 m。这些结果表明,冲刷深度随着尾水水深的增加而增加,与射流和涵洞关系式所表示的趋势相同,见第4.2.1节。当水深等于或超过出流直径时,射流公式似乎是适当的。

4.3.5.2　动床冲刷

在有河床保护设施的动床冲刷情况下,当从冲刷坑输移的泥沙等于上游来沙时,将达到平衡深度,见第4.1节。该深度将小于为清水冲刷开发的式(4-15)算出的值。冲刷公式(4-10)表示清水冲刷,考虑来沙就把它变成动床冲刷的公式。采用式(4-10)并用一个三角形代表冲刷坑,见图4-18(a),在没有来沙的情况下,每米宽冲刷坑的体积为:

$$I = 1/2(\cot\beta_1 + \cot\beta_2)h_s^{\,2}$$
$$= [0.005(\cot\beta_1 + \cot\beta_2)\Delta^{-1.4}h_0^{\,0.4}(\alpha\bar{u} - \bar{u}_c)^{3.4}]t^{0.8}$$
$$= Kt^{0.8} \tag{4-16}$$

式中:K 为括号内表达式的缩写。

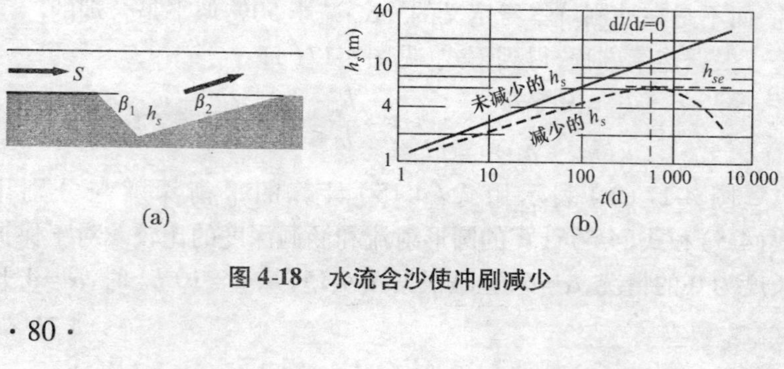

图 4-18　水流含沙使冲刷减少

考虑来沙，上式变成：

$$I_{red}=Kt^{0.8}-St\rightarrow h_{s\,red}=\sqrt{\frac{I_{red}}{0.5(\cot\beta_1+\cot\beta_2)}} \tag{4-17}$$

当

$$\frac{\mathrm{d}I}{\mathrm{d}t}=0\rightarrow 0.8Kt^{-0.2}=S\rightarrow t_e=\left(\frac{0.8K}{S}\right)^5\rightarrow$$

$$h_{se}=\sqrt{\frac{Kt_e^{0.8}-St_e}{\frac{1}{2}(\cos\beta_1+\cot\beta_2)}} \tag{4-18}$$

达到平衡，见图4-18。

但是，在此过程中，有许多不确定性：必须评估 $\cot\beta_{1,2}$（例如，4或40），必须计算 S，t_e 对 K 和 S 的变化很敏感。因此，在截流中，最好采用在早期施工阶段 t_e 的实测值，见图4-16。在将来，当冲刷可以作为泥沙输移进行计算时，考虑局部的速度和紊动，预计可得出更好的结果。那时，上游来沙是这种模型的上游边界处的输入。

4.3.6 保护设施的稳定性

只要冲刷不淘空所考虑的建筑物，冲刷本身并不是一个问题。图4-19（a）是一种不引起任何问题的稳定冲刷坑的情况。在图4-19（b）中，冲刷深度以及冲刷坑的上游坡已经太大，且上游坡已经滑动。河床保护设施已经损坏，但是建筑物安然无恙。在观察到这种情况后，仍有可能维修，例如，在斜坡上和在受损保护设施上抛石。如果没有及时发现损坏，或者被忽视，则保护设施的质量决定了随后将发生什么事情。如果保护设施是具有黏结性的，例如，是坚固的土工织物，和/或具有足够搭接长度的柴排，其后果可能并不严重。但是，如果保护设施由松散的石料组成，冲刷过程将继续下去，甚至更加严重，由于保护设施长度较短，最终可能会出现像图 4-19(c)所示情况。在这种情况下,保护设施不再有效,建筑物将坍塌。

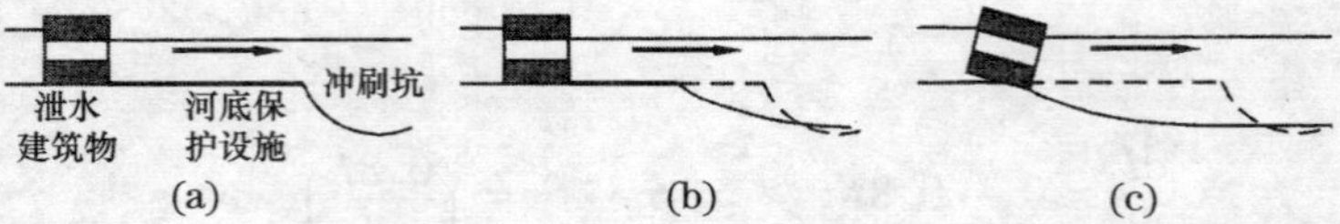

图 4-19　河底保护设施的不稳定性

这些例子清楚地表明,河底保护设施的主要功能不是使冲刷最小(也见图 4-15),而是保持冲刷坑远离所保护的建筑物。为了判断一个保护设施是否足够长,必须知道上游坡角 β(在图 4-18 中,β_1 为上游坡角,但是,现在删去了下标)、冲刷坑的深度、斜坡的稳定性参数和一旦出现斜坡就会失稳的过程。

4.3.6.1　坡角 β

1993 年,Hoffmans 根据系统的冲刷研究,得出的关系式:

$$\beta = \arcsin\left[3.10^{-4}\frac{u_0^2}{\Delta g d_{50}} + (0.11 + 0.75 r_0) f_c\right]$$

$$\left(f_c = \frac{C}{40}, 对于 C \leqslant 40, f_c = 1\right) \tag{4-19}$$

该式表明速度、紊动、光滑的保护设施和细砂会引起陡的坡度。

图 4-20 表示对于相对紊动度、速度、保护设施的糙率和颗粒直径的某些可能值,式(4-19)的结果。对于这里所采用的直径(0.2 mm 和 0.5 mm的砂),休止角 φ 约为 30°,因此 $\cot\varphi \approx 2$。这些曲线表示,坡度可能较陡。模型试验表明,坡度不大于 1∶2,但是,事实上观察到了更陡的坡度和这些坡的破坏。图 4-20 也表示计算值与实测值大不相同,因此用式(4-9)算出的陡坡应视为一种警告。重要的是测量冲刷随时间的发展,能处理维护问题,如在斜

坡上倾倒保护材料。

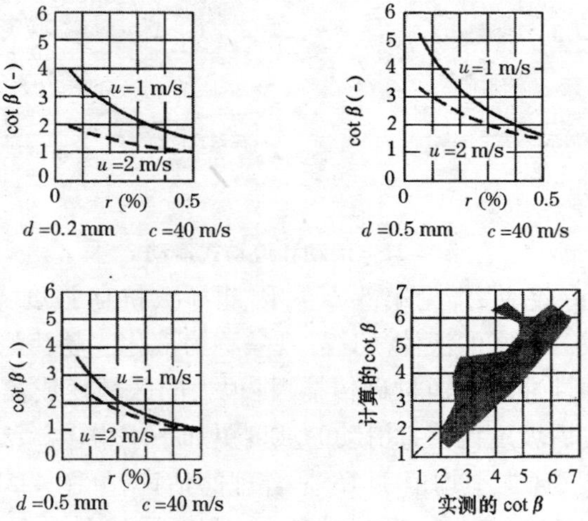

图 4-20　冲刷坑的坡度与 u、r、d 和 c(Hoffmans,1993)

4.3.6.2　稳定性和滑动

对于一定的高度,当坡度变得很陡时,它不再能承受重力,并将产生滑动。土壤将向旁边和向下移动,将导致较平缓的坡度。在砂质土壤情况下,可以粗略地假设:当 $\cot\beta \leqslant 2$ 和 $h_s > 5 \sim 10$ m 时,未进行保护的边坡将滑动。第 5 章将更加详细讨论边坡的稳定性;现在,重点放在失稳后的过程上。

边坡失稳后将发生滑动,见图 4-21(a)。颗粒相互翻滚,直到摩擦足以停止滑动为止。由于运动土体的惯性,最终的坡角将比休止角 φ 小。1:6 可以用做严密夯实砂平均坡度的指示。

当边坡砂土只是大致夯实时,情况更加糟糕。图 4-21(b)表示大致夯实与严密夯实砂的差别。当剪应力施加在松散砂上时,颗粒往往压实,产生超孔隙水压,因此迫使水跑出孔隙,见图 4-21(b)。在大致压实砂中的这种超孔隙水压降低了颗粒之间

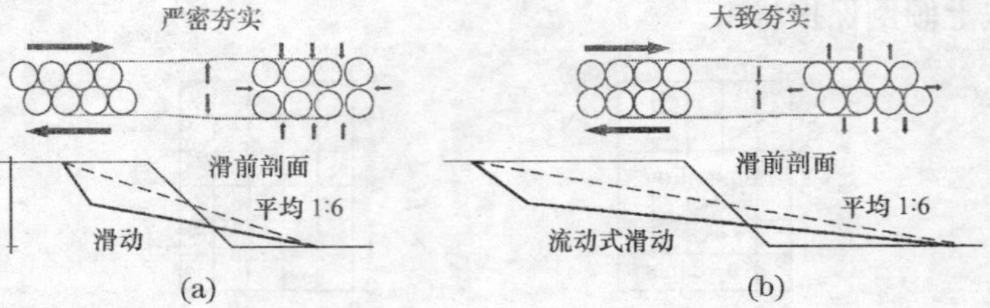

图 4-21　滑动和流动式滑动

的接触力(有效应力,见第 5 章),因此导致抗剪强度大大下降。土壤暂时成为稠密的液体。这种现象称为液化。超孔隙水压能够作为一种弹性冲击波通过砂传播,将很大的区域变成流沙。结果是在滑坡之后坡度比正常滑动的坡度更加平坦得多。已经报道了 1∶25 的坡度,通常平均值 1∶15 是合理的估计,见图 4-21(b)。对于严密夯实的砂,情况相反,水被吸入孔隙,导致有效应力的增加,见图 4-21(a)。

4.4　小　结

一般说来,局部冲刷是泥沙输移的特殊情况。局部流速和紊动方式决定了局部冲刷。当挟沙水流中发生这种冲刷时,甚至不存在局部扰动,我们称为动床冲刷。如果泥沙输移只是由局部扰动引起的,则称为清水冲刷。冲刷随着时间发展,当水流作用力不再能带走泥沙(清水冲刷)或者当来沙与冲走的沙相等时(动床冲刷),达到一个平衡深度。

在文献中,可以区别两种主要的求解冲刷的方法:一种是研究最终的平衡冲刷,另一种是研究冲刷随时间的发展。选择取决于设计人员的兴趣和过程本身。当平衡很快达到时,知道随时间的发展是没有用处的,设计可以基于最终的冲刷深度。当发展过程较慢时,研究随时间的发展并把设计变成某种维护策略是经济的。

当在施工期冲刷很重要时,必须了解冲刷随时间的发展,因为水流的几何特性从而冲刷将不断变化。

没有保护设施,冲刷将比有保护设施更快地达到平衡。已经介绍了在射流中和外来物体附近的冲刷的经验公式,可供初步设计采用。人们试图找出经验公式后面的物理原因,虽然这些公式中某些公式的物理依据不足或者实际上不存在。重要的公式是式(4-7)和式(4-8)。

在有保护设施的情况下,宜尽可能地把随时间变化的冲刷与紊流现象联系起来。式(4-10)是这种方法的基础,其中,系数 α 起着极为重要的作用,可将其视为流速的放大系数。如果使用局部速度,则 α 与水流的相对紊动度有关。在有保护设施的情况下,平衡冲刷的估计,以及没有保护设施的某些公式的比较,使得说明尽可能完整。

最后,考虑了有关冲刷坑和底部保护设施的稳定性问题,其中,土壤性质如休止角和颗粒的夯实起着作用。必须强调,冲刷本身并不是问题,但是,它对建筑物的稳定性构成威胁。在出流后面的保护设施的主要功能是使冲刷坑尽可能远离需要保护的建筑物。防止冲刷实际上是不可能的。只有在局部变化很大的水流流场中,如墩周围的流场,可用增大的水流荷载来覆盖该区域,从而降低冲刷的深度。

第5章　渗流概述

5.1　导　言

渗流是用来表示通过粒状介质(如砂、卵石或块石)的水流。渗流产生的荷载通常来自土水界面土壤一侧(见图5-1)。如同明渠水流那样,压力和流速是相关联的,两者都可认为是荷载。

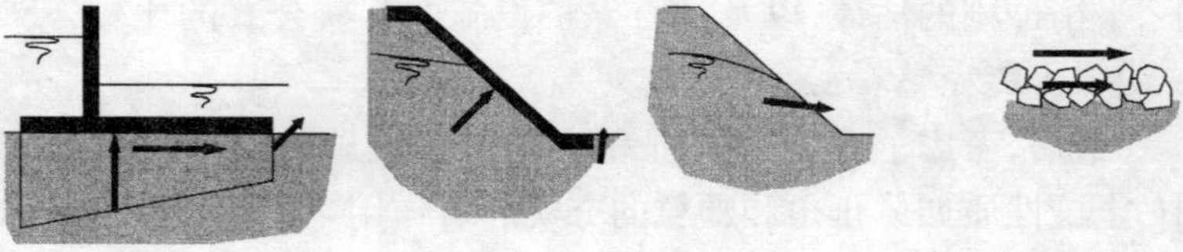

(a)　　(b)　　(c)　　(d)

图5-1　渗流产生的荷载

在图5-1所示的不透水建筑物下,由于建筑物上下游的水头差,在建筑物下游的底部作用有水压力。为了抵消该水压力,建筑物底部应有足够的重量。水头差也在建筑物下面引起渗流,从而对下游端引起冲刷,因此有必要设置反滤层。如果建筑物底部较短,端部出流可能引起管涌(冲刷形成一条“管道”)。在河岸或堤防等的边坡上(见图5-1(b))的不透水层也会发生同样的现象。由于是边坡,抵消超水压力不仅需要重量,而且不透水层和边坡之间的摩擦力也起作用。在坡脚,需要设反滤层以防止出流冲刷。当边坡不致密,由松散颗粒组成时,水头差会引起渗流,还可能引起冲刷(见图5-1(c))。为了防止冲刷,边坡可能需要平缓一些。

最后，流过用大块石（本身是稳定的）建造的护底的水流，也会引起通过护底的渗流。这样也可能引起护底下界面的冲刷，为此采用粒状反滤层或土工织物可能是正确的解决办法。

为了形成稳定情况，深入了解渗流现象和荷载非常重要。下节讨论渗流的基本方程和应用。与明渠水流相似，渗流可能是层流或紊流。在由砂或黏土组成的基体中，渗流总是层流，导致压力与流速呈线性关系，使计算相当容易。在粗材料中，渗流通常是紊流，不便于计算。反滤层、潜坝、防波堤等使用粗材料。对于这些应用，设计仍主要靠经验。在这方面还有许多研究尚待进行。

5.2 基本方程

5.2.1 概 述

起点仍是纳维尔－斯托克斯方程，写成雷诺方程的形式，沿 x 方向（见第 2 章）为

$$\frac{\partial u}{\partial t}+u\frac{\partial u}{\partial x}+w\frac{\partial u}{\partial z}=-\frac{1}{\rho}\frac{\partial p}{\partial x}+\upsilon\frac{\partial^2 u}{\partial z^2}-\frac{\partial\overline{u'^2}}{\partial x}-\frac{\partial\overline{u'w'}}{\partial z}\tag{5-1}$$

若要考虑每个石块和每个孔隙（实际上是不可能的，也没有必要），用上式就可计算多孔介质中的渗流。采用求平均值的方法即可获得实用解。该方法的第 1 步就是确定平均流速，反滤层平均流速为：

$$u_f=\frac{1}{A}\iint_A u\mathrm{d}A=n\cdot u\left(n=\frac{V_P}{V_T}\right)\tag{5-2}$$

式中：n 为孔隙率；u 为孔隙内的实际流速。

孔隙率 n 通常被定义为孔隙体积 V_P 除以总体积 V_T。这未必是渗透性的度量（与爱芒特乳酪相比；有许多孔隙，但不透水），但

对于一般的颗粒结构来说，仍可将 n 用做渗透性参数。注意：取平均应包括足够的孔隙，以代表具有随机性质过程的平均水流情况。另一方面，与平均运动相比，面积 dA 必须足够小（LeMehaute，1976）。

下一步是组合方程（5-1）中的各项（见图 5-2）。$\frac{\partial u}{\partial z}$在具体孔隙内具有物理意义，这里指的是从孔隙中心到颗粒的流速梯度（边界处无滑动），但在许多孔隙取平均的情况下，它就变得无意义。习惯上将所有二次惯性项和紊动项组成一个二次摩擦力项，并用线性摩擦力项代替（线性的）黏滞梯度项（Van Gent，1992；Van Gent，1993）：

$$\left.\begin{aligned} \frac{1}{\rho g}\frac{\partial p}{\partial x} &= i = au_f + bu_f\,|\,u_f\,| + c\,\frac{\partial u_f}{\partial t} \\ a &= \alpha\frac{(1-n)^2}{n^3}\frac{\nu}{gd_{n50}^2} \\ b &= \beta\frac{(1-n)}{n^3}\frac{1}{gd_{n50}} \end{aligned}\right\} \tag{5-3}$$

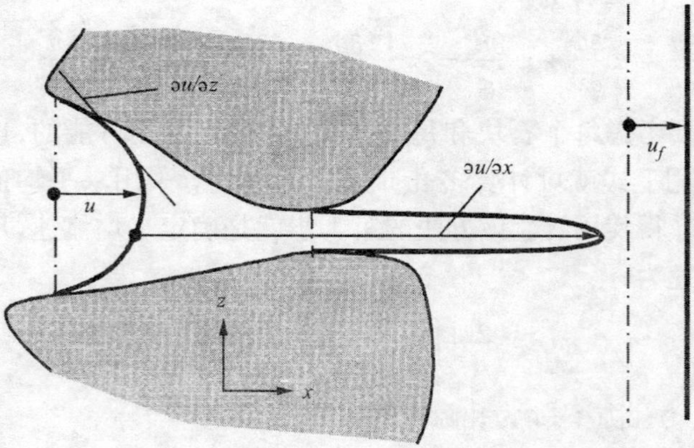

图 5-2　流速、梯度和取平均

对于稳定流,$\frac{\partial u}{\partial t}=0$,这就是经典 Forchheimer 方程。第 3 项的影响通常很小,在大多数情况下可忽略不计。在非稳定的波动水流中,第 2 项中的系数 b 必须用一个系数来修正,该系数取决于波动周期,见 Van Gent(1993)。从理论上已推导出系数 a(s/m)和系数 b(s^2/m^2)的表达式,而无因次系数 α 和 β(视颗粒级配和形状而定)必须由实验测定。没有任何更多的信息,$\alpha=1\ 000$ 和 $\beta=1.1$可作为第 1 估计值(可能降低 50%,也可能大 1 倍)。为了获得更精确的值,最好在实验室或现场实验中测量 a 和 b。

图 5-3 示出各种材料的实测比降 i 和反滤层流速 v_f,材料为细砂($d_{50}=130\ \mu m$)和 60 ~ 300 kg 重的块石($d_{n50}=0.4\ m$)。双对数曲线清楚地示出了细粒料中的水流为层流:i 和 u 的关系是线性的,这表明式(5-3)右边的第 1 项能恰当地描述这种关系。对于块石料,这种关系是二次的(按双对数刻度,坡度为 1∶2),这表明,第 2 项是主要的。就砾石而言,这两项均起作用。

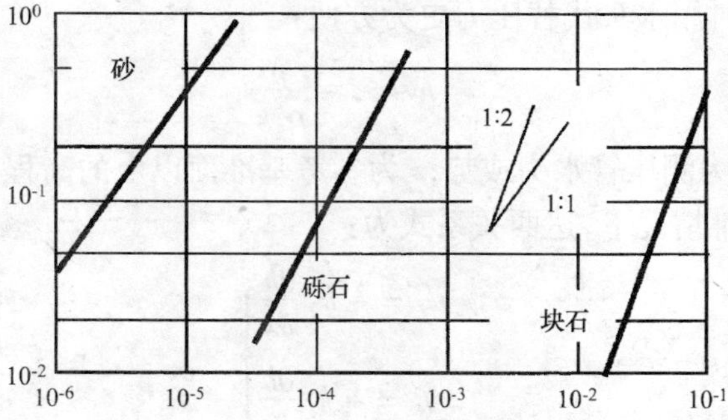

图 5-3　不同材料反滤层流速与比降之间的关系

注:层流和紊流间的过渡比明渠水流更加平缓。除紊动外,在采用平均值的公式中,其余各项也都起作用。虽然存在差异,但水流态仍称之为层流和紊流。

流速与压力比降之间的关系有时写成：

$$u_f = k(i)^{\frac{1}{P}} \tag{5-4}$$

式中，k 为多孔材料的渗透系数，m/s。对于层流，$P=1$，Forchheimer 方程化成达西定律，k 是式(5-3)中 a 的倒数。对于紊流，$P=2$。表 5-1 列出了式(5-4)定义的某些材料的渗透系数的数量级。

表 5-1　各种材料的渗透系数

材料	d_{50}（$<63.10^{-3}$ m）或 d_{n50}（m）	渗透系数 k（m/s）	水流形态
黏土	$<2.10^{-6}$	$10^{-10}\sim10^{-8}$	层流
粉砂	$2.10^{-6}\sim63.10^{-6}$	$10^{-8}\sim10^{-6}$	层流
砂	$63.10^{-6}\sim2.10^{-3}$	$10^{-6}\sim10^{-3}$	层流
砾石	$2.10^{-3}\sim63.10^{-3}$	$10^{-3}\sim10^{-1}$	过渡
小块石	$63.10^{-3}\sim0.4$	$10^{-1}\sim5.10^{-1}$	紊流
大块石	$0.4\sim1$	$5.10^{-1}\sim1$	紊流

5.2.2　层　流

在层流情况下，式(5-3)化成达西定理。

有时用水头代替压力更为方便：

$$h = z + \frac{p}{\rho_w g} \tag{5-5}$$

式中：h 为测压管水头或势；z 为参考基准面以上的高程。

二维情况下，达西关系式为：

$$\left.\begin{aligned} u_f &= -k_x\frac{\partial h}{\partial x} \\ w_f &= -k_z\frac{\partial h}{\partial z} \end{aligned}\right\} \tag{5-6}$$

达西定律是地下水层流运动的方程。为了计算土体内流速和压力分布，还需要考虑连续方程：

$$\frac{\partial u_f}{\partial x} + \frac{\partial w_f}{\partial z} = 0 \tag{5-7}$$

将达西定律与连续方程联合，得拉普拉斯方程：

$$k_x \frac{\partial^2 h}{\partial x^2} + k_z \frac{\partial^2 h}{\partial z^2} = 0 \tag{5-8}$$

可以求解方程(5-8),但只限于极简单的几何形状,存在近似的解析解。对于更复杂的情况,该方程可用数字法(有限元法或有限差分法)、图解法(矩形流网)或电模拟法(基于达西定律与欧姆电导率之间的相似性)求解。目前,使用数值解很容易,不过对于初步概念,图解图可能更为有用。以下几节,在几个实例中使用了 MSEEP 数字程序(GeoDelft,1993)。

式(5-8)的全解常表示成流线和等势线的矩形图,沿等势线,测压管水头是不变的(见图 5-4)。

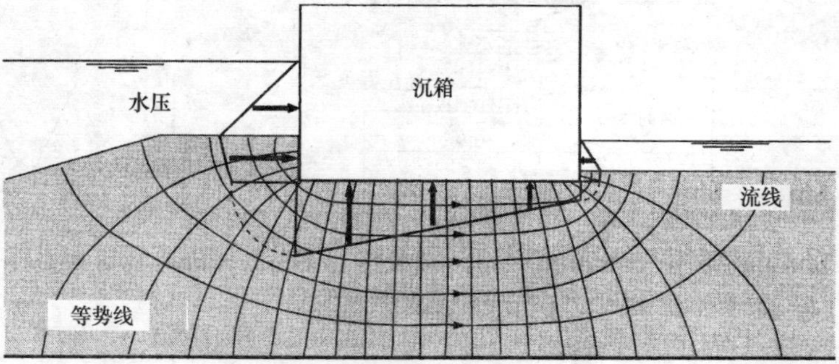

图 5-4　沉箱下的地下水流

在两条流线之间,总流量是相等的。式(5-6)表明,当测压管水头的比降为 0 时,就没有水流。因此,所有流线与等势线正交(底部总是一条等势线,因为测压管水位是不变的)。

水流作用力:颗粒结构和孔隙对流水产生摩擦力。反之,水对颗粒施加一个力(作用力 = 反作用力)。这就是水流作用力(有时称之为水流压力,但其单位为单位体积力),它对土壤外边界上的颗粒的稳定很重要。对于 x 方向(其他方向相似),水流作用力为

$$F_f = \rho_w g i = \rho_w g \frac{\partial h}{\partial x} \tag{5-9}$$

5.3 闭合边界的稳定性

5.3.1 不透水护底

在护底上下游水头差的情况下，通常水压力容易确定（见图 5-5）。当水流的几何形状很复杂时，徒手或使用计算机程序画一个流网是很必要的。

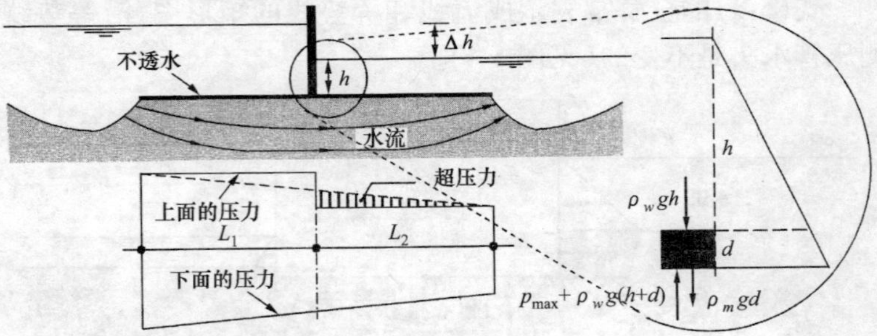

图 5-5 不透水护底情况下的水压力

对于稳定的护底，应考虑垂直平衡。最大超压力取决于堵水闸门相对于护底上、下游端的位置：

$$p_{\max} \approx \frac{L_2}{L_1 + L_2} p_w g\Delta h \tag{5-10}$$

护底最不利点处每平方米向上力为 $p_{\max} + \rho_w g(h + d)$，向下的力为 $\rho_m gd + \rho_w gh$，导致：

$$(\rho_m - \rho_w)gd \geqslant p_{\max} \tag{5-11}$$

注：当下游水位低于护底顶面时，顶部水重为0。若下游水位与护底底面齐平，则在式(5-11)中应使用 ρ_m 取代 $(\rho_m - \rho_w)$。对于护底顶面和底面之间的下游水位，只有使用导出式(5-11)的所有向下和向上的力（见图 5-5）才能得出正确的结果。因此，最好不

使用阿基米德方程式而使用所有的力，以避免错误。

5.3.2 不透水护坡

确定作用在不透水护坡上的水压力比作用在不透水护底上的更复杂。图 5-6 示出了带有厚度可忽略不计的不透水层坡度为 1∶2的边坡的流网和压力，不透水层低于外部水位 1 m，内部水头差1.5 m。图 5-6(a)示出了使用 MSEEP 确定的等势线和流线。图 5-6(b)给出了作用在护坡底面上的“压力”(P 除以 ρg)，并与边坡内部和外部静水压力值相比较。

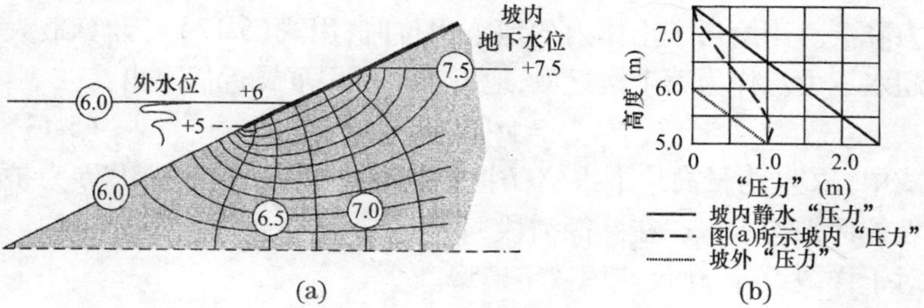

图 5-6 流网和作用在边坡不透水层底面上的压力

由于护坡以下的边坡是露天边坡，护坡下的压力值较低。超压是由于护坡内部和外部的压力差造成的。最大超压发生在外部水位处，根据 MSEEP，约为 0.7 m水头。

可以得出近似的解析解(见图 5-7)。在护坡下，当 $h_1/(h_1+h_2)<0.8$时，边坡相对于水位的最大超水压力可由下式给出(参见 TAW，2000)：

$$H=\frac{h_1}{\pi}\arccos\left[2\left(\frac{h_1+d\cos\alpha}{h_1+h_2}\right)^{\frac{\pi}{\arctan(\cot\alpha)+\pi/2}}-1\right] \tag{5-12}$$

对于与图 5-6 所示的一样的边坡，图 5-7 给出了最大超水压力 H 与 $h_1/(h_1+h_2)$和层厚 d 的关系曲线。该图示出当 $d=0$ 和 $h_1/(h_1+h_2)=0.6$时，$H\approx0.7$ m与图 5-6 相同。对于一定厚度的

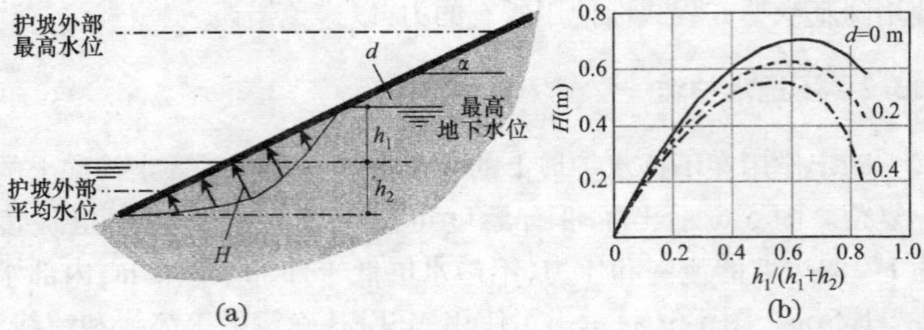

图 5-7　不透水护坡下的水压力

护坡,底端压力不等于下游测压管水位(参看 5.3.1 节),超水压力降低。当给出了土体内的地下水位时,用式(5-12)可计算最大超水压力。作为第 1 次近似,地下水位可用下式近似求出:

$$HGW = a(HW - MWL) \tag{5-13}$$

式中:HGW 为最高地下水位;HW 为护坡外部最高水位;MWL 为护坡外部平均水位。在感潮河段,$d \approx 0.5$。在非感潮河段,$d \approx 0.3$。对于详图设计,建议使用数字模型。

注:当 $h_1/(h_1+h_2) \approx 0.5$ 时,式(5-12)就会给出最大超水压力(不要与式(5-13)中的 a 混淆,它只确定最高地下水位的位置)。在这种情况下,当水位低于平均水位时,达到该最大超水压力,应用平均水位确定 h_1。

图 5-8 示出在边坡上不透水层的平衡中起作用的力。护坡上施加有超水压力 H,它可用式(5-12)和式(5-13)确定,也可用数字模型确定。重力 W 必须直接或通过不透水层和护坡之间的剪切力抵消该荷载。

5.3.2.1　剪切力

护坡和底土之间的摩擦力必须足以平衡平行于边坡的重力分量。摩擦力取决于垂直于边坡的有效重力。当

$$f[(\rho_m - \rho_w)gd\Delta x\cos\alpha - H\rho_w g\Delta x] \geqslant (\rho_m - \rho_w)gd\Delta x\sin\alpha \tag{5-14}$$

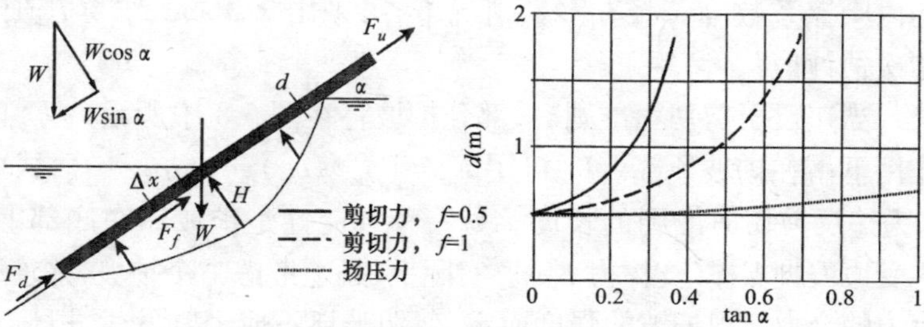

图 5-8　边坡上不透水层的稳定性

时，外水位正下方长度为 Δx 的护坡的稳定得以保证。式(5-14)中的 f 为护坡和边坡之间的摩擦系数。

这导致护坡的厚度为：

$$\frac{H}{\Delta d}=\frac{f\cos\alpha-\sin\alpha}{f} \tag{5-15}$$

5.3.2.2　扬压力

当垂直于边坡的各分力保持平衡时，护坡抗扬压力是稳定的：

$$(\rho_m-\rho_w)gd\Delta x\cos\alpha \geqslant H\rho_w g\Delta x \rightarrow \frac{H}{\Delta d}=\cos\alpha \tag{5-16}$$

注：在水位以上，应用 ρ_m 取代上式中的 $(\rho_m-\rho_w)$。

图 5-8 给出了边坡坡角为 0～45°，摩擦系数分别采用 $f=0.5$ 和 $f=1$。由此可以看出：

(1)对于水平层($a=0$)，剪切力与扬压力之间没有差别，换句话说，剪切力不起作用。

(2)剪切力准则给出的层厚大于扬压力准则的。当 $\tan a=f$ 时，必要的 d 变成无穷大，令 $f\cos\alpha=\sin\alpha$，直接从式(5-15)即可得出这一结论。

(3)将 $f=0.5$ 与 $f=1$ 作比较，摩擦系数 f 较大是有利的。当 f 值很大时，剪切力效果和扬压力的效果相同。可以这么说，把护坡钉牢在边坡上。但 f 受边坡特性的限制。它决不能大于边坡材料

的内摩擦系数 $\tan\varphi$。在多数情况下,可采用 $2/3\tan\varphi$ 作为 f 值的初次估计值。

当违反了剪切力准则时,部分护坡将在图 5-8 中所示力 F_u 的作用下吊在护坡顶部。F_u 可用 $F_u=(\rho_m-\rho_w)gd\sin\alpha L$ 计算,式中 L 为违反剪切力准则的长度。另一种可能性是护坡靠在底部上,它受边坡脚支撑(支撑力 F_d)。实际上,必须考虑整个护坡,并求所有力的合力。视护坡的强度而定,剪切破坏不应经常发生,以避免疲劳。例如,在高潮情况下,每周高潮发生几次,剪力准则应满足。

5.4 开放边界的稳定性

5.4.1 隆起和管涌

当一座水工建筑物上下游存在水头差时,总会存在渗漏,因为土壤决不是完全不透水的。当孔隙流中的水流作用力超过颗粒重量时,这些颗粒会浮起,就会发生泥沙输移。这种破坏机理被称为隆起,通常将这种过程称为土壤液化。当冲刷继续发展而形成连续通道,即"管道"时,问题就变得难以控制(见图 5-9)。若荷载保持,由于渗径不断缩短,这一过程将导致逐渐破坏。将这种破坏机理称为管涌。

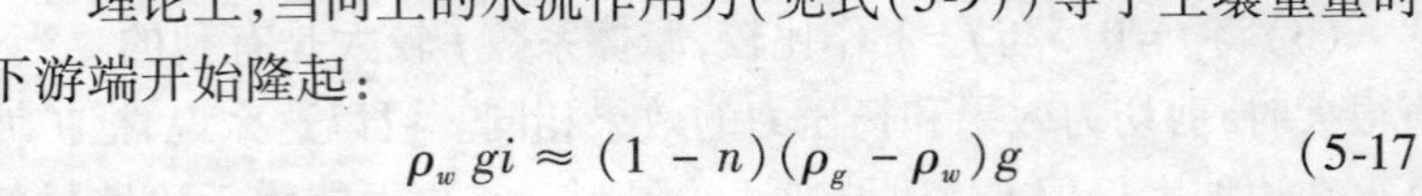

图 5-9 建筑物下面的隆起和管涌

理论上,当向上的水流作用力(见式(5-9))等于土壤重量时,下游端开始隆起:

$$\rho_w gi \approx (1-n)(\rho_g-\rho_w)g \tag{5-17}$$

颗粒密度 $\rho_g \approx 2\ 650\ \mathrm{kg/m^3}$，$n \approx 40\%$，式(5-17)给出 $i_c \approx 1$。但实际上由于多孔介质的不规则性，致使水流集中，临界比降值较小。若采用饱和土的容重，得出的结果相同：$(1-n)(\rho_g-\rho_w)=0.6\times(2\ 650-1\ 000)\approx 1\ 000 \approx \rho_s-\rho_w \approx (2\ 000-1\ 000)\ \mathrm{kg/m^3}$，用 d 表示层厚，也可把式(5-17)表达为任何土层的平衡：

$$h_u - h_t \leqslant \frac{1}{\gamma} d \frac{\rho_s-\rho_w}{\rho_w} \tag{5-18}$$

式中：h_u 为土层下测压管水位；h_t 为土层上测压管水位，$(h_u-h_t)/d=i$；γ 为由于土壤的不规则性所采用的安全系数(例如采用 2)。式(5-18)可用于无黏性土(如沙)的隆起或黏土层的爆裂。

由 Bligh 和 Lane 提出的这种现象的经典方法可追溯到 20 世纪初(见图 5-10)。在这些经典公式中没有将隆起和管涌划分清楚。临界水头差由下式给出：

$$\frac{\Delta h_c}{L} \leqslant \frac{1}{C_{creep}} \tag{5-19}$$

就稳定参数来说，Δh_c 为荷载，L 为强度。

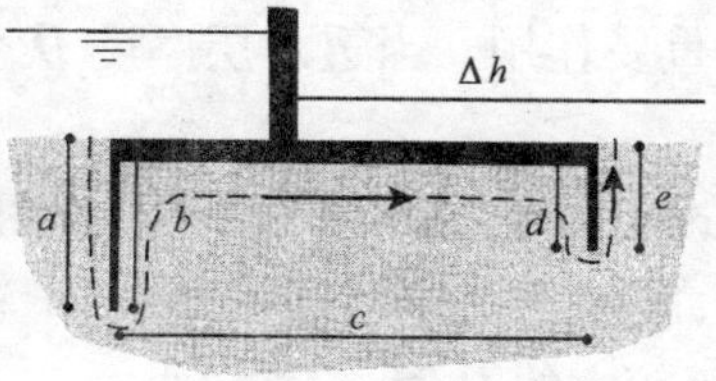

图 5-10　经典方法中渗径的定义

土壤强度视有效应力而定。根据太沙基法则，这些应力 $\sigma'=\sigma-P$，式中 σ 为总应力，σ' 为有效应力，P 为水压。由于水压是普遍存在的，因此作用于容器底部的有效颗粒应力为 $30-20=10\ \mathrm{kN/m^3}$。应用阿基米德定理可得出相同的结果：容器底部颗粒有效重量产生的有效颗粒应力：$0.6\times(2\ 650-1\ 000)g=10\ \mathrm{kN/m^3}$。得出同样结果的第 3 种方法是考虑水下包在塑料薄膜内 1 $\mathrm{m^3}$ 的湿砂,那么有效颗粒应力为:(2 000 - 1 000)g = 10 kN/m^3。

新的管涌方法:与荷兰堤防的加高有关,进行了许多关于管涌的研究。普遍接受的分析方法是 Sellmeijer 于 1988 年提出的。Sellmeijer 的模型是由描述管涌现象的相关微分方程的数值解组成的。不仅考虑了管涌的阈值,而且还考虑了通过业已形成的通道的颗粒的输移。基于 Sellmeijer 的方法,制定了关于荷兰堤防管涌的新安全规程。在大多数情况下,所需堤防宽度(渗径)的减小似乎是可能的。对于需要加高的堤防,这可能意味着可避免拆除堤防附近的房屋。通过曲线拟合(该模型的成果)(参看 1994 年 Calle/Weijer 的文章),得到下面公式:

$$\left.\begin{aligned} \frac{\Delta h_c}{L} &\leqslant 0.87\alpha c\left(\frac{\rho_g - \rho_w}{\rho_w}\right)(0.68 - 0.10\ln c) \\ \alpha &= \left(\frac{D}{L}\right)^{\frac{0.28}{\left(\frac{D}{L}\right)^{2.8} - 1}} \\ c &= 0.25 d_{70}\left(\frac{g}{vkL}\right)^{\frac{1}{3}} \end{aligned}\right\} \tag{5-20}$$

在式(5-20)中,D/L 起着重要作用。当透水层厚度 D 变得较小时,可减小 L。

图 5-11 针对砂质土壤将式(5-20)与 Bligh 法则(参看图 5-10)作了比较。对于较小的 D 值,临界水头差采用 Sellmerjer 法则比采用 Bligh 法则大许多,而对于较大的 D 值,差别较小。

5.4.2 边坡的微观稳定性

边坡上外层颗粒的稳定性(它与边坡作为一个整体的稳定性不同)称为微观稳定性,见第 5.5 节。图 5-12 示出了具有水头差的堤防的流线和等势线。地下水面局部与下游坡重合,这种情况实际上总是存在的。这意味着总有一部分下游边坡地下水从那里流出,这对确定边坡的稳定性很重要。

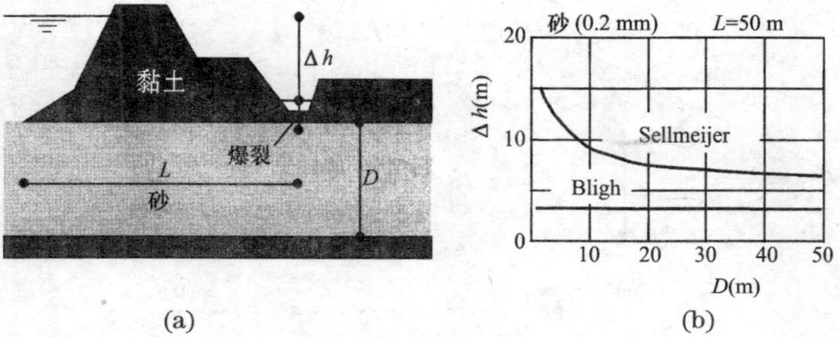

图 5-11　新管涌法的定义和结果

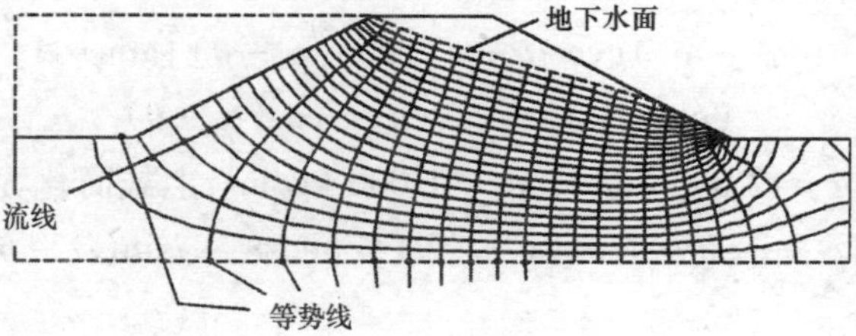

图 5-12　堤防内的渗流(MSEEP 结果)

边坡上的颗粒在水流中的平衡前面已经讨论过,但是现在的荷载来自边坡内部。这里不可能考虑单个颗粒的稳定性,因已用 u_f 将所有流过孔隙的水流加以平均(见第 5.2.1 节)。通过这样做,我们放弃了所有有关孔隙内流速的信息,改而考虑土壤的单位体积。

图 5-13(a)给出没有渗流和黏聚力的情况下,作用于土壤单位体积上的力,其平衡条件是:

$$\rho_s g\cos\alpha\tan\varphi \geqslant \rho_s g\sin\alpha \rightarrow \varphi \geqslant \alpha \qquad (5\text{-}21)$$

上式对于水上与水下都是成立的,因为该式不含土的密度 ρ_s,它可能是干土或湿土的密度,有或没有浮力的作用。的确,在水上与水下,仔细地建造的边坡都可能具有等于休止角 φ 的最大坡角 α。

现在考虑有渗流的情况(见图 5-13(b)),土壤在水下,式(5-9)

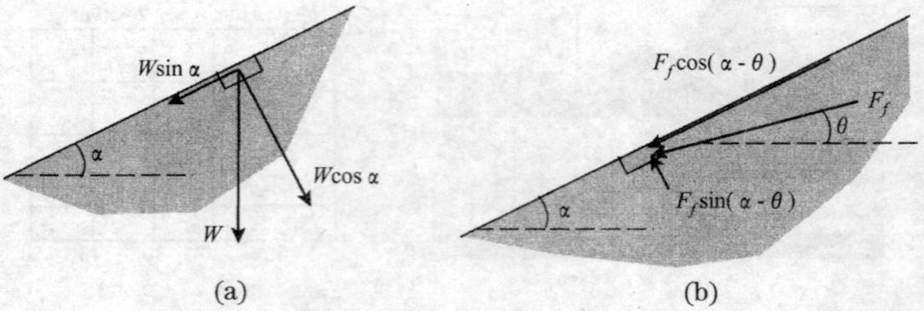

图 5-13　渗流边坡上的作用力

成立,并可写成:

$$[(\rho_s-\rho_w)g\cos\alpha-\rho_w gi\sin(\alpha-\theta)]\tan\varphi\geqslant (\rho_s-\rho_w)g\sin\alpha+\rho_w gi\cos(\alpha-\theta) \tag{5-22}$$

利用 $\rho_s\approx 2\ 000\ \mathrm{kg/m^3}$, $\rho_w\approx 1\ 000\ \mathrm{kg/m^3}$,上式简化为

$$\tan\varphi\geqslant[\sin\alpha+i\cos(\alpha-\theta)]/[\cos\alpha-i\sin(\alpha-\theta)] \tag{5-23}$$

无渗流($i=0$),再一次得出稳定性条件为 $\varphi\geqslant\alpha$。有渗流的一些特殊平衡情况在下面的章节讨论。

5.4.2.1　水平渗流

当渗流水平流过边坡时,$\theta=0$, $i=\tan\alpha$(见图 5-14(a))。这种情况可能是由于渗流通过堤防,护坡外水位骤降或下暴雨造成的。

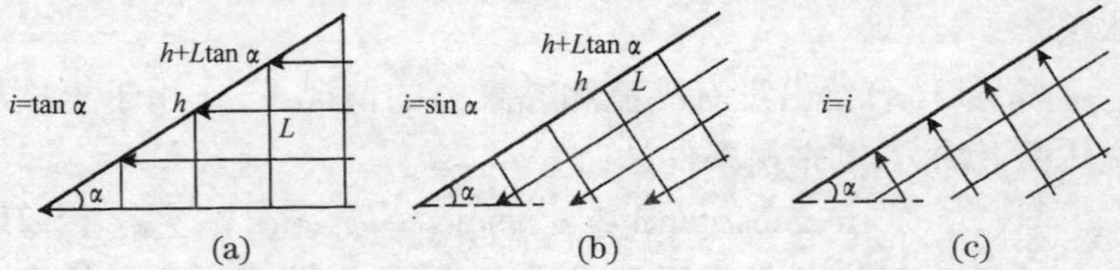

图 5-14　水流坡度与微观稳定性

根据式(5-23),稳定的要求变成:

$$\tan\varphi\geqslant\frac{\sin\alpha+\tan\alpha\cos\alpha}{\cos\alpha-\tan\alpha\sin\alpha}=\frac{2\sin\alpha}{\cos\alpha-\sin^2\alpha/\cos\alpha}$$

$$= \frac{2\sin\alpha\cos\alpha}{\cos^2\alpha - \sin^2\alpha} = \tan 2\alpha \to \varphi \geqslant 2\alpha \tag{5-24}$$

换句话说，已知土壤类型，允许坡角为休止角的一半。例如，若 $\varphi = 30°$，则 $\alpha = 15°$ 或坡度为1∶3.5。

5.4.2.2　平行于边坡的渗透

渗流比降变为：$i = \sin\alpha$，而 $\theta = \alpha$，根据式(5-23)，简化为：

$$\tan\varphi \geqslant \frac{\sin\alpha + \sin\alpha}{\cos\alpha} \to \tan\varphi \geqslant 2\tan\alpha \tag{5-25}$$

上式比式(5-24)稍为合适。如果水流漫堤和/或相当透水层位于弱透水土层上就会发生这种情况。

5.4.2.3　垂直于边坡的渗流

若渗流发生在水下，边坡坡面是一条等势线，渗流将垂直于坡面。在这种情况下，$\theta = \alpha - 90°$，故

$$\tan\varphi \geqslant \frac{\sin\alpha}{\cos\alpha - i} \tag{5-26}$$

若 $\alpha = 0$，再次得出 $i = 1$，土壤液化。

注：式(5-26)的假设之一是没有黏聚力。黏土或壤土边坡坡度可以陡得多。

5.5　边坡的宏观稳定性

边坡作为整体的稳定性一般称为宏观稳定性，它和微观稳定性不同，后者系处理边坡最外层的颗粒(见第5.4.2节)。微观稳定性是宏观稳定性的极限情况，如下面将看到的情况那样。

宏观稳定性通常采用圆弧滑动法进行研究，而普通应用的是毕肖普法(参看Verruijt，1999)。一般概念仍然是荷载与强度，荷载是滑动圆弧内土体的重量，强度则是沿滑动圆弧的抗剪强度(见图5-15)。因为这里的荷载和强度可以使用相同的单位(力，

考虑关于滑动圆弧的圆心的力矩平衡)表示,所以稳定性可用系数 F 表示,它是强度除以荷载。当 $F>1$ 时,滑动圆弧是稳定的,当没有 $F<1$ 的滑动圆弧时,边坡是稳定的(在计算方法的精度范围内)。

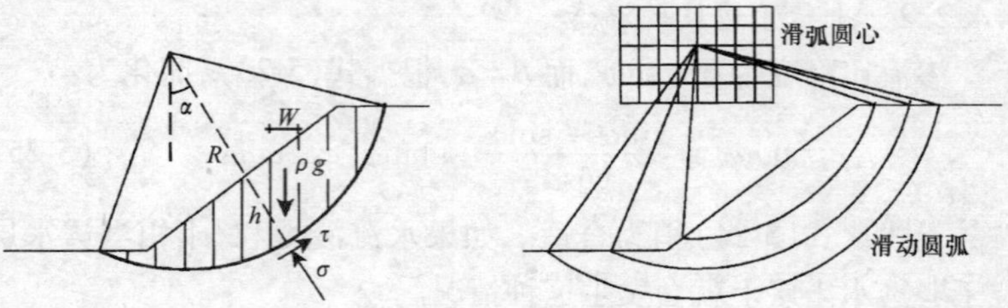

图 5-15 宏观稳定性的滑动圆弧法

从土力学所知,抗剪强度取决于法向应力,所以抗剪强度沿滑动圆弧是变化的。分析的实际做法是将滑动圆弧以上的土体分成条。而相对于土壤最大可能抗剪强度的剪应力可由下式给出:

$$\tau = \frac{1}{F}(c + \sigma'_n \tan\varphi) = \frac{1}{F}[c + (\sigma_n - p)\tan\varphi] \quad (5\text{-}27)$$

式中:c 为土壤黏聚力;p 为水压;σ_n 和 σ'_n 分别为垂直于滑动圆弧的总应力和有效应力。

所有土条关于滑动圆弧圆心的平衡(每米宽度)式为(见图 5-15):

$$\sum \rho_s ghwR\sin\alpha = \sum \tau \frac{w}{\cos\alpha}R \quad (5\text{-}28)$$

将式(5-27)和式(5-28)联合,给出总强度除以荷载:

$$F = \frac{\sum[(c + \sigma'_n \tan\varphi)/\cos\alpha]}{\sum \rho_s gh\sin\alpha} \quad (5\text{-}29)$$

注:湿土比干土重,有效颗粒应力受孔隙水压的($\sigma'_n = \sigma_n - p$)影响,因此孔隙水影响荷载和强度。在高潮与高河水位之后,出现危险情况,此时水位骤降,边坡充满水,增加荷载,而水压却降低了强度。由于下暴雨也会发生同样的情况。

毕肖普法中有效法向应力是根据每个土条的平衡计算(参看图 5-15 和 Verruijt 的文章,1999):

$$\rho_s ghw = \sigma_n \cos\alpha \frac{w}{\cos\alpha} + \tau \sin\alpha \frac{w}{\cos\alpha} \rightarrow \rho_s gh = \sigma'_n + p + \tau \tan\alpha \tag{5-30}$$

由式(5-27),我们有

$$\sigma'_n \left(1 + \frac{\tan\alpha \tan\varphi}{F}\right) = \rho_s gh - p - \frac{c}{F}\tan\alpha \tag{5-31}$$

将式(5-31)中的 σ'_n 代入式(5-29),得

$$F = \frac{\sum \frac{c + (\rho_s gh - p)\tan\varphi}{\cos\alpha(1 + \tan\alpha\tan\varphi / F)}}{\sum \rho_s gh\sin\alpha} \tag{5-32}$$

从式(5-29)变到式(5-32),消除了未知的 σ'。现在可以根据所有土条迭代计算 F,因为 F 出现在式(5-32)的两边。对于一个滑动圆弧,这种迭代计算是有效的。为了确定给定边坡的最小 F 值,必须从浅到深计算几个滑动圆弧(参见图 5-15)。

通常必须计算有许多土条的许多滑动圆弧,所以一般来讲这是计算机的工作。为此在荷兰有许多计算机程序可以利用。例如,代尔夫特理工大学的 STABIL 或 GeoDelft 的 MSTAB。

5.6 荷载减小

渗流可以以两种不同方式即压力和流量引起问题。从基本方程式与流线和等势线图可知,压力和流量密切相关。当渗流流速极高和管涌形成一种威胁时,应增长渗径。然而,这可能造成地基内的压力升高。当压力极高时,可以建造排水设施,但这又可能引起冲刷。因此,减小渗流的荷载具有双重意义。

作为一个例子,我们基于 Eastern Scheldt 挡潮闸考虑一种情

况。水头差大于 5 m,闸门结构具有相同数量级的宽度,通过底槛的渗流达到极高的值(见图 5-16),存在发生冲刷和管涌的危险。针对图示的几种情况,我们说明减荷的各方案。针对 $k=0.0001$ m/s、厚 40 m 的沙质河床和 5 m 宽闸门上下游水头差为 5 m 的情况,应用 MSEEP 有限程序计算出等势线和流线(见图 5-17)。

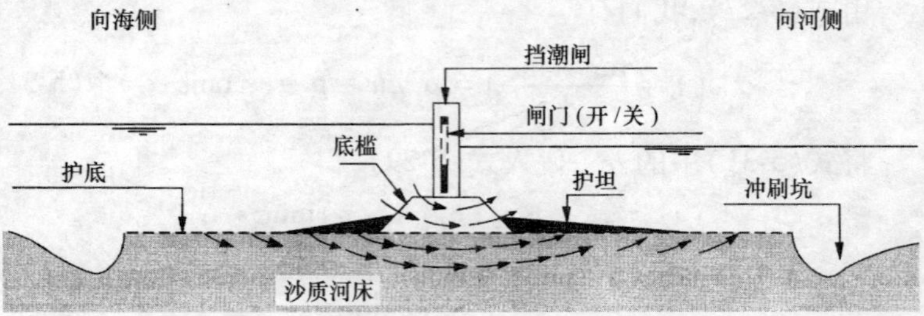

图 5-16　闸门下的渗流

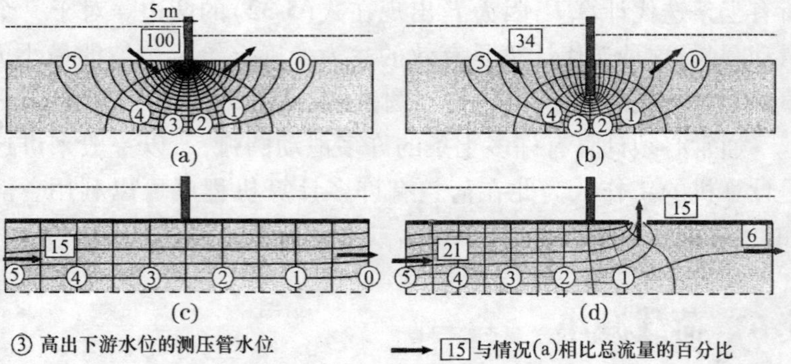

图 5-17　基于 MSEEP,挡潮闸减荷的各种方案

注:本例只讨论渗流。不考虑闸门打开后在闸门下和闸门后的冲刷或块石的稳定。

图 5-17(a)示出无任何措施的情况,闸门设到海底,流线和等势线高度集中,表明流速和比降都大。图 5-17 所示 4 种情况的流线总数不同,以致对所有情况来说,流线之间的距离大致代表相同

流量。由于情况(a)的总阻力比其他情况的小得多,因此对情况(a)绘制了多得多的流线,也可知总流量大,在图中表示成占情况(a)的流量的百分比。情况(a)测压管水头的最大比降约为100%(5 m/5 m),它肯定会由于管涌而导致冲刷(参看第5.4.1节)。通过增加水平或垂直防渗设施,以加长渗径,可达到减荷的目的。图5-17(b)示出截水垂直伸入地基内20 m的效果。同情况(a)相比,总渗流量约减小2/3,最大比降约减小4/5。这意味着这种情况的渗流荷载明显减小。在设置这种截水墙时必须特别小心,因为任何渗漏都可能回到情况(a)那样。

图5-17(c)给出在挡潮闸两侧各设100 m长的不透水护底的效果。总剩余渗流量目前仅为情况(a)的15%。地基简直变成一根具有等距离分布的垂直等势线的水平管,不用计算机也很容易计算。在挡潮闸的紧下游,地基测压管水位高出下游水位2.5 m。这也意味着护底下的超水压力为2.5 m水柱,为避免抬升,护底重量应足够大(参见第5.3节)。

在挡潮闸下游25 m处设一个10 m宽的坑,它起排水或阀门的作用,使最大超水压力减少1 m多水柱(见图5-17(d))。同时整个坑采用集中出流。为了避免发生管涌,必须在坑的顶部设反滤层,且这似乎比情况(a)更易管理。但必须确保反滤层真正能起作用。淤泥、植物或贝类的存在可减少渗透率,再次导致较高的压力。

5.7 小 结

渗流,即穿过孔隙的水流,可应用与明渠水流一样的定理加以描述,但要对许多孔隙取平均才能适当描述。其基本方程为(广义的)Forchheimer 方程式:

$$\frac{1}{\rho g}\frac{\partial p}{\partial x} = i = au_f + bu_f \mid u_f \mid + c\frac{\partial u_f}{\partial t}$$

和在明渠水流中一样，可以分为层流和紊流。通过细粒料（如黏土或砂）的渗流是层流，对此，Forchheimer 方程化为达西定律。联合连续方程，采用作图或数值求解可将其转换成等势线和流线。有了这种关于荷载的信息（压力和流速），可判断各种渗流情况的稳定性。对于紊流渗流（如在块石内），知之甚少，在设计计算中必须采用经验公式。

不透水防护设施应能承受住产生的压力。重力和摩擦力是确定无内部强度防护设施稳定性的参数。当边坡上的护坡的重力和摩擦力不足时，在护坡内会产生拉力，材料必须能够承受住。混凝土板抗垂直于板本身的压力的内部强度超出了本书的范围。

开放边界应能承受土壤内的水流作用力，用下式表示其平衡：

$$\rho_w gi \approx (1 - n)(\rho_s - \rho_w)g$$

隆起是不满足这种平衡时发生的一种现象，管涌是继后在相对不透水建筑物下游发生的冲刷。为了避免隆起和管涌，渗径必须足够大，以使基土内的比降低。如果边坡极陡，在边坡上，渗流可能引起微观失稳。为避免发生这种情况，坡角应为边坡材料休止角的一半。

当边坡的滑动力超过抗滑力时，就会出现宏观失稳，抗滑力由土壤的特性（如黏聚力 c 和休止角 φ）确定。高内部水压对稳定不利。地基中存在的软弱土层（低 c 值和低 φ 值）同样对稳定不利。

第 6 章　渗流反滤层

6.1 概　述

反滤层具有不同的功能:防止覆盖的基土被冲刷或防止在覆盖的基土(排水)内压力增大或两者兼而有之。图 6-1 为几个反滤层实例。

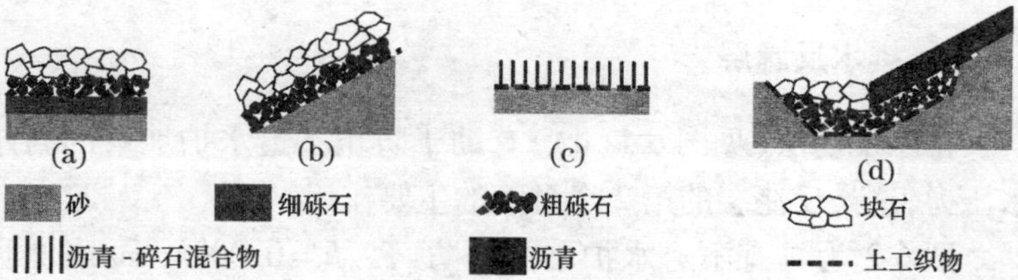

图 6-1　防冲刷反滤层

6.1.1　防冲刷反滤层

作为防止冲刷的反滤层,在河岸或河底土水界面水力比降大的情况下特别需要。列出的实例为一座具有水头差的坝,例如,沉箱式坝(caisson dam)或风暴潮挡水闸,这里平行于界面的水力比降大于 10% 是可能的。这种比降通常比明流小 2 或 3 个数量级(河道坡降为 0.001 ~ 0.000 1),但在明渠流情况下,流速和水流紊动可能穿过护底的大碎石。反滤层的主要作用是防止冲走下伏材料,这意味着下伏颗粒(通常称为底层)不应通过上层(反滤层)的孔隙,通过一层或多层不同粒径的颗粒层,即粒状反滤层

(见图 6-1(a)),或土工织物(见图 6-1(b),可防止这种情况的发生。图 6-1(c)为预制复合材料实例,将粒径几厘米的碎石在土工织物上与沥青胶结在一起,必要时可用钢丝索加固。采用这种比较现代化的防护柴排,可以较快地实施大型而可靠的防护设施。目前几乎没有限制使用粒状材料、土工织物、黏接剂和钢筋复合成材,然而必须记住,这些高度专业化的产品,不少只有大量使用时在经济上才具有吸引力。因此,对许多工程来讲,在设计时首先应考虑采用粒状材料和标准土工织物在现场建造保护设施。此外,对于那些使用时间极长(100 年以上)的保护设施来讲,大部分土工织物的使用寿命也不能得到保证。因此,鹿特丹水道挡潮堰的底槛全部是用粒状材料建的。

6.1.2 排水反滤层

排水反滤层(见图 6-1(d))有助于防止不透水护坡下的高超水压力,这是反滤层的第 2 个可能的主要作用。

图 6-2 为具有不透水护坡的堤防(砂,$k=0.000\ 1$ m/s)堤脚反滤层的影响。在堤脚设置了 1 m 厚、2 m 宽的砾石反滤层($k=0.1$ m/s),反滤层使护坡下最大超水压力减少0.5 m(参看等测压管水位线:在无反滤层时,水面附近等势线≈1.5 m,而设反滤层时,等势线≈1 m)。另一种作用是减少了砂中的水力比降。尽管反滤层“吸引”渗流,但没有不设反滤层那么集中(图 6-2(a):堤脚流线间的距离;图 6-2(b):砂石与砂之间的过滤带流线间的距离)。当然,反滤层本身应能抵御集中的向上的渗流和防止管涌(也是冲刷的一种形式),为此,在砂和砾石之间需要加设一层材料。

对于防冲刷反滤层,重点是稳定。为了防止水压力升高,渗透率是排水反滤层的主要特性。不过实际上两者都起作用,如同上述排水反滤层实例所表明的那样,排水反滤层应能防止管涌引起

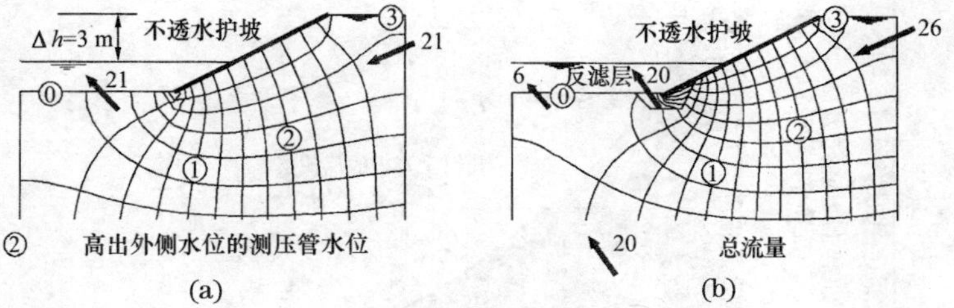

图 6-2 反滤层对堤防不透水护坡下渗流的影响

的冲刷。事实上,稳定性和渗透率在任何反滤层设计中都重要。在防止冲刷的反滤层情况下,为了防止反滤层抬升或滑动,也应避免因渗透系数太小而造成的压力升高,底层材料密实与透水是相反的要求,必须在可能的范围内找到一种解决方案。后面几节给出了确定反滤层尺寸的准则。在 CUR(1993)中,概述了现代反滤层设计中一些最相关的问题。

6.2 粒状反滤层

6.2.1 导 言

粒状反滤层的设计可以基于不同的准则,本文只讨论其中的两种。图 6-3 示出了渗流临界比降(超过此比降, 反滤层下底层的颗粒不再稳定)和这两层某些有代表性粒径(将在下面定义)之比之间的关系。比降是荷载与强度之间的一种关系:$I=\Delta H/L$,式中水头差是荷载,而渗径可被看做是强度。正如前面介绍的其他荷载和强度参数一样,I 可被看做是可动参数,I_C 可被看做是稳定参数。

在该图中可以划出两个无冲刷区。

(1)几何上封闭的反滤层。在 20 世纪 30 年代,太沙基提出

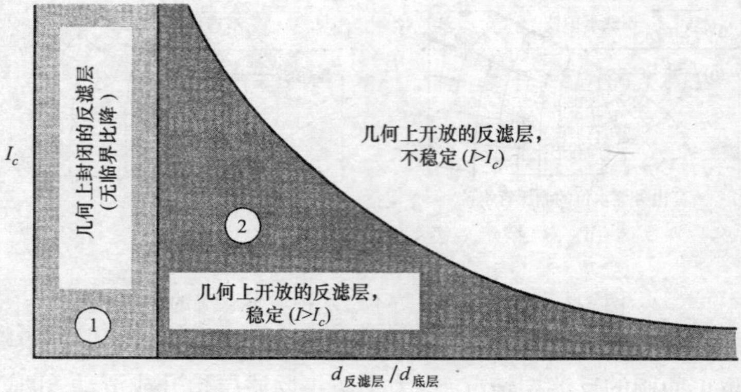

图6-3　粒状反滤层的可能设计准则

了经典的反滤层准则。反滤层的稳定取决于材料的几何特性:筛分曲线。选择的反滤料的粒径,应使这些颗粒不能在反滤层内移动。这样往往导致设计保守,因为反滤层能承受住任何荷载:没有临界比降供两层间过渡。反滤层的粒径比底层粒径大几倍到一个数量级,必须仔细检验反滤层的渗透率。

(2)几何上开放的反滤层。反滤层的颗粒比底层的大许多,这样就允许底层的颗粒在反滤层内移动或穿过反滤层。但像明渠水流中的稳定性那样,只有当荷载大于某临界值时,冲刷才会发生。现在可以确定反滤层的临界比降,且当该临界比降大于建筑物内存在的比降时,反滤层就是稳定的。因此,这里考虑了水力荷载,设计方案比较经济。与几何上封闭的反滤层相比,缺乏详细的荷载比降资料。通常渗透性能得到保证,因为这种反滤层比几何上封闭的反滤层开放。

有时,一定沉陷范围内的材料损失是允许的,这就导致了反滤层粒径和底层粒径之比值更大。该设计方法十分复杂,在此不进行讨论。

6.2.2　几何上封闭的反滤层

如图 6-4 所示，堆集颗粒之间的空间比颗粒本身小许多。对于直径为 D 的球形颗粒，该空间可被直径为$\frac{D}{6}$的小球形颗粒充填（见图 6-4(a)）。

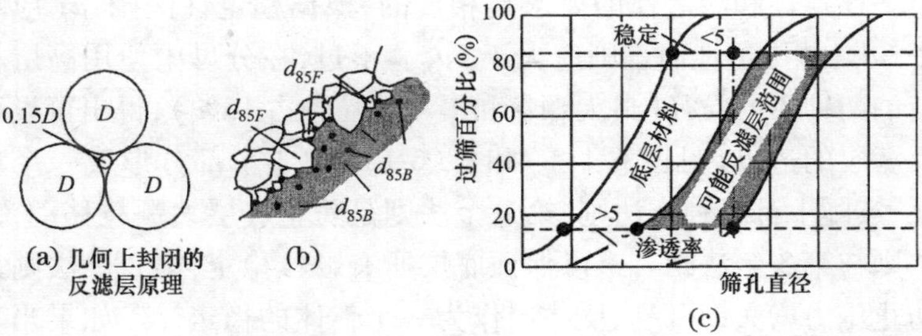

图 6-4　几何上封闭的反滤层的颗粒充填和筛分曲线

在粒径不同的颗粒层中，颗粒间的空间取决于较细颗粒，比方说 d_{15}，它是仅有 15% 的质量颗粒通过的筛孔直径。因此，反滤层内的逸出路线由见图 6-4(b) 中的 d_{15F} 确定。底层的最大颗粒（见图 6-4(b) 中 d_{85B}）堵塞住反滤层的孔隙，阻止底层的所有其他颗粒通过，只要底层内部能保持稳定。这意味着底层粒径范围不应太宽，以便较大颗粒可以阻止住较小颗粒。

为了防止水压力增大，反滤层的渗透系数应大于底层的渗透系数。由于渗透系数也取决于最小的颗粒，这就导致两层 d_{15} 之间的关系式。总之，我们只介绍了几何上封闭的粒状反滤层的 3 种关系：反滤层和底层之间的稳定性、渗透性和内部稳定性。用公式表达为：

$$
\left.\begin{aligned}
&\text{稳定:} && \frac{d_{15F}}{d_{85B}} < 5 \\
&\text{内部稳定:} && \frac{d_{60}}{d_{10}} < 10 \\
&\text{渗透性要求:} && \frac{d_{15F}}{d_{15B}} > 5
\end{aligned}\right\} \qquad (6\text{-}1)
$$

稳定性和渗透性的要求是相反的,根据稳定性法则,d_F 应小于 $5d_B$,就渗透性而言则应大于 $5d_B$。不过,在分母中使用高层材料的两种不同粒径(最大颗粒和最小颗粒各占 15%),得出可设计反滤层的边界(见图 6-4(c)和式(6-1))的 3 个部分形成一个单元,实际上都是稳定法则:第 1 个法则是防止底层大颗粒移动,该法则与第 3 个法则一道可保证底层所有颗粒稳定;第 2 个法则是防止压力增大,并保证反滤层作为一个整体的稳定性。如果当垂直于界面的比降较大,渗透性法则特别重要。

应用这些法则,可设计稳定而透水的反滤层,或者从作为底层的原土(原生土)开始,或者从就稳定来说所必需的顶层开始。这可能导致反滤层的层数在 2 层以上,有时甚至达到 4 或 5 层。当应用式(6-1)中的关系时,相邻两层的最细一层称为底层,而最粗一层称为反滤层。

6.2.3 几何上开放的反滤层

如第 6.2.1 节所述,几何上开放的反滤层是指底层颗粒可通过反滤层被冲走,但出现这种现象时的水力比降低于临界比降值。当作用于底层颗粒上的作用力小于抗力时,就不会产生冲刷。虽然通过粒状反滤层的渗流可沿任何方向流动,但对于设计和研究来讲,有助于确定两个主要流向:垂直向和平行向(见图 6-5)。在反滤层内确定平行渗流的临界比降,在底层内确定垂直渗流的临界比降,这涉及不同的冲刷机理。

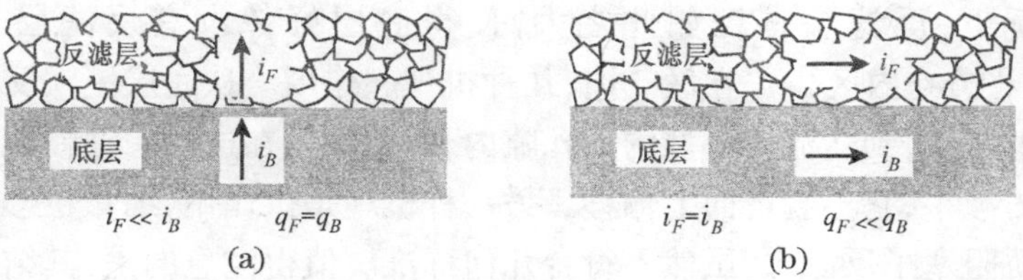

图 6-5　粒状反滤层的垂直渗流和平行渗流

当渗流平行于界面流动时，两层内的比降大致相同，由于反滤层的渗透系数较大，在反滤层内引起的流速高于底层许多。在界面，流速梯度会产生作用于底层表面颗粒的剪应力。这种情况很像明渠内的初始运动，而临界剪应力、临界流速和临界比降都在反滤层内确定。对于垂直渗流，存在串联系统，流过底层和反滤层的流量是相等的，由于反滤层的渗透系数较大，导致底层的比降比反滤层的大得多。由于液化，底层将发生冲刷，因此底层的比降决定稳定性。

6.2.3.1　*垂直渗流*

对于在反滤层内垂直界面的渗流，必须考虑重力。当底层位于反滤层之上时，渗流向下流，较细的颗粒容易下落通过反滤层，因此建议采用几何上封闭的反滤层法则。在底层位于反滤层之下的渗流向上流的情况下，总有一个冲刷的下限：液化准则，其比降约等于 1，即 100%，它是根据垂直平衡得出的（见第 5 章）。上限是几何上封闭的反滤层。

图 6-6 示出一些实验的结果（Graauw 等，1983）。水平轴上的粒径与式（6-1）中稳定准则所用的稍有不同：现在使用的是 d_{50B} 而不是 d_{85B}，也考虑到了反滤层的孔隙率。可以估计两者之间的关系：假定 $n_F \approx 0.35 \sim 0.4$，$d_{50B} \approx (0.7 \sim 0.8) d_{85B}$，得 $n_F \approx d_{15F}/d_{50B} = (0.35 \sim 0.4) d_{15F}/(0.7 \sim 0.8) d_{85B} = 2.2 \sim 2.7$，同几何上封闭界限的估计值差不多（图 6-6 内区①）。下限为液化（管涌），在这种情

况下,反滤层颗粒如此之大,使得底层好像没有反滤层一样(图6-6内区③)。在区②内,几种机理起作用。从底层流入反滤层的颗粒,到达流速极低的大孔隙内,因此作用在这样一种颗粒上的力减小,它不会再向上输移。另一种机理是拱作用,细颗粒形成的桥阻塞了反滤层,虽然不符合几何标准。值得注意的是,其结果对细颗粒相当有利。

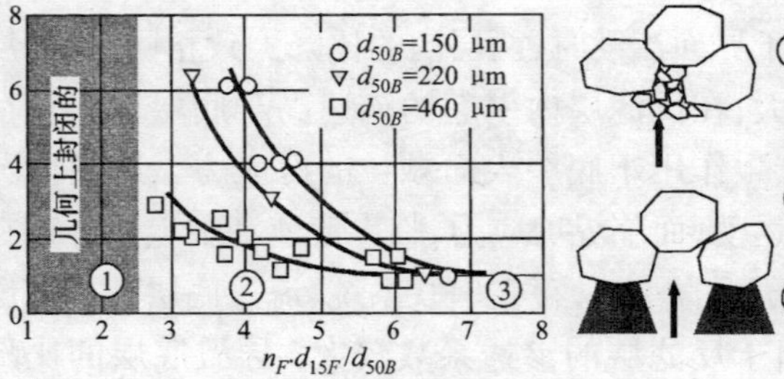

图6-6　通过几何上开放的反滤层的垂直渗流(Graauw,1983年)

6.2.3.2　平行渗流

在平行于反滤层界面的渗流中,可将底层材料的稳定看做是很小渠道底部上的颗粒稳定。值得注意的是,将Forchheimer方程与Shields给出的颗粒运动的阈值联系起来(见第3章),以建立渗流临界比降的关系。1983年Graauw使用过这种方法,并得出一个经验公式。最重要的参数似乎是底层材料的粒径(作为稳定性的度量)和反滤层材料的粒径及孔隙率(两者作为流过反滤层的流量的度量)。实验结果最终得出:

$$I_C = \left[\frac{0.06}{n_F^3 d_{15F}^{4/3}} + \frac{n_F^{5/3} d_{15F}^{1/3}}{1\,000 d_{50B}^{5/3}}\right] u_{*c}^2 \qquad (6\text{-}2)$$

式中,μ_{*c}为Shields定义的临界剪切速度。式(6-2)中的两项来自于层流和紊流的概念,如同在Forchheimer方程中所出现的那样。

图6-7示出几条计算曲线与实验曲线的比较。对于一定的$n_F d_{15F}/d_{50B}$之值,底层细料的临界比降比底层粗料的大。这可用细

孔隙内反滤层流速低来解释：要达到临界流速，在反滤层内需要相对较大的比降。若底层材料粒径大于 5 mm，临界比降不会进一步减小（与第 3 章中大颗粒的 Shields 参数相比）。

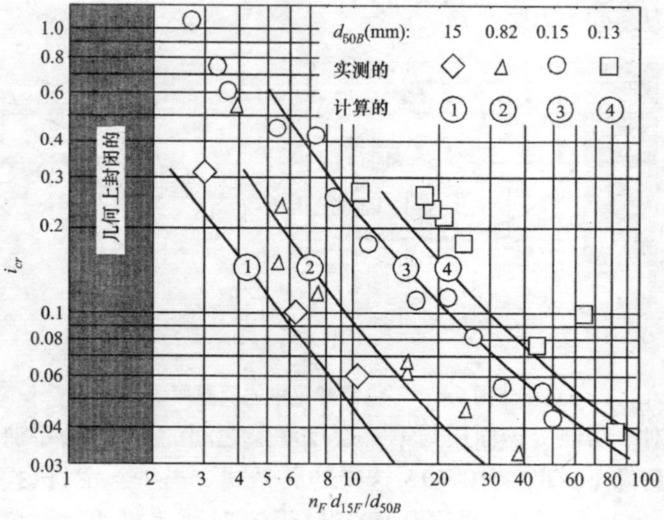

图 6-7　几何上开放的反滤层的临界平行比降

6.2.3.3　循环荷载

虽然在波浪中的稳定性在第 8 章之前不作讨论，但在此要讨论循环荷载对反滤层的影响，以致完善。

在平行渗流的实验中，当循环周期 >2s 时，发现反滤层的临界流速和比降与稳态流相同（Graauw 等，1983）。这证明了第 5 章中所断言的：Forchheimer 公式中的惯性项似乎不重要。因此，对于反滤层中的循环平行渗流，可用式（6-2）确定临界比降。平行反滤层中的荷载梯度可应用波浪方程粗略估算（参看第 7 章）。

循环垂直荷载（Graauw 等，1983）明显不同于稳态实验的结果（见图6-8（a））。对于细砂和粗砂，临界比降似乎较小。应用拱的作用可加以解释（见图 6-6），逆流时，拱的作用不可能增大只会消失。对于粗砂，在几何上封闭区内，临界比降似乎约为200%。对于透水堤脚，人们不必关心几何上封闭的反滤层排水。在大的动荷载情况下，例如，反滤层基础的近海建筑物的"摇动"，应进行专门的水力学和土力学研究。

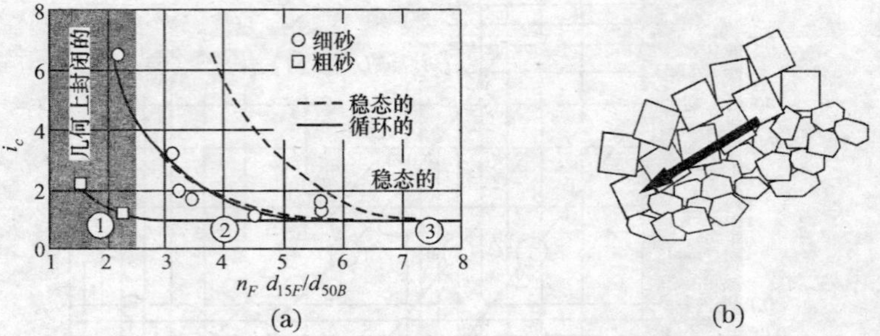

图 6-8　不稳定渗流中的反滤层

对于防波堤护面层与第 1 层反滤层之间的过渡带，手册中常常提到像 $W_F/W_B<10\sim15$ 这样的关系式。当 $W\propto d^3$，该式变为 $d_F/d_B<2.2\sim2.5$，这比几何上封闭的准则严格得多（宽度比 $d_{85}/d_{15}\approx2$，稳定性法则 $d_{15F}/d_{85B}<5$，$d_{50F}/d_{50B}<10$），几何上封闭的反滤层粒径之间的关系使反滤层内的颗粒不能移动，因此在非稳定渗流条件下，这种关系也是令人满意的。只有在垂直于界面的循环荷载极大时才是这种情况，几何限制才会超过（见图 6-8(a)）。对防波堤的最严格要求不由反滤层法则规定，而是取决于力学条件。通常，护面层的单个块体太大，以致不能说是真正的一层。根据几何上封闭法则，表面也许太光滑，以致不能为大型块体形成稳定的基础。护面层下大块体的另一个优点是能够很好地吸收波能，使护面层更稳定（参看第 8 章）。虽然情况如此，但 $W_F/W_B<10\sim15$ 似乎极其严格，而这一比值大于 25（$d_F/d_B\approx3$）的例子，且运行状况令人满意。

应当注意：当在护面层下使用大块体时，人们可能要担心渗透率法则，明显会违背 $d_{15F}/d_{15B}>5$ 的准则。使用如此大的块体，通常级配也窄，没有机会堵塞孔隙，此外，不存在推动下层的石块穿过护面层那么大的比降。

6.2.3.4　护底

河流或出水口后的护底是一种特殊情况。（平行）明渠流的比降极小（数量级为 10^{-3}），对于稳定的反滤层，根据式(6-2)和图6-7，反滤层粒径和底层粒径之比值可能极大。然而，在这种情况下，紊流可能深入顶层，增大界面的平均比降，正如明渠流的情况那样。

图6-9示出在代尔夫特理工大学进行的实验结果（Van Os，1998）。在水槽内安放了一个沉箱，可调节沉箱与铺设在砂层（$d_{50}=0.1$ mm）上的碎石反滤层（$d_{50}=20$ mm）之间的距离。实验了两种反滤层厚度：60 mm 和 100 mm。如果沉箱直接安放在反滤层上（间隔高度 =0），在反滤层和砂层界面的临界运动比降约为5.5%，与式(6-2)相符，反滤层的厚度几乎没有影响。当增加间隔高度时，反滤层以上的流速迅速增加，临界比降随间隔高度的增加而减小。反滤层厚度对临界比降的大小有明显的影响，反滤层越厚，临界比降越大，这是预料到的。例如，7 mm 间隔高度，当反滤层厚60 mm 时，临界比降为2.8%，100 mm 厚时，则为3.7%。

在反滤层孔隙内测量了紊流流速并进行了分析。似乎在反滤层内流速和紊动度迅速减小，但在反滤层内低于 $1.5d_{50}$ 的各级则保持不变。因此，由于反滤层内紊流流速降低，并非反滤层愈厚防止冲刷愈好！这可从穿过反滤层的砂的渗径较长得到解释。流速信号的理论研究和分析导致这样的论点：高频振动是造成砂粒初始运动的原因。低频振动使颗粒穿过反滤层。较大间隙使反滤层上面的水流产生较大的漩涡，导致临界比降较低。在较厚的反滤层中，砂粒需要更强有力的漩涡将其输送到反滤层表面，因而临界比降也较大。

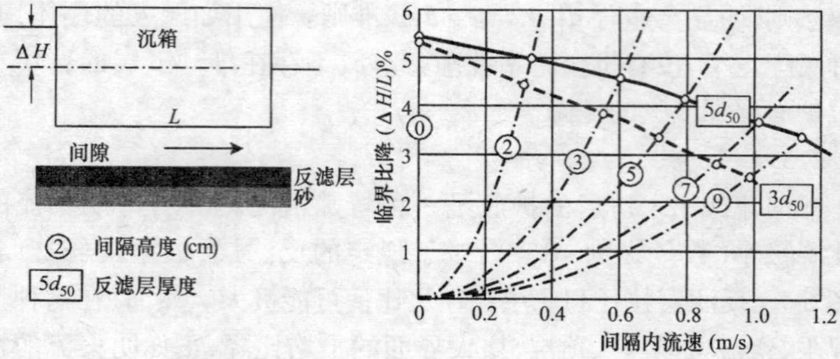

图 6-9　反滤层护底上水流的实验结果

对于临时性应用，可以使用下式：

$$\frac{d_{15T}}{d_{85B}} = 5\,\frac{(1-n_T)}{n_T}\,\frac{\Delta_B}{\Delta_T}\,\frac{D}{d_{50T}} \tag{6-3}$$

式中，D 为表层厚度。对于具有相同密度和正常孔隙率的多种材料，这就导致 $d_{15T}/d_{85B} \approx (8\sim10)\times D/d_{50T}$，采用 D/d_{50T} 的最低值 2～3，得出合适比约为几何上封闭反滤层的 3～6 倍。当 D 极大时，建议采用式(6-2)作为下限。

必须指出的是：应时常检查界面上是否存在起作用的平行比降。例如，在丁坝或墩的下面或附近，加速和压力差可产生较大的比降。

6.3　小　结

反滤层有两种功能：防止所覆盖的基土冲刷或所覆盖的排水的压力增大。在两种情况下，反滤层的稳定性和渗透性都起着作用。稳定性是指反滤层内的颗粒是否稳定，而渗透性是指压力是否升高，压力升高可能引起整个一层失稳。反滤层分为两大类：粒状反滤层和土工织物。粒状反滤层又分为几何上封闭和几何上开放两种。几何上封闭的反滤层是稳定的，与通过反滤层的渗流无关。事实上,没有临界比降,因为反滤层粒径之间的关系是不允许细颗粒通过粗颗粒间的孔隙的。几何上封闭的反滤层必须在稳定性和渗透性的界限内进行设计。设计准则由 3 个不可分割的部分组成:

稳定性准则 $\frac{d_{15F}}{d_{85B}} < 5$

内部稳定性准则 $\frac{d_{60}}{d_{10}} < 10$

渗透性准则 $\frac{d_{15F}}{d_{15B}} > 5$

稳定的几何上开放的反滤层有一个临界比降,超过这个临界比降,底层材料不再稳定。至于明渠流,会出现的比降必须保持在临界值以下。这意味着两种比降都需知道。第 6.2.3 节讨论了垂直和平行于界面的渗流的临界比降。会出现的比降根据计算或在实验设备的反滤层中实测得出。在低比降高紊动度的护底内,层厚很重要,用式(6-3)表达。

第 7 章　波浪荷载

7.1　导　言

“波浪”(wave)是用来描述水位、流速或水压任何(周期性)波动的通用术语。本章仅涉及风成波浪。术语波(sea)常常用来描述“新生”波浪,与涛(sweel)相反,波的驱动风力仍在起作用。涛也是由风引起,不过它可能是很久以前(几天以前)在遥远的(数千公里)大海上形成的,利用从风那里获得的能量(慢慢消散)向前推进。

(风成)波浪的技术处理大致可以分成以下 3 类(见图 7-1):

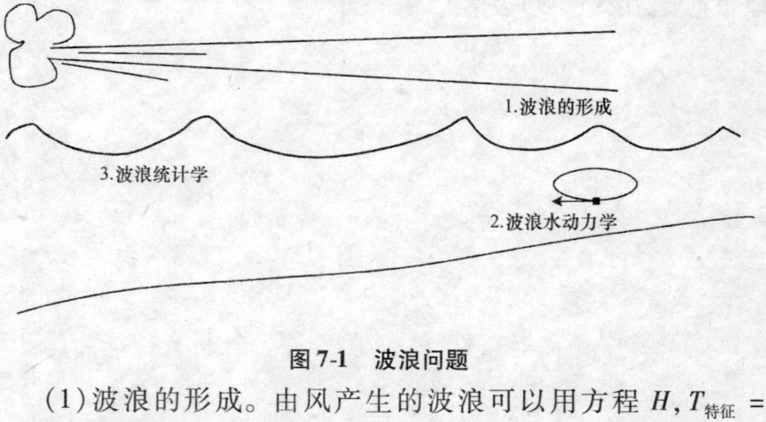

图 7-1　波浪问题

(1)波浪的形成。由风产生的波浪可以用方程 $H, T_{特征} = f(u_{风}, h, 吹程)$ 描述。

(2)水动力学。当然,波速与波力对处理波浪冲刷和保护是非常重要的。这些参数可以用方程 $u, p, \tau = f(H, T, h)$ 描述。波浪产生的力不再起作用，如今起始点是波高和周期。像折射与绕射（波浪水动力学的一部分）这样的现象不属于本书探讨的范围。

（3）统计学。由于驱动力——风是紊动的，所以风成波浪的水面是不规则的。因此，必须用统计参数来描述波浪场的特性。通过方程 $p(H) = f(H_{特征}$，分布函数）可以求出波浪场中某一波高出现的概率。波谱成为波浪场中波高与波浪周期联合分布最重要的描述。

上述 3 个问题，有时也可能会引起混淆。虽然大部分方程是为周期性波动而提出的，但水动力学不局限于规则波浪。不规则波浪的波浪统计学不能代替水动力学，却是描述水面波动唯一的数学工具。对于不规则波浪场中的任何单个波浪，用水动力学方程可得出其作用力，而统计学则可得出那些力出现的概率。

本书认为：波浪场通常可以用有效波高 H_s 和峰值周期 T_p 表示。H_s 定义为波浪场中各波浪最高的第 3 部分的平均高度，而 T_p 则是波谱的峰值周期，即能量密度最大时的周期。与瑞利分布结合，H_s 可以表示某一时刻的海面状态。海面状态大约每小时都会发生变化，得到不同的 H_s 值，H_s 也有时间分布特点，即具有所谓的长期分布。出于维护与设计考虑，这种长期分布在选择代表性荷载条件时非常重要。

图 7-2 为波浪如何对防护设施施加荷载。起始点是拟考虑位置附近的某一个波浪。波浪与建筑物之间的相互作用起着很重要的作用。图 7-2（a）给出了一面直立墙，它反射一个行进波，生成一个驻波，压力沿墙波动，波浪的流速对底部施加荷载。图 7-2（b）为缓坡上的一个破碎波（所谓的涌潮），这种破碎波非常像水跃。由于波破碎，波浪的运动变得十分紊动。图 7-2（c）中的波浪在陡坡上破碎，产生很陡的压力梯度，保护设施与波浪之间的碰撞可能产生冲击。

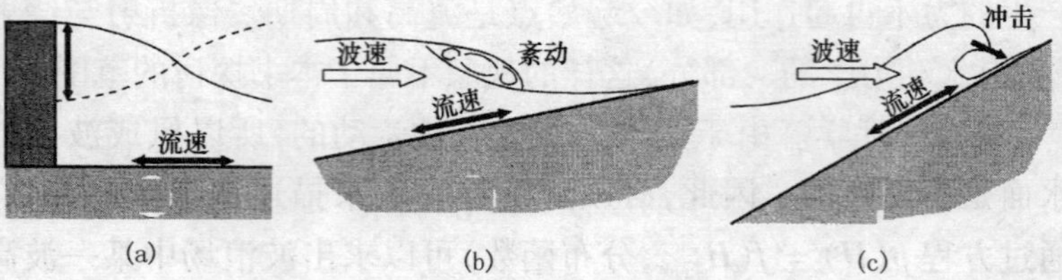

图 7-2　波浪荷载实例

7.2 非破碎波

7.2.1 概　述

从水动力学角度来看,深水中的风成波浪都是短波。也就是说,不能忽略这种波浪的垂直加速度。存在于潮汐、风暴潮、海啸以及河流洪水中的长波,忽略其垂直加速度可使其压力分布成为静水压力。浅水中的波浪,尤其是涌浪可以被视为短波与长波之间的过渡波浪。

图 7-3 示出了一个简单的周期性非破碎正弦波压力与速度的主要特征。由于存在垂直加速度,压力偏离了静水压力值。质点速度与轨道运动有关。一般说来,这些轨道为椭圆形,在深水中轨道是圆形,在底部是直线形。切记,波浪有两种速度:波速(即传播速度,它是波形速度)与质点速度。为了清楚地说明这两种速度之间的差别,可以以开运动会为例:当人们刚起身又坐下时,“波浪”就从人群中穿过。

流动的水可以用纳维尔 - 斯托克斯方程描述,但是,在不同的情况下,忽略的项可能不同。在明渠水流中,摩擦对水流有重要影响,且边界层厚度约等于水深。长波作用在防护设施上的荷载可以被视为一系列程度不同的稳定流情况(见第 2 章)。现在,可以很容易对各部位长周期长波的压力(水位)与速度进行数值计算。

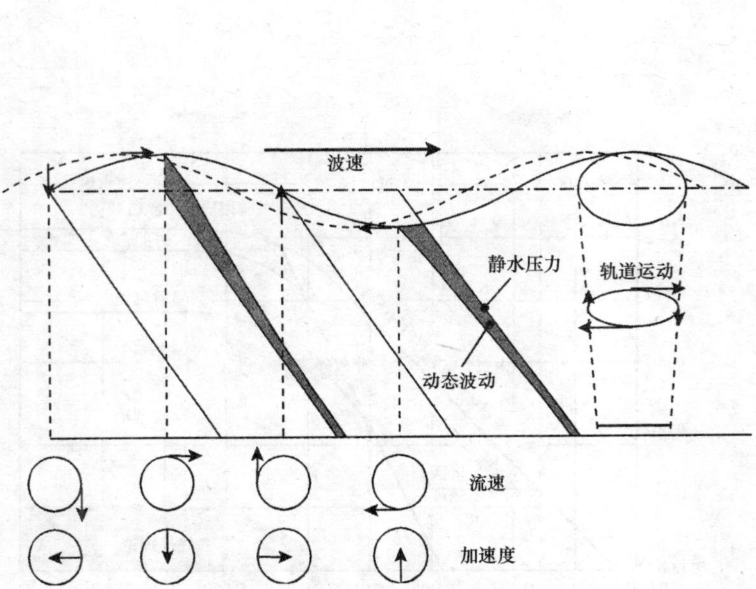

图 7-3　周期性非破碎波的波浪运动

目前仍然不可能得到一个完整的不规则波浪场的数值解，主要原因是尽管技术进步很快，在时间和空间上存在大量的计算点。但是，除薄边界层（见下一节）以外，短波中的流体运动幸好可以被看成是无旋的。如果已知波浪形状，可以求出波浪的压力与速度的解析解。

不同的波形得出波浪中水流的运动方程也不同。图 7-4 根据各种波形介绍了各种波浪理论的有效性（LeMéhauté，1976）。图 7-4中水平轴代表水深，用重力加速度与波浪周期（为波长的质量）的平方使其变为无因次量。竖轴代表波高，用波长使其变为因次量。因此，竖轴是波浪陡度（$\propto H/L$）的度量，而水平轴是相对水深（$\propto h/L$）的度量。该图的有效性（或者更确切地说是波浪的存在），向上，受陡度造成的破碎的限制，向左，受有限水深造成的破碎的限制，见第7.3.1节。

必须用更多的正弦分量来描述深水中陡度不断增加的波浪的形状（图 7-4 中右上角），这就会使得运动方程的解更复杂。浅水中大波高的波浪可以用椭圆余弦波理论描述，接近于破碎处用孤

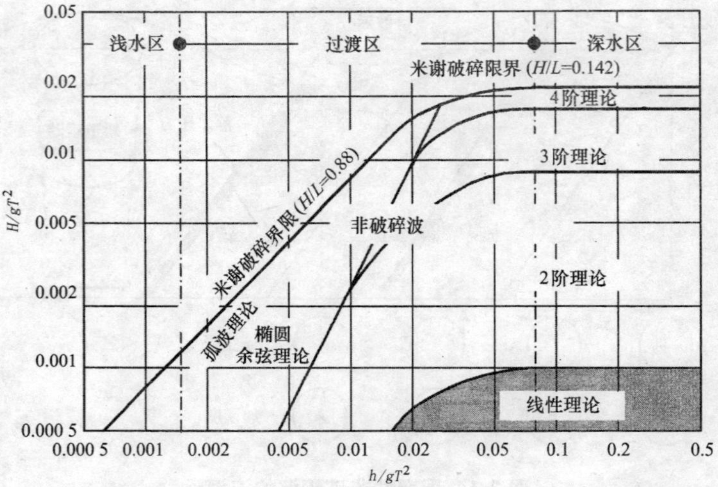

图 7-4　各种波浪理论的有效性(LeMéhauté,1976)

波理论加以描述。本文只用了线性波浪理论(即一阶波浪理论),其波浪形状为简单的正弦波形。从图 7-4 可以看出,这种理论只适合于深水中相对较小的波浪(这种理论也叫小幅波理论)。用简单的正弦函数来近似表示波浪是一种原始的简化。但是,为了便于理解,采用线性理论是十分有用的,也很吸引人,因为它能够简单而完整地描述压力与流速场。有效界限以外的计算值可以作为初步指示值。

图 7-5 给出了缓坡上超出有效界限的线性波理论的应用实例(Schieveck 等,1994)。对于波高为0.2 ~ 0.3 m、水深为0.4 ~ 0.6 m、波浪陡度(定义为 $s = H/L_0$)为0.01 ~0.05的规则波,H/gT^2 为0.002 ~0.008,h/gT^2 为0.004 ~0.02,远远超过了图 7-4 中给出的容许范围。尽管如此,实测值与计算值之间的相似性非常好。所以,在很多情况下,线性理论可用于初估底部最大速度。应当注意的是,这种情况不适合于像水面曲线与表面流速这样的参数(LeMéhauté,1969)。

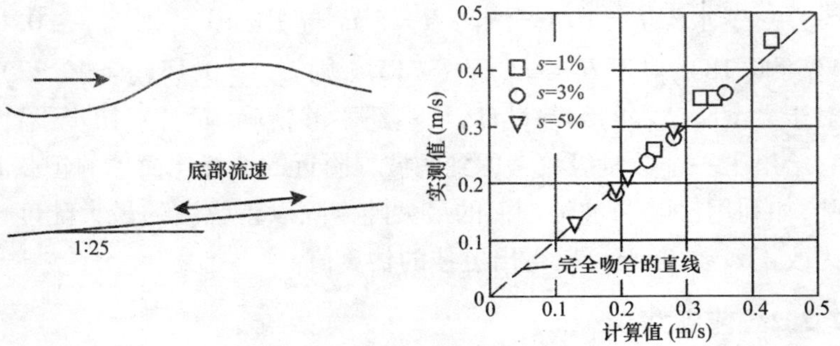

图 7-5　线性波理论的应用

图 7-6 是线性波理论值的一个更加令人惊奇的实例。通过实验室模型，对荷兰角（鹿特丹港）防波堤下粗、细反滤层之间过渡区的压力进行了测量，根据实验结果确定了比降。这是一种渗流情况，应该应用渗流的 Forchheimer 方程（见第 5 章）。假定粗砂砾不影响底部附近的压力比降，采用线性波理论计算底部压力比降（用测压管的水力比降表示）可以获得：

$$\frac{\partial\left[\dfrac{H}{2\cosh(kh)}\right]}{\partial x}\sin(\omega t - kx) = \frac{-kH}{2\cosh(kh)}\cos(\omega t - kx)$$

$$\rightarrow i_{最大} = \frac{kH}{2\cosh(kh)} \tag{7-1}$$

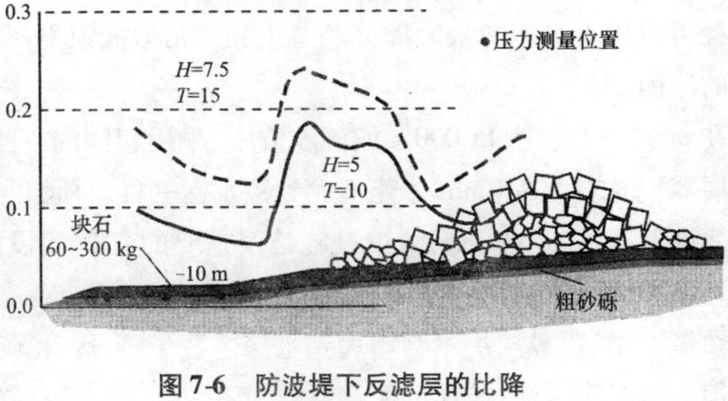

图 7-6　防波堤下反滤层的比降

对于水深 $h=10$ m、波高 $H=5$ m 与 $T=10$ s，则 $i_{最大}\approx 0.14$（实测0.18），对于 $H=7.5$ m、$T=15$ s，则 $i_{最大}=0.15$（实测0.22）。对于大型防波堤的细部设计，当然还不够精确，而对于初步设计，它给出了一个数量级。考虑到防波堤附近的波峰比简单的正弦波陡，如利用（实测）波浪剖面的最大陡度除以正弦波的最大陡度作为改正系数，甚至可以得出更佳的估算值。

7.2.2 剪应力

第 2 章曾证明：由于加速，在边界层没有充分形成的壁流中，剪应力比均匀流中的大。在波浪中，出现了一种相似的现象，只是加速是局部的：它随时间，但不随空间变化。在这种情况下，边界层的增大可以近似表示为：

$$\frac{\mathrm{d}\delta}{\mathrm{d}t}\approx\kappa u_*=0.4u_* \tag{7-2}$$

式中，κ 是冯卡曼常数，u_* 是剪切速度，远远小于边界层边缘轨道运动的“驱动”速度，$u_*\approx 0.1u_b$。在波浪中，边界层只能在半个波浪周期内增大，而且当水流反向时，必须再从头开始。$T=5$ s，$u_b=1$ m/s时，$\delta=0.1$ m。在此边界层中，水流是强涡流，因此波动方程的假设无效。但是，边界层比正常水深小（见图 7-7），这样波动方程可以用于水深的最大部分。薄边界层是短波浪下产生高剪应力的原因。

在 $u\approx 1$ m/s、$T\approx 45\ 000$ s 的潮汐波中，采用相同的方法表示：边界层需要花费 5 ~ 10min 才能增大到跟水深一样。所以，当我们研究底部剪应力（对于河床防护设施是很重要的）时，假设潮流是一系列准稳定流比较切合实际。

在短波中，边界层决不会增大到水深的数量级，因此预计摩擦系数很大。对于水流，波浪的摩擦系数为：

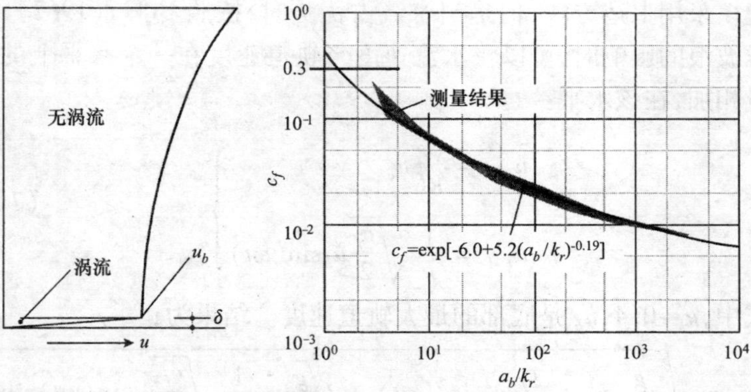

图 7-7　波浪下的摩擦力

$$\left.\begin{aligned}\hat{\tau}_w &= \frac{1}{2}c_f\,\hat{u}_b^2\\ \hat{u}_b &= \omega\ \alpha_b = \frac{\omega\ \alpha}{\sinh kh}\\ u &= \hat{u}_b\sin\omega t\end{aligned}\right\}\qquad(7\text{-}3)$$

式中，下标 w 为波浪，b 为底部。一个波浪周期内的平均剪应力值是其最大值的一半（$\sin^2\omega t$ 的平均值是 1/2）。Jonsson 于 1966 年根据实验结果找到了粗糙床面上紊流的一种表达式，斯沃特用更实用的形式将其改写为：

$$\left.\begin{aligned}c_f &= \exp[-6.0+5.2(a_b/k_r)^{-0.19}]\\ c_{f最大} &= 0.3\end{aligned}\right\}\qquad(7\text{-}4)$$

将图 7-7 中的值与水流中的值进行比较，可以发现：短波下的剪应力比水流中的剪应力大得多。均匀流的 c_f 为 g/C^2（见第 2 章），其值为0.01，而在甚短的波（底部振幅与糙率数量级相同）中，c_f 值可能达0.1～0.3。

7.2.3　波浪与水流

在大多数情况下，波浪与水流将同时存在。当波浪占优势时，建议采用上述方法，但是当水流占优势时，按照 Bijker(1967)，考虑波浪的影响时，可以将水流速度与轨道速度在一个水平上的向量相加，在该水平：

$$\left.\begin{aligned} u_{c-t} &= \frac{\sqrt{g}}{\kappa C}u_c \\ u_{b-t} &= \frac{1}{\kappa}\sqrt{\frac{c_f}{2}}u_b\sin(\omega t) \end{aligned}\right\} \tag{7-5}$$

式中，$\kappa \approx 0.4$，u_b 是底部的最大轨道速度。结果为：

$$u_r = \sqrt{\frac{g}{\kappa^2 C^2}u_c^2 + \frac{c_f}{2\kappa^2}u_b^2\sin^2(\omega t) + 2\frac{\sqrt{g}}{\kappa C}u_c\frac{1}{\kappa}\sqrt{\frac{c_f}{2}}u_b\sin(\omega t)\sin\phi} \tag{7-6}$$

式中，ϕ 是波浪与水流方向之间的夹角。所得的剪应力为：

$$\tau_r = \rho\kappa^2 u_r^2 \tag{7-7}$$

按照方程(7-6)，当波浪方向平行于水流方向($\phi = 90°$，见图 7-8)时，得到的剪应力最大。

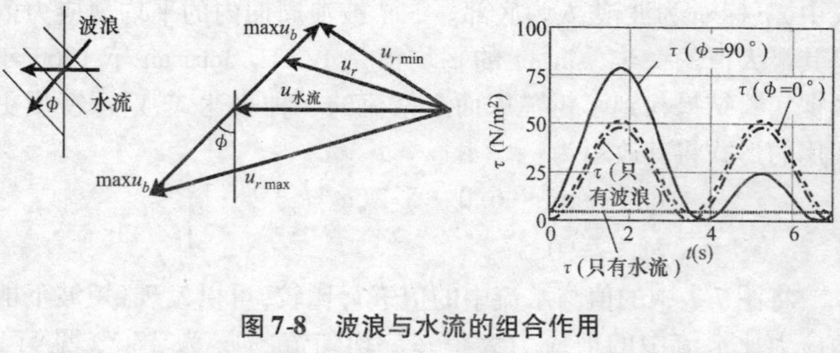

图 7-8　波浪与水流的组合作用

图 7-8 为 $H = 3$ m、$T = 7$ s、$u_b = 1.29$ m/s、$c_f = 0.057$ 和流速 = 1 m/s以及谢齐值 = 50 $\sqrt{m/s}$，用式(7-7)算得的结果。水流产生的剪应力为 4 N/m²，波浪产生的剪应力是47.4 N/m²。垂直于水流的波浪($\phi = 0$)得出的剪应力等于两者之和(51.4 N/m²)。沿水流方向的波浪($\phi = 90°$)得出的最大剪应力为78.6 N/m²。

7.3 破碎波

7.3.1 概　述

波浪由于失稳而破碎，当波浪可能不再存在时，破碎加剧。当质点速度 u 超过波速 c 时，质点“离开波浪外形”。这种失稳（掺气）使水流变得极为复杂，出现破碎的原因主要有两个：①深水上的波浪很陡；②水很浅，或是两者兼而有之。米谢用破碎标准将其描述如下：

$$H_b = 0.142L\tanh(\frac{2\pi}{L}h) \tag{7-8}$$

对于深水，上式简化为 $H_b/L = 0.142$（$h/L > 0.5 \rightarrow \tanh(2\pi h/L) \approx 1$），是单个波浪最大可能陡度。不规则波浪的 H_s 只有该值的一半，因为不规则波的 H 的最大值约为 $2H_s$。事实上，新生风成波浪的陡度 H_s/L_{op}（与最长周期有关的深水波长）很少超过0.05。对于涛，陡度更小：0.01或小于0.01。对于浅水，方程(7-8)导致 $H_b/h = 0.88$（$h/L < 0.1 \rightarrow \tanh(2\pi h/L) \approx 2\pi h/L$）。孤波理论得到的极限稍有不同：$H_b/h = 0.78$。将其应用于 H_s，得出 H_s/h 的最大值 $\approx 0.4 \sim 0.5$，与大波浪（$1.5 \sim 2H_s$）的破碎一致。如果前滨很浅，且没有波浪测量成果或计算结果，应用这个比值可以方便地对设计波浪进行近似计算。

破碎波浪类型：对于波浪在斜坡上的破碎，无量纲伊里瓦伦数（即拍岸波相似参数）在解决海岸防护的各种问题中是至关重要的。将其参数定义为：

$$\xi = \frac{\tan\alpha}{\sqrt{H/L_0}} \tag{7-9}$$

式中：α 是坡角；$\sqrt{H/L_0}$ 可被视为波浪陡度（粗略近似，因为 H 是局部波高，L_0 为深水波长）；ξ 代表斜坡陡度与波浪陡度之比；L_0 代表波动周期的影响，因为 $L_0 = gT^2/2\pi$。

对于不同的 ξ 值，波浪破碎的方式完全不同。非破碎波向破碎波过渡时，$\xi = 2.5 \sim 3$。对于较大的值，波浪上上下下猛冲斜坡，少量掺气。因此，常常将 $\xi \approx 3 \sim 5$ 的波浪称为冲涌碎波。溃碎波处于破碎波与非破碎波之间。最“上镜的”破碎波为跃进式碎波（$\xi \approx 0.5 \sim 3$）。在跃进式碎波中，波顶变得极为不对称，它向上翻卷，将气穴封闭住，像喷水那样冲击斜坡。减小坡角，跃进碎波波顶变向对称，从波顶向前喷出的水越来越不明显。这就产生了漫涌碎波（$\xi < 0.3$）。各种类型的破碎波之间是平缓过渡的，ξ 值只是一种表示法（Battjes，1974）。在破碎以后，波浪向前推进的波速约等于 $\sqrt{gh}$，波浪就像一个涌潮或一个向前移动的水跃。

参数 ξ 表示：对于一个斜坡，“陡坡”和“缓坡”是相对的。通常认为，坡比为 1:100 是极“缓坡”，而对于一个潮汐波，对于周期只有几秒钟的波浪，它可能陡如一堵直立墙。这可以用以下事实加以说明：海滩上的一个潮汐波不会破碎，全被反射（本节描述的这种现象与潮汐波完全不同；本例只说明水动力学中的所有概念都是相对的）。ξ 也表示：已经很陡的入射波即使在陡坡上也将很容易破碎。

破碎也意味着通过紊动和摩擦将能量转化为热。对风成波的紊动只是最近才进行研究，还知之甚少。对于水流，我们把壁面紊动（如沿河床由摩擦产生）和自由紊动（如在混合层中所产生的作了区分）。对于波浪，也可以这样做。

在非破碎波中，引起紊动的唯一原因是底部摩擦。在破碎波与已破碎波中，涌潮表面旋滚和与波浪一起运动的水体之间的摩擦产生了大部分紊动动能。涌潮中的总能量损失可以使用与水跃类似的方法进行近似计算：

$$D = \rho g \frac{H^3}{4Th} \tag{7-10}$$

D 的单位为 $J/(s \cdot m^2)$，式中 H、T、h 分别为波高、周期和水深。

7.3.2 前滨上的波浪

本书讨论海岸与河岸的保护，所以我们从海岸岸脚（堤防或海塘等）处的波浪特征开始。但是正如所约定的，重点放在对过程的了解上而不是在公式上；波浪从深水行进到海岸滨经受了各种变化（见图 7-9），了解波浪到达海岸岸脚的变化过程很有益处。

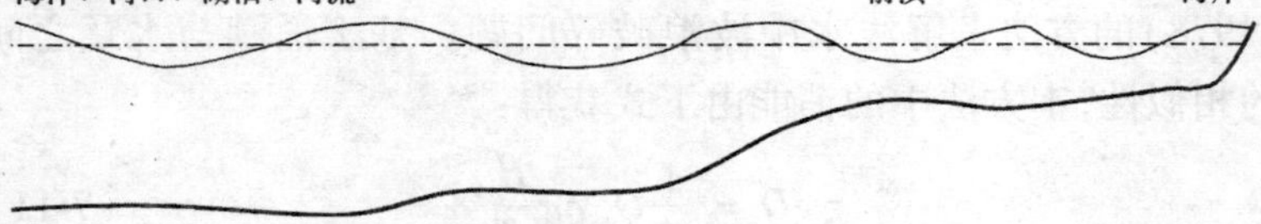

图 7-9 波浪到达海岸岸脚的变化过程

当然，刮向海岸的风将能量变成了波浪。但是对于波浪的生成，吹程同样重要；若从前滨开始研究，风通常可以被忽略。正如本章导言所述，折射将不予以处理。讨论将限于从深水到浅水的一维演变过程。变浅过程致使波高加大，可以用线性波理论加以描述。底部剪力（参见第 7.2.2 节）使波高减小，破碎完成能源转换，因为水深为零波浪消失。

图 7-10 系用 SWAN（浅水中波浪传播的数值模型）算得的一些结果。$H_s = 4$ m（定义为 $4\sqrt{m_0}$）、峰值周期 $T_p = 8$ s 的一个波浪场从 20 m 水深的大海向海岸行进。采用两种不同的坡比，即 1∶500与 1∶50。图 7-10（a）是两种斜坡上波高减小的情况。之所以两者之间存在差别，部分原因是摩擦，部分原因是破碎。

应当注意：水深与原来的静水位有关。由于波浪使近岸水位上升，导致波高 $\neq 0$。

在坡比为 1∶500 的斜坡上，波浪行进距离为 1∶50 斜坡上的 10

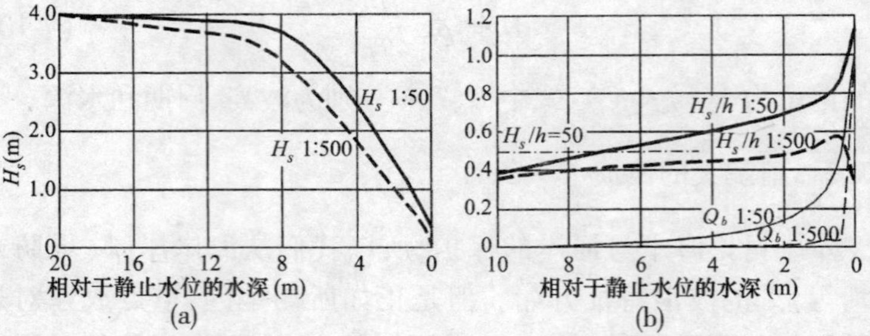

图 7-10　不同斜坡上波高的减小

倍,遭遇了更多的摩擦。在 SWAN 中采用了 Battjes/Janssen(1978)的方法来解浅水中波浪破碎问题。基于涌潮与水跃之间的相似性,本方法中的消能由下式获得:

$$D = \frac{1}{4} Q_b \rho g \frac{H_m^2}{T_p} \tag{7-11}$$

式中,H_m 由方程(7-8)获得;Q_b 是已经破碎的所有不规则波浪的相对数量,可以用下式计算:

$$\frac{1 - Q_b}{\ln Q_b} = -\left(\frac{H_{rms}}{H_m}\right)^2 \tag{7-12}$$

上式表明:当某一位置的波浪(用 H_{rms} 表示)高于可能最大波高(H_m)时,波浪将更加破碎。这也说明,Battjes/Janssen 方法融合了波浪物理学与波浪统计学。

图 7-10(b)示出了两种斜坡上的 Q_b 和相对于水深的浪高(包括波浪涌水)。在 1∶500 斜坡上,波浪破碎引起的能量损失似乎比摩擦力引起的能量损失小。只有在倾斜的最后一段破碎才变得较大(图 7-10(b)中水平轴上的 1 m 代表 1∶500 斜坡上的 500 m、1∶50斜坡上的 50 m)。在 1∶50 斜坡上,从水深 5 m 开始,波浪破碎区很明显。

图 7-10(b)显示:沿斜坡,比值 H_s/h 不是常数,表明破碎要花一段时间,从而要经过一段距离。破碎波深度取决于坡角。而对

于具有一定规模的前滨,如沿着海岸沙滩,如果没有波浪资料,初步设计时可以采用一个简单的公式:

$$H_s \approx 0.5h \tag{7-13}$$

波高的分布与波谱:浅海滩上波浪的破碎还会引起波高偏移瑞利分布。在任何海滩处,可以观察到,首先破碎的是较大的波浪。Battjes/Groenendijk(2000)提出了一种相对简单的方法来得出修正的波高分布。

在浅海滩上,波谱的形状变化也很大,所有这些对防护设施稳定性造成什么样的影响尚不清楚。

7.4 斜坡上的波浪

7.4.1 概　述

正如第 7.3.1 节所述,碎波的相似参数 ξ 对斜坡上波浪的特性起着重要作用,反射、碎波深度、波浪爬高以及斜坡上材料的稳定也常常可以表示为 ξ 的函数。

7.4.1.1 反　射

直立墙能够充分反射入射波。反射定义为反射波高度与入射波高度之比:K_R(反射系数)$= H_R/H_I$。Battjes (1974)指出:K_R 与 ξ^2 成正比。从图 7-12 中可以看出,对于低于破碎极限的 ξ 值,实验获得的结果是 $K_R \approx 0.1\xi^2$。对于 $\xi > 2.5$,K_R 缓慢地趋近于全反射值 1。

7.4.1.2 消　波

没有反射或传播的能量在斜坡上被吸收,这种消波总要以撞击防护设施为代价。ξ 小意味着反射不大,参见图 7-11。所以,对于一定的波浪,缓坡($\tan\alpha$ 小)消波更大,这种荷载对于防护设施极为不利。但是,每平方米吸收的能量较小,其最终结果是更有

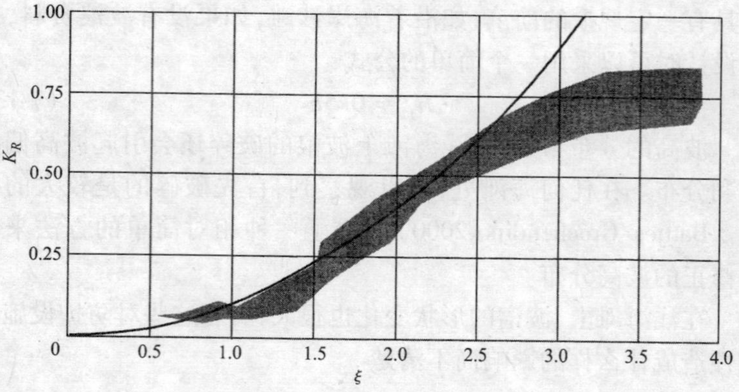

图 7-11　反射与 ξ 的关系曲线

利。从图 7-12 中可以看出，常出现在堤防和海塘上的跃进式碎波，对防护设施施加的荷载比漫涌碎波的大是合理的。

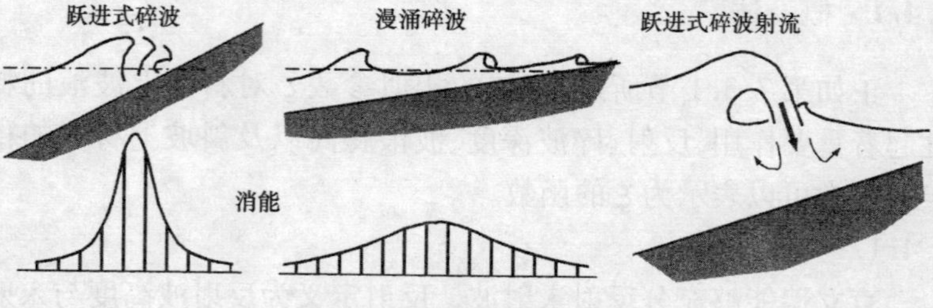

图 7-12　两种破碎波的消能

跃进式碎波产生的大载荷的一个问题是跃进式碎波水流具有射流的特性。射流局部作用在底部上，比表面旋滚产生的扩散紊动更加有害。稳定关系式表明，破碎波引起的破坏最大，参见下一章。原因也许是表面旋滚紊动和（开始的）射流直接作用在斜坡上（旋滚或碰撞射流与底部之间无水体起缓冲的作用）。

7.4.1.3　波浪破碎时的水深

波浪破碎时的水深，对于一个水平底部，采用孤波理论可以得出波浪破碎时波高与水深之间的关系式：$\gamma_b = H/h \approx 0.78$，而方程(7-8)可以得出 $\gamma_b=0.88$。对于各种斜坡,γ_b 视 ξ 而定。图 7-13 示出了一些实验结果(采用深水波高 H_0、ξ_0,因为波浪破碎时很难确定 H)。很明显,存在一种与 ξ 的关系;坡愈陡,波浪破碎时的水深愈深。显然,波浪需要一段时间才能破碎,在此期间,波浪可以传播到一个较小的水深。图 7-10(b)还对两种斜坡之间的差别进行了比较。

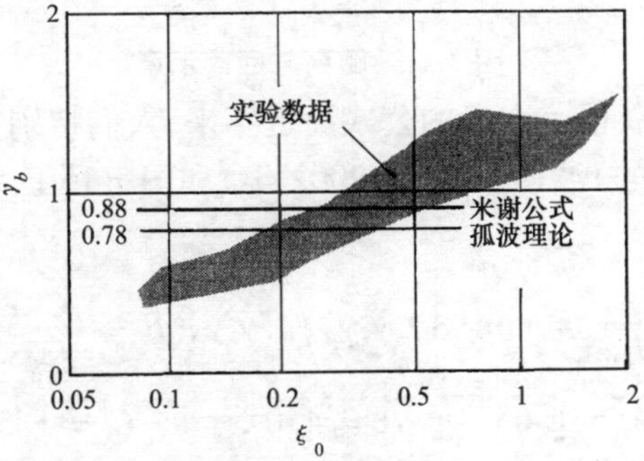

图 7-13 波浪破碎时水深与 ξ 的关系曲线

7.4.2 爬高与回落

7.4.2.1 规则波爬高

爬高是指一个波浪周期中斜坡上的最高水位,回落为最低水位(两者都是相对于静水位),参见图 7-14。

对于平滑斜坡上的破碎波($\xi<2.5\sim3$),亨特公式表示为:

$$\frac{R_u}{H}=\xi \tag{7-14}$$

爬高似乎在 $\xi=2.5\sim3$ 附近达到最大,说明正好在破碎波与非破碎波之间的过渡区域;$\xi\to\infty$ 的理论值为 $R_u/H=1$(驻波)。所以,斜坡上波浪运动的动量可以产生更高的水位。

7.4.2.2 不规则波爬高

在荷兰,海堤设计采用 $R_{u2\%}$。正在进行的物理模型与原型研

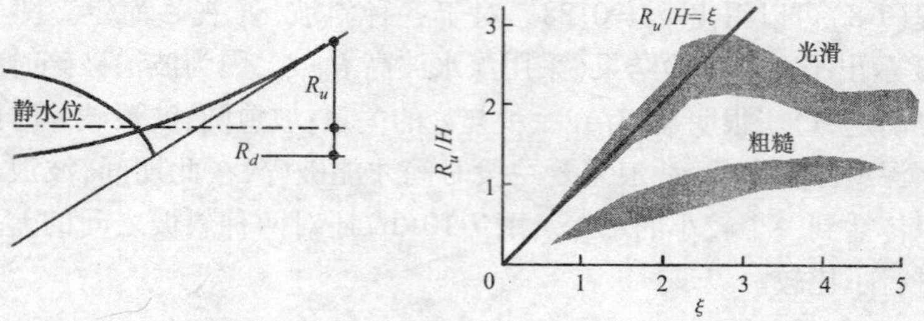

图 7-14　爬高与回落示意

究，已经相继获得了大量的公式。近年来，人们特别关注浅前滨与宽（以及双峰的）波谱。TAW（2002 年）和图 7-15 已对所有研究进行了概括。

$$\frac{R_{u2\%}}{H_{m0}} = \min\left\{A\gamma_b\gamma_r\gamma_\beta\,\xi_0,\gamma_r\gamma_\beta\left(B-\frac{C}{\sqrt{\xi_0}}\right)\right\} \qquad (7\text{-}15)$$

$$\bar{A} = 1.65 \qquad \bar{B} = 4.0 \qquad \bar{C} = 1.5$$

$$\sigma_A = 0.07\bar{A} = 0.1155 \qquad \sigma_B = 0.07\bar{B} = 0.28 \qquad \sigma_C = 0.07\bar{C} = 0.105$$

$$A_{设计} = 1.75 \qquad B_{设计} = 4.3 \qquad C_{设计} = 1.6$$

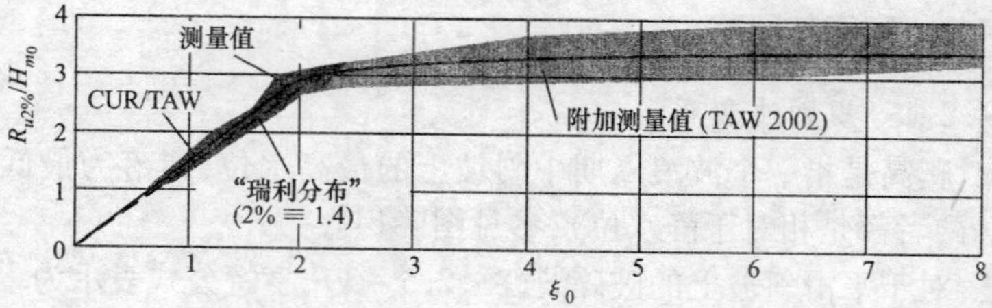

图 7-15　不规则波的波浪爬高

对于 $\xi_p < 1.8$，左边"最小"，而对于其他值，右边最小。在概率计算时，应该采用平均值和标准差，确定性计算时采用设计值。上式的有效范围为：$0.5 < \gamma_b\xi_0 < 10$。

对于大 ξ，爬高基本上为常量，和规则波情况一样，参见图 7-14。应当注意，当 2% 最大波浪的瑞利分布应用于规则波的表达式时,发现方程(7-14)(类似于方程(7-15)的左侧)的系数为1.4而不是1.65。

7.4.2.3 校正系数

(1)糙率。爬高公式是针对像平滑混凝土块和沥青等平滑斜坡($\gamma_r=1$)而提出的。对于草坡,$\gamma_r=0.95\sim1$。用于在设计时,TAW(2002)建议采用1;因为乱石坡是一层抛石,建议采用$\gamma_r=0.7$,双层则可以采用$\gamma_r=0.55$。

(2)冲角。当波浪的冲击不与斜坡垂直时(即$\beta\neq0$),可以应用折减系数。对于长峰波(如涛或船行波),$\gamma_\beta=\sqrt{\cos\beta}$(能通量$\approx H^2\cos\beta$),折减系数最小为0.7。对于短峰波(如风成波,与涛不一样,为单向波),$\gamma_\beta=1-0.0022\beta$($\beta$单位为度),折减系数最小为0.8。

(3)戗台。戗台可以减小波浪的爬高。图7-16给出了在戗台削减系数中起一定作用的参数γ_B。在戗台两边,按从戗台水平中心面算起的垂直距离H_s截取斜坡,获得一个长度L_B;h_B是静水位与戗台水平面之间的距离(可以为负,也可以为正)。γ_B最后成为:

$$\left.\begin{aligned}\gamma_B&=1-\frac{B_B}{L_B}\left[0.5+0.5\cos\left(\pi\frac{h_B}{x}\right)\right]\\ x&=z_{2\%},\text{若}\ z_{2\%}>-h_B>0(\text{静水位以上戗台})\\ x&=2H_s,\text{若}\ 2H_s>-h_B\geqslant0(\text{静水位以下戗台})\end{aligned}\right\}\quad(7\text{-}16)$$

极限值为$0.6<\gamma_B<1$。方程(7-16)表明静水位以上戗台最有效。详见TAW(2002)。

7.4.2.4 前滨

波浪在很浅的前滨上破碎,波谱转换并变平。此外,波浪不再呈瑞利分布。按照TAW(2002),不应该用t_{m0}而是用$t_{m-1,0}$($t_{m-1,0}=m_{-1}/m_0$,波谱的一道负时刻以波谱的零时刻)来计算ξ。

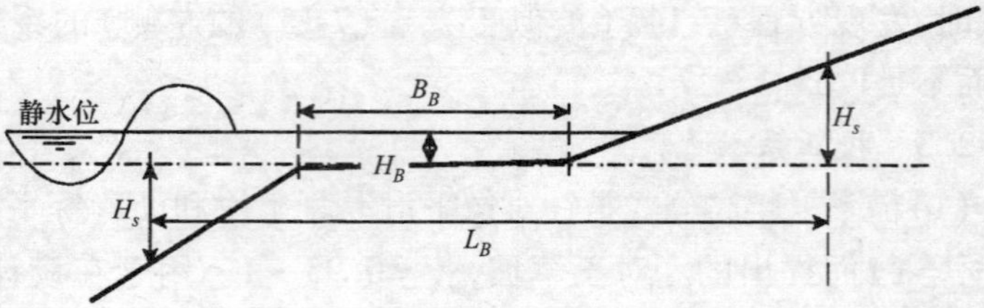

图7-16　戗台减小爬高图解

如果不能获得详细的波谱资料,可以采用 $T_p = 1.1 T_{m-1,0}$。对于浅前滨上的波高,应该使用前滨上的 H_{m0}。

7.4.2.5　规则波的回落

在 Battjes(1974)的书中,波浪的回落表示为:

$$R_d = R_u(1 - 0.4\xi) = H(1 - 0.4\xi)\xi \tag{7-17}$$

该式说明:对于"实际的"破碎波,水位不会降低到静水位以下,这是因为在一个斜坡上向下流动的波浪中的水碰到下一个波浪向上流动的水(对于像海滩这样的缓坡,主要为这种现象,并被称做无零点波(set - up))。图 7-17 再一次显示了平滑斜坡的实验结果。

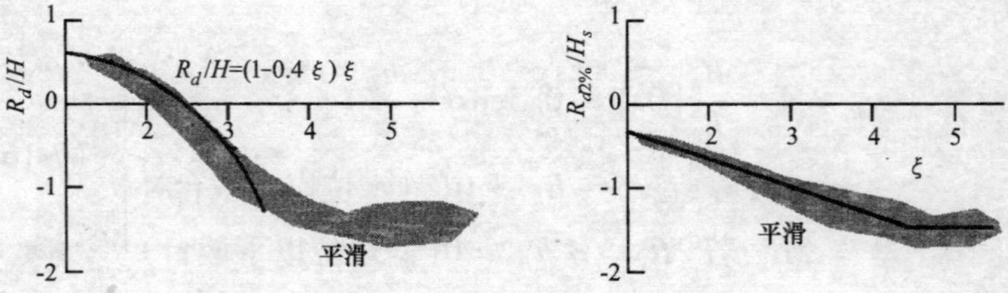

图 7-17　规则波和不规则波的回落

7.4.2.6　不规则波的回落

不规则波的回落(CUR/CIRIA,1991)为:

$$R_{d2\%} = -0.33 H_s \xi_p (R_{d2\%最大} = -1.5 H_s) \tag{7-18}$$

应当注意:在不规则波中,回落始终低于静水位。未考虑由于糙率等原因引起的回落减小。

7.4.3 波浪冲击

只要水与考虑压力的点保持接触,则波浪下的压力随着波浪周期的变化而增减。这常常被称做准静力波浪荷载(参见图 7-18 中的点 1)。当波浪水流与坡面碰撞时,将出现一个很短、很高的冲击压力,即动力波浪荷载亦即波浪冲击或冲撞(参见图 7-18 中的点 2)。(如果你难以想象准静力波浪压力与波浪冲击之间的差别,可以在游泳池中很容易地测出。潜入池底,你的耳朵感觉到准静压力。然后,从高台仰卧地跳入水中,你会永远记住这种差别。)

初步近似值(图 7-19 和 TAW,2000)为:

$$\left.\begin{aligned} P_{最大50\%} &\approx 8\rho_w\, gH_s\tan\alpha \\ P_{最大0.1\%} &\approx 16\rho_w\, gH_s\tan\alpha \end{aligned}\right\} \qquad (7\text{-}19)$$

式中,$P_{最大0.1\%}$ 为 1 000 个波浪中有 1 个波浪超过的最大压力。该式计算得到的值比波浪本身的准静态压力大好几倍。冲击压力分布的形状假设为 H 底边的一个三角形。

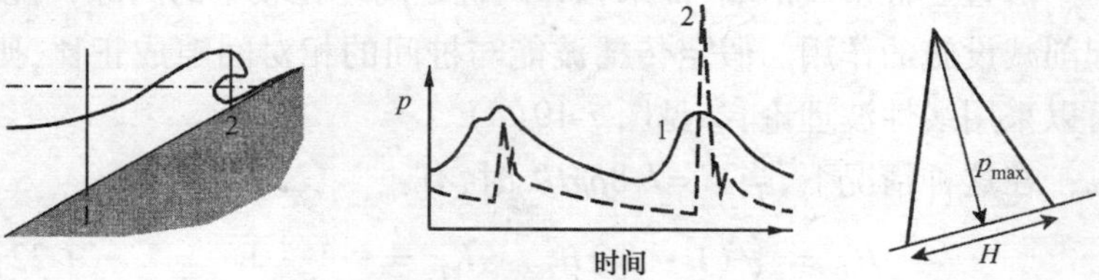

图 7-18 波浪对斜坡的冲击

7.5 波浪荷载的削减

削弱波浪荷载的方法很多。最好的削波装置可能是浅前滨,在这里波浪由于底部摩擦与破碎而使能量消散。在本节中,起点为研究建筑物前方的波浪。反射与吸收消波是两种主要机理。当入射波返回并出现驻波时,反射是全反射。在这种情况下,波浪传播为零。使波被吸收的方法很多。当波浪中的水流必须流经和绕过很多结构物(石块、桩、涉坝等)时,会出现第一种吸收。用做削波设施的水坝或平板边缘,出现相同的吸收。第二种吸收为建筑物(铰链沉排、弯曲扣齿)内部作功。通常,入射、传播、反射以及吸收波能之间的关系式为:

$$\frac{1}{8}\rho\ gH_I^2 = \frac{1}{8}\rho\ gH_T^2 + \frac{1}{8}\rho\ gH_R^2 + \text{吸收} \tag{7-20}$$

削波设施的有效性通常用传播系数来表达:

$$K_T = \sqrt{F_T/F_I} = H_T/H_I \approx (H_T)_{1/3}/(H_I)_{1/3} \tag{7-21}$$

式中,F_T、F_I 分别是传播波与入射波的能通量。对于不规则波,带有有效波高的表达式为初次近似值。下面将对削波设施加以简单介绍。

7.5.1 桩幕

由直立桩组成的墙,如果相邻两桩之间存在较小的间隙,可以起削减设施的作用。假定传播波能与桩间的相对间隙成正比,则可以采用线性波理论,参见图 7-19(a)。

在这种情况下,当 $E = l/8\rho gH^2$ 时,有:

$$H_T = \sqrt{(1-W)H_I^2} \rightarrow K_T = \sqrt{1-W} \tag{7-22}$$

图 7-19(a)为实验结果。用方程(7-22)计算的传播值偏低,其原因可能是反射能的衍射比桩附近尾流中的能量损失大(公式(7-19)中,两者均被忽略)。同样简单而令人满意的经验公式为:

$$K_T = \sqrt{1-W^2} \tag{7-23}$$

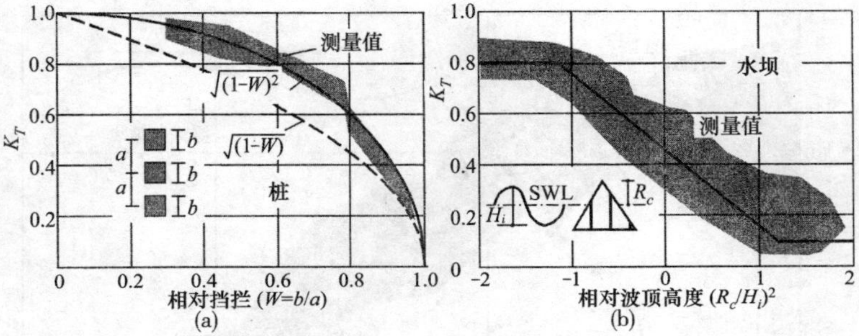

图 7-19　通过桩幕与越过水坝的波浪传播

7.5.2　水坝

很常见的一种削波设施是顶部在静水位附近的水坝或礁石。目前,线性波理论得出一个没有意义的解。在小幅波浪理论中,当坝顶与水位齐平时,传递的能量为零,参见图 7-19(b)。实际上,这种情况下,计算得到的 $K_T \approx 0.5$,表明传播的波能约为 25%。图 7-19(b)示出了大量的波能传播与相对坝顶高度 R_c/H_{si}(R_c 从静水位算起)的关系的测量结果。当 $R_c/H_{si} \approx 1$ 时,传播的波能可能仍然相当大。图中的这些点为很容易穿过透水坝顶上大块石的小幅波浪。对于设计条件下的实际波浪,相应于 R_c/H_{si} 的 $K_T \approx 0.1$。详见 VanderMeer/d'Angremond(1991)。

7.5.3　浮式防波堤

一艘吃水很深的浮动大船可以有效地挡住波能。本文只研究低矮的建筑物。有很多种浮式防波堤:刚性的、柔性的和多孔的等。其共同点是:当波浪方向的长度大于波长时,它们才起作用。浮式防波堤临时削波才可实际应用,例如施工期间。图 7-20 为浮板的理论曲线与测量结果。λ 是防护设施的长度,L 为波长。

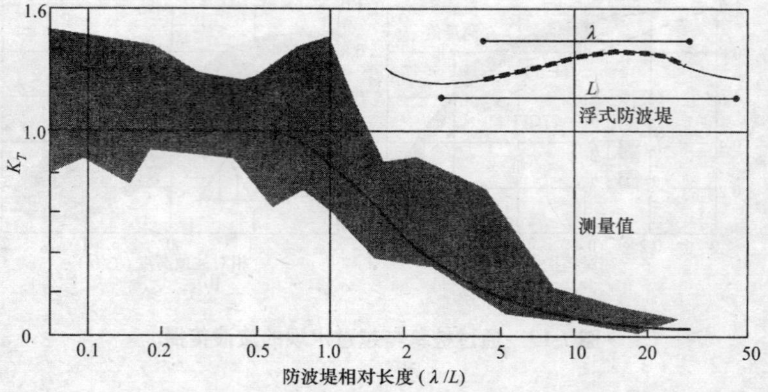

图 7-20 波能传播与防波堤相对长度关系曲线

7.6 小 结

对于非破碎短波的压力与速度,线性波理论是一种有价值的综合性工具,可以使人们对压力和速度以及对一些参数(波高、周期、水深等)的影响有一个数量级的概念。为了描述不规则波场,研究单个参数而不是整个波谱时,主要采用 H_s 和 T_p。

由于破碎,波高是有限的。米谢给出了单个波浪的一般极限:

$$H_b = 0.142L\tanh(\frac{2\pi}{L}h)$$

对于不规则波,深水中的极限值为 $H_s/L_0 \approx 0.05$,浅水中的极限值为 $H_s/h \approx 0.5$。

在破碎波中,波浪中水流的特性完全变了,变成了高度紊动。令人遗憾的是,到目前为止,有关碎波带中紊动的定量资料很少,所以,大多数关系式以经验数据为基础。在其中的不少经验式,碎波相似参数 ξ 起着重要的作用:

$$\xi = \frac{\tan\alpha}{\sqrt{H/L_0}}$$

像破碎形式、破碎波水深、反射、波浪爬高与回落这样的参数都与ξ有关。

利用各种设施(如水坝、浮式防波堤等)是可以削减波浪荷载的。为了有效地削减波浪,这些建筑物的尺寸与水深或波长相比必须足够大。其成本应该始终与其有效性保持平衡,否则,按全荷载确定防护设施的尺寸也许更加有效。

第 8 章　波浪冲刷与稳定性

8.1　冲　刷

应该对波浪可能造成的冲刷后果有所了解，才能采取防止河岸、海岸或河底遭受其冲刷的必要措施。本书研究的由波浪引起的冲刷仅限于局部冲刷。对于河岸与海岸，将根据海滩与沙丘冲刷研究结果进行处理，而对于底部冲刷，将采用防波堤的研究结果。由沿岸或跨岸输沙引起的冲刷属于海岸地貌，不在本书讨论范围之列。

8.1.1　斜坡冲刷

作用于未加保护岸坡上的波浪会使其形成一个阶梯状剖面。这种剖面是所有由松散料组成的岸坡的自然平衡剖面（Vellinga，1986）。理论上，简谐波形成的河滩为抛物线状，$z \propto x^{2/3}$。对于实际情况，Vellinga 提出：

$$z = 0.39 w^{0.44} x^{0.78} = p x^{0.78} \tag{8-1}$$

式中：w 是粒料沉降速度；z 与 x 的定义参见图 8-1；p 用 $m^{0.22}$ 表示。

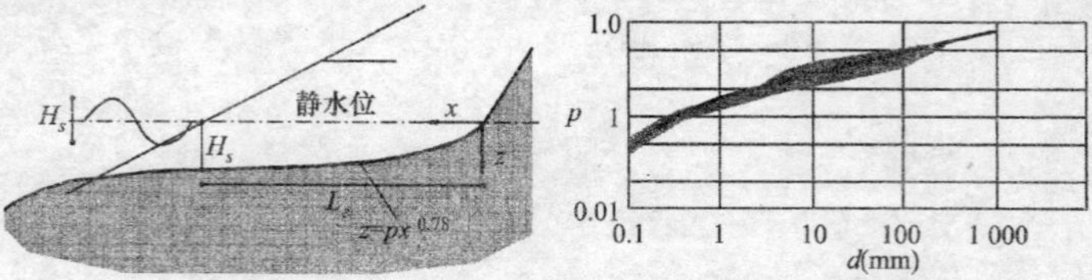

图 8-1　斜坡遭波浪的冲刷

这是一个平衡剖面,未考虑随时间的变化。静止水位以下的冲刷深度约为 H_s。根据方程(8-1),可由下式求出波浪在剖面中的侵入长度:

$$L_e = p^{-1.28} H_s^{1.28} \tag{8-2}$$

静止水位以上的坡角假定等于休止角。图 8-1 为剖面公式中 p 值与 d 的关系曲线,该关系曲线只能作为初步指标,且只适合于波浪冲击远在稳定极限以外的情况,见第8.3.2节。

比如说,粒径为0.5 mm的砂质坡,临时无保护。如果该岸坡受到 $H_s = 1.6$ m的波浪的冲击,其冲刷长度是多少?

根据图 8-1,我们求出粒径为0.5 mm的粒料,$p \approx 0.1$,用方程(8-2)可求出 $L_e = 0.1^{-1.28} \times 1.6^{1.28} \approx 35$ mm。

8.1.2 底部冲刷

波浪引起的底部冲刷在防护墙前(这里可能出现驻波)可能是很重要的。从第 7 章我们知道,最大流速出现在此类波浪的节点,细沙处的冲刷最大;但是,粗沙的最大冲刷则在节点与波腹之间,可能是由涡流和脉动形式不同引起的。不规则波的驻波波形和冲刷形式都不及规则波的明显。前者随着距墙的距离增大而大大减小,参见图 8-2(a)、(b)。

冲刷坑的深度可以用图 8-2(c)粗略估算。对于浅水(h_0/L 较小),$h_s \approx H_s$ 可以作为初估值。对于深水,冲刷深度显著较小。

当墙不是直立墙而是斜墙时,由于斜墙回流的作用,最大冲刷深度将出现在墙脚(图 8-2(d))。冲刷大致与反射系数成正比,所以,直立墙的冲刷最大。作为所有情况的初估值,$h_s \approx H_s$ 可以作为上限。

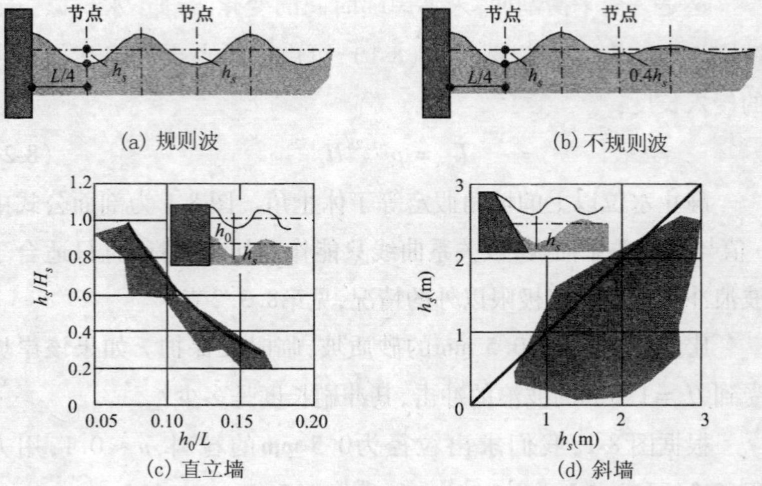

图 8-2　防护墙前波浪引起的底部冲刷

8.2　稳定性概述

可能有几种稳定的防波设施。在本书中，主要将其分成以下3种(见图8-3)：

(1)松散颗粒，抛石，块石，开放，透水的；

(2)黏性的，半透水的，干砌块石护坡；

(3)不透水的，沥青，混凝土。

作用在这3种防波设施上的荷载是相同的，但是，确定防护层尺寸的原理完全不同。差别在于从外部荷载转换为内部荷载，从内部荷载转换为结构的响应(即强度)。这可用所谓的渗漏长度Λ加以说明。

考虑图8-4(a)中的渗流，在反滤层中，假定渗流平行于界面，而在顶层中，假定渗流垂直于界面。当没有反滤层时(见图8-4(b))，预计出现平行渗流的地方，须对厚度作出假设。这种假设对图8-3中的所有护坡类型不一定都成立，只用于说明。

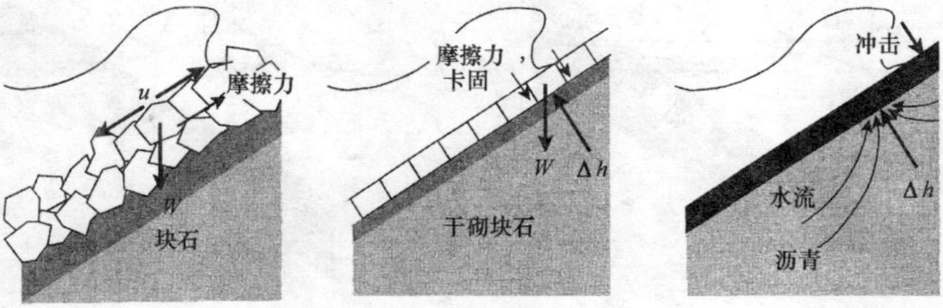

图 8-3　3 种主要防波设施

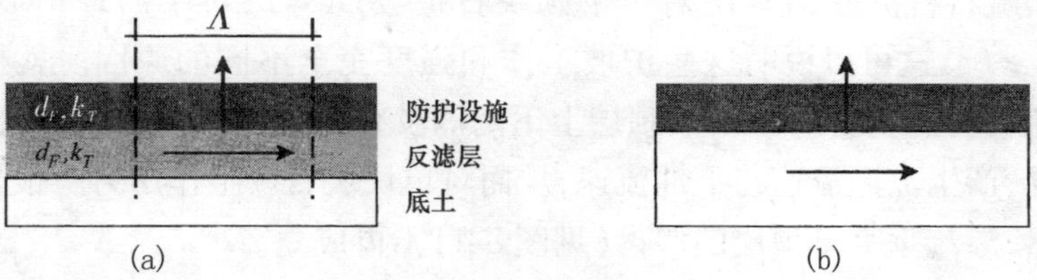

图 8-4　渗漏长度的定义

从渗流方向开始，可以确定每层的渗流阻力。现在，定义渗漏长度 Λ 为通过顶层与反滤层的渗流阻力相同的防护设施的长度，参见图 8-4(a)。可以将其表示为：

$$\frac{d_T}{k_T \Lambda} = \frac{\Lambda}{k_F\, d_F} \rightarrow \Lambda = \sqrt{\frac{k_F\, d_F\, d_T}{k_T}} \tag{8-3}$$

式中，k_F 与 k_T 分别为反滤层与顶层的渗透系数，d_F 与 d_T 分别为厚度。这意味着，与反滤层相比，大渗漏长度顶层相对不透水。

Λ 是外部载荷与内部载荷之间变换的度量，参见图 8-5。L 是外部载荷的某一特征长度（不一定是波长，也可能是波峰长度）。当 $\Lambda \geqslant L$ 时，内部与外部之间几乎没有变换，反滤层内的测压管水位不与外面的水位同步，形成一个大的水头差。当 $\Lambda \ll L$ 时，变换很容易，几乎没有水头差：荷载的压力梯度仅由 L 确定。

表 8-1 列出的是图 8-3 中 3 种防护设施的一些典型值。对于

图 8-5 渗漏长度的影响

松疏石料护坡，$\Lambda \leqslant L$；对于干砌块石护坡，$\Lambda = L$；对于沥青护坡，$\Lambda \geqslant L$。这可以说明这些护坡工作和强度完全不同的原因。就松疏石料护坡而论，$\Lambda \leqslant L$，顶层上下两侧没有水头差。L 决定水力比降，产生上冲流速与下冲流速，从而对单块块石产生作用力。很显然，渗流垂直于顶层的假设（见图 8-4）不再成立。

表 8-1 不同防护设施类型的 Λ 与 L 的典型值

参数	块石	干砌块石	沥青
d_T(m)	0.5	0.25	0.25
d_F(m)	0.25	0.2	2
k_T(m/s)	0.5	0.001	"0"
k_F(m/s)	0.1	0.05	0.000 1
Λ(m)	0.15	1.5	"∞"
L(m)	1~2	1~2	1~2

这种护坡的强度是石块间摩擦力（即重量）作用的结果，参见图 8-3(a)。渗流对稳定性有影响，但是，与外部水流产生的力相比，其影响是很小的。因此，块石顶层护坡的稳定性取决于石块附近波浪所产生的水流，与第 3 章所述水流的稳定性相似。第8.3节论及松散粒料稳定性。通常需要设置反滤层以便稳定，因为顶层很开放，如果没有反滤层，下部的粒料很容易被冲走。

对于 $\Lambda \geqslant L$ 的不透水护坡，顶层上下两侧的水头差约为$H/2$，参见图 8-5。但是，从波浪荷载到沥青层的响应的转变功能使得这种荷载通常可以忽略。水头差将产生一个试图将保护层向上抬起的力。由于荷载是局部的,而沥青层是黏性的且很重,因此难以抬起。此外,护坡与底土之间的孔穴在波浪期间的部分时间内必须充满水,渗流通常不是很快将其充满。如果波浪冲击频繁出现,可能会造成破坏,参见第8.4.2节。沥青层的稳定取决于压差,而压差则是由水位变动引起的(参见第5章)。没有必要设置砂密的反滤层。当斜坡内部的地下水位由于潮汐或涌波的影响而在护坡下产生高压时,可以采用排水反滤层。

干砌块石情况下,$\Lambda \approx L$。在 $\Lambda \geqslant L$ 或 $\Lambda \leqslant L$ 的情况下,可以把重点放在主要机理上,但是当 $\Lambda = L$ 时,情况复杂得多。由于干砌块石表面对水来说通常太光滑,难以产生阻力。荷载来自内部,由块石上下之间的压差引起。强度是块石间通过摩擦力或卡固力合作的结果。现在,渗流对稳定性最重要,而反滤层则起着关键而复杂的作用,参见第8.4.1节。

8.3 松散粒料的稳定性

作为第3章(水流的稳定性)逻辑上的延续,我们将从研究波浪作用下松散粒料的稳定性开始,并假设波浪作用下的荷载情况和稳定性与水流中的没有什么不同。毕竟,非破碎波浪中的水只是来回流动,尽管应力较大。在破碎波浪中,我们不能期望这种方法在定量上获得成功,但尝试并把结果进行比较总是有益的。

8.3.1 非破碎波浪中的稳定性

第7章给出了 Jonsson 提出的波浪作用下的剪应力表达式,有了这种剪应力我们可以使用水流的稳定关系式,如 Shields 提出的无因次剪应力—粒径关系式。这种方法获得的结果与 Shields 原来的结果不同,原因可能是波动水流中边界衍变不同所致。

图 8-6(a)示出了各位作者提出的波动水流稳定性测量结果。

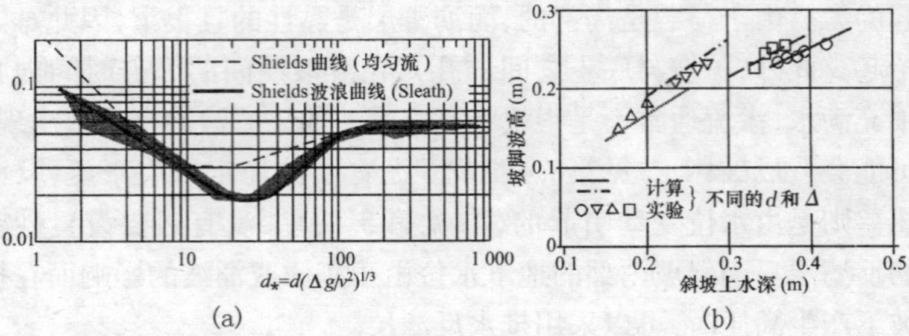

图 8-6　Shields 波浪改正图以及非破碎波中的稳定性

Sleath 使用的无因次剪应力与 Shields 的相同(Ψ),使用的无因次粒径与 Van Rijin 用于水流中的粒径相同,参见第 3 章。所以,可以直接对结果进行比较,参见图 8-6(a)。对于较大的 d_*(紊流边界层),Sleath 求出的 Ψ 值为0.055,与 Shields 获得的值几乎相同。在稳定流中,此值表示移动的块石量相对较大。在波动水流中求得的相同值是怎样符合逻辑的?两个因素起了作用。波动水流中移动阈值的标准不是很清楚,但是波动水流中一个可能不稳定的块石不能移动很长的距离,因此可以假设主观阈值远高于稳定流中的阈值。另外,可能是在加速稳定流中见到的现象,即 Ψ 随着 τ 的增加而增大。Sleath 的图表是根据几种研究结果得出的,其中之一是由 Rance/Wairen 于 1968 年得出的。可以由下式表示:

$$\frac{a_b}{T^2\Delta g} = 0.025\left(\frac{a_b}{d_{50}}\right) \rightarrow d_{n50} = 2.15\frac{\hat{u}_b^{2.5}}{\sqrt{T}(\Delta g)^{1.5}} \qquad (8\text{-}4)$$

式中:a_b 是底部轨道行程;$\hat{u}_b$ 为最大轨道速度;d_{n50} 假定等于0.84 d_{50}。方程(8-4)的优点为:和 Jonsson – Sleath 方法一样,在底部糙率与剪应力之间不需要进行迭代计算。

图 8-6(b)是用根据线性波理论得出的轨道速度、Jonsson 的摩擦系数、Ψ=0.055计算得到的 1∶25 斜坡上块石的稳定性结果与

非破碎规则波实验室试验结果进行的比较，参见 Schiereck 等的文章(1994)。

坡脚(石料开始移动)处的计算波高与实测值很吻合。方程(8-4)得出了相似的结果。

8.3.2 破碎波中的稳定性

在防波堤领域，已经对斜坡上块石的稳定性进行了大量的研究，这些研究与护坡、护岸有很大的关系，但并不相同。稳定性中的一个重要区别是整个结构的多孔性。防波堤通常有一个多孔心墙，而在堤防护岸中，心墙是用黏土或砂建造的。这对保护层的稳定性有明显的影响，正如下面所介绍的。但是，我们将从基本原理与缺点开始，稍后再探讨其他内容。

8.3.2.1 Hudson 公式

受成功地修改 Shields 波浪曲线结果的鼓励，下一步将利用坡度校正系数并考虑波浪的破碎。我们将采用与用于斜坡方向的水流相同的坡度修正系数(参见第 3.3 节，对于前节所述的 1∶25 斜坡，该系数≈1)。对于破碎波中的流速，无法获得可靠的表达式。作为初估值，我们将假定斜坡上破碎波的流速与浅水中的波速成正比，将波高作为水深的典型度量：$u \propto gH$。遵循水流中的稳定性(参见第 3 章)相同的推论，则：

$$\rho_w gHd^2 \propto (\rho_s - \rho_w) gd^3 \ (\tan\varphi\cos\alpha \pm \sin\alpha) \tag{8-5}$$

“拉动”力　　阻力　　斜块校正

应当注意的是：斜坡校正中的 +、- 分别指波浪的上冲和回冲。将所有项增加到三次幂，并引用块石的质量($M \propto \rho_s d^3$)，则：

$$M \propto \frac{\rho_s H^3}{\Delta^3 (\tan\phi\cos\alpha \pm \sin\alpha)^3} \tag{8-6}$$

为求出方程(8-6)中的比例常数，已经进行大量试验(主要由 Hudson 于 1953 年完成)。为了实际应用，Hudson 最后提出了另外一个公式：

$$M = \frac{\rho_s H_{sc}^3}{K_D \Delta^3 \cot\alpha}（或\frac{H_{sc}}{\Delta d} = \sqrt[3]{K_D \cot\alpha}） \tag{8-7}$$

应当注意：将 $H_{sc}/\Delta d$ 作为一个稳定性参数是方便的，它类似于水流情况下的稳定性参数 $u_c^2/\Delta d$。稳定参数中的下标 c（为了把稳定性与可动性区别开来）并不总是采用。

Irribarren 公式中的斜坡校正现在简化为 $\cot\alpha$。这意味着 Hudson 公式的有效性是有限的，因为 $\cot\alpha$ 不足以描述斜坡上的摩擦与平衡：当 $\alpha = 0$ 时，$M = 0$，当 $\alpha > \varphi$ 时，M 仍然有一个有限值，这是没有意义的。Hudson 公式有效的 d 范围约为 $1.5 < \cot\alpha < 4$。针对坡脚波浪不破碎且波浪不漫过坡顶对 Hudson 公式进行了检验。对于其他情况，有时对 K_D 进行额外修正。Hudson 公式简单，全世界都应用。另外，K_D 是一个“垃圾箱”系数，隐含可以接受的损坏程度。不同的块料有不同的 K_D 值（天然石料为3～4，人造四脚锥体和三棱柱体为 8～10）。海岸防护手册（SPM，1984）给出了各种情况的 K_D 值。Hudson 公式的简化有其价值。已经提到了所述公式的一些限制条件，其中最重要的条件如下：

（1）波浪周期。Irribarren 公式中没有此参数。波浪周期影响稳定性的方式有两种：①波浪周期与波长有关，从而与波浪陡度和斜坡上的破碎模式有关，这都明确地起作用。②作用在颗粒上的惯性力可能起作用，这取决于 $\mathrm{d}u/\mathrm{d}t$ 值，从而取决于波浪周期。

（2）透水性。结构的透水性必定起重要作用。Irribarren 公式基于的假设仅包括一种作用在斜坡上的力。作用在颗粒下面和后面的力无疑对平衡会起部分作用。不难想象，不透水心墙上的均质大块石与一层封闭的石料起的作用不同。第 1 种情形是大量的波能消耗在心墙中，而第 2 种情况是封闭层下的压力升高可能相当大。

（3）波浪个数。20 世纪 50 年代和 60 年代进行的模型试验都是针对规则波。那些试验显示:1 个半小时达到平衡破坏剖面,那时宣称试验中的波高相当于 H_s。从波谱试验中发现:波浪个数有某些影响,这合乎逻辑,因为波浪越多,大波浪出现的可能性越大。

(4)损坏程度。与水流中块石运动阈值的情况一样,波浪中块石运动阈值并不总是清楚的。认为 Hudson 公式中的 K_D 值对于5% 的损坏是有效的,但是损坏的定义并不很清楚。

所有这些缺陷导致开展新的试验研究,在一些防波堤遭到破坏后,已经加大了研究力度。近 10 年来,护岸手册中对于防波堤设计推荐的 Hudson 公式的系数已经加大了约 200%。

8.3.2.2　Van der Meer 公式

在荷兰,为了克服 Hudson 公式的限制,进行了广泛的模型试验。对不规则波的大、小比尺模型试验结果进行曲线拟合,最后得出以下公式,参见 Van der Meer(1988):

$$\left.\begin{aligned}\frac{H_{sc}}{\Delta d_{n50}} &= 6.2P^{0.18}\left(\frac{S}{\sqrt{N}}\right)^{0.2}\xi^{-0.5}\text{(跃进碎波)}\\ \frac{H_{sc}}{\Delta d_{n50}} &= 1.0P^{-0.13}\left(\frac{S}{\sqrt{N}}\right)^{0.2}\xi^{P}\sqrt{\cot\alpha}\text{(冲涌碎波)}\end{aligned}\right\}\tag{8-8}$$

式中:P 是结构物透水性度量;S 是损坏的度量;N 是波浪个数。令上面两式相等,求出其之间的过渡条件为:

$$\zeta_{过渡} = \left[6.2P^{0.31}\sqrt{\tan\alpha}\right]^{\frac{1}{P+0.5}}\tag{8-9}$$

当 $\zeta > \zeta_{过渡}$ 时,必须采用冲涌碎波方程,对于 $\zeta < \zeta_{过渡}$,则采用跃进碎波方程。实际上, $\cot\alpha \geqslant 4$,冲涌波浪并不存在,仅推荐使用跃进波浪公式。

与 Hudson 公式相比,这些公式都前进了一大步,因为包括了更多的参数。但是,Van der Meer 方程的物理基础仍然很弱,波浪之下块石的稳定性方面仍然有许多因素要弄清楚。Van der Meer 采用 $H_s/\Delta d_{n50}$ 作为稳定参数(参见方程(8-7)),波浪周期出现在拍

岸波相似参数 ζ_m（m 表示与平均波浪周期有关）中，而在冲涌碎波与跃进碎波之间的稳定关系中存在不连续性。下面将用一些计算结果举例说明方程（8-8）中各参数的影响以及与 Hudson 公式的比较。将采用以下标准情况：

$H_s = 2$ m　　　$T_m = 6$ s　　　$\Delta = 1.65$

$\cot\alpha = 3$　　　$N = 3\ 000$　　　$S = 2$

$P = 0.5$　　$d_{n50} = 0.6$ m（300～1 000 kg）　　$K_D = 3.5$

（1）波浪周期。波浪周期的影响合并到破碎波参数 ζ 中。图 8-7（a）为稳定参数 $H_s/\Delta d_{n50}$ 与 ζ 之间的关系曲线（所有其他参数见标准情况）。在 $\zeta = 3$ 附近，$H_s/\Delta d$ 最小，处于冲涌碎波与跃进碎波之间的过渡区，这种情况对斜坡的冲击最严重，参见第 7 章。应注意两个公式的 $H_s/\Delta d$ 的典型值约为 2。在 $\zeta = 1$ 以下，Van der Meer 曲线是虚线，因为没有对这些值的经验关系进行检验，参见图 8-13。在图 8-7（b）中，波浪周期是独立参数。应注意，没有画出小于 4 s 的波浪周期，因为已经假定最大波浪陡度（$s = H_s/L_0$）$= 0.06$，当波高为 2 m 时，这导致最小的波浪周期 $\approx 3\sqrt{H_s}$。在 Hudson 公式中，T 不起作用。

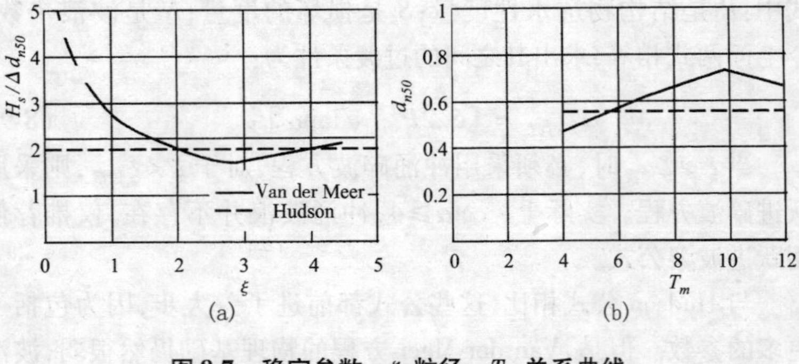

图 8-7　稳定参数—ζ、粒径—T_m 关系曲线

（2）渗透系数。已经引入透水性参数 P，不同结构物的 P 值由曲线拟合结果确定。图 8-8(a)是各种情况的 P 值。均质结构物(无心墙)的 $P\approx0.6$;带透水心墙($d_A/d_F\approx3$)的块石护层,$P\approx0.5$;透水心墙($d_F/d_C\approx4$)上带反滤层($d_A/d_F\approx2$)的块石护层,$P\approx0.4$;不透水心墙,$P\approx0.1$。另外,不透水是一个相对的概念,在黏土中,乃至在砂中波的穿透几乎可以忽略,所以,在稳定关系中,这种斜坡被认为是不透水的。业已试图从渗流计算结果推导 P 值,参见 Van Gent(1993)。图 8-8(b)为 P 对所需块径的影响。对于透水斜坡,Hudson 或 Van der Meer 公式得出的结果几乎相同,而对于不透水斜坡(如堤防或护岸设施),差别就相当大(前者所需块径为0.55 m,后者为0.75 m)。

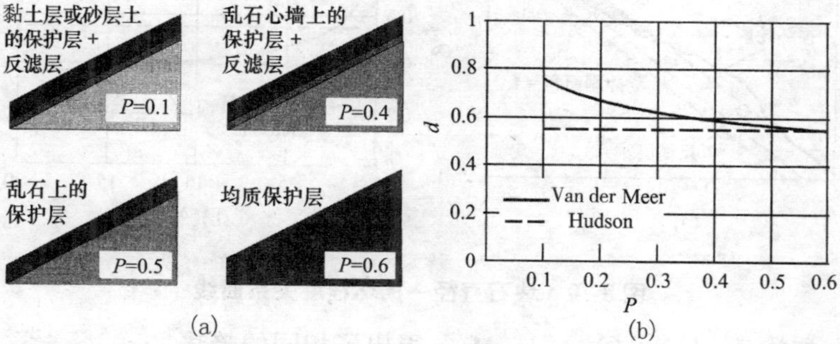

图 8-8　块石直径—斜坡透水性关系曲线

(3)波浪个数。N 是波浪的个数。图 8-9 为试验期间损坏随波浪个数增加的情况。当 $N=7\ 500$ 时,可以认为损坏已经达到平衡。平均周期为 6 s 的 3 000 个波浪表示暴雨历时为 5 h。

(4)损坏程度。图 8-10(a)已对损坏程度作了明确的定义:$S=A_e/d^2$(即冲刷面积除以块石直径的平方)。在一个宽度为 d、垂直于 page 的条带中,S 大致等于移去块石的数量。$S=2\sim3$ 可以作为损坏的阈值。当护面层部分完全被移走、反滤层外露时,损坏可以定义为结构破坏。根据斜坡的不同,相应的 S 大约为 10。

(5)波高与坡角 α。图 8-11 为波高和坡角的影响。对于这两

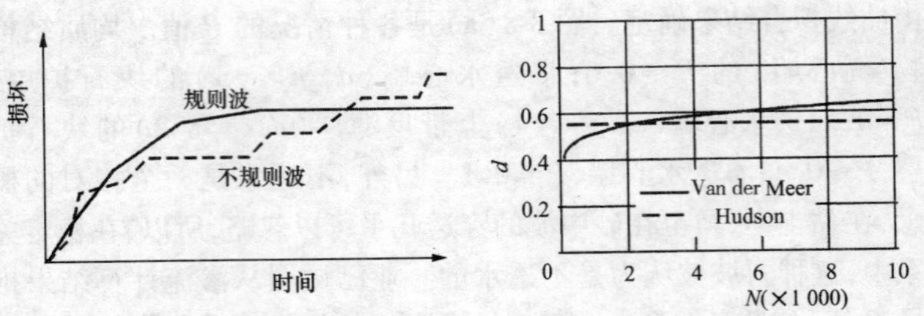

图 8-9　损坏—时间、块石直径—波浪个数关系曲线

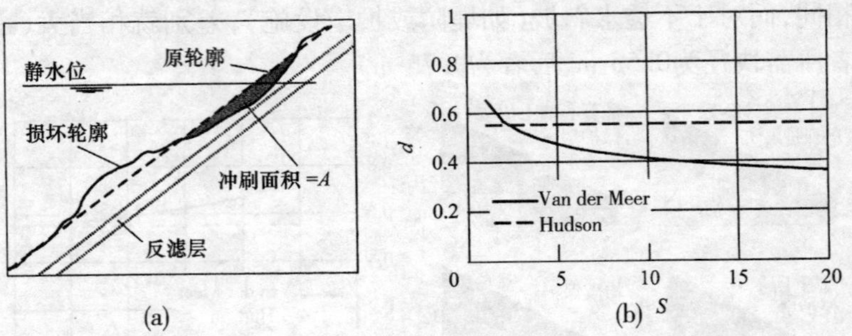

图 8-10　块石直径—损坏程度关系曲线

个参数，Hudson 与 Van der Meer 得出了相同的趋势。

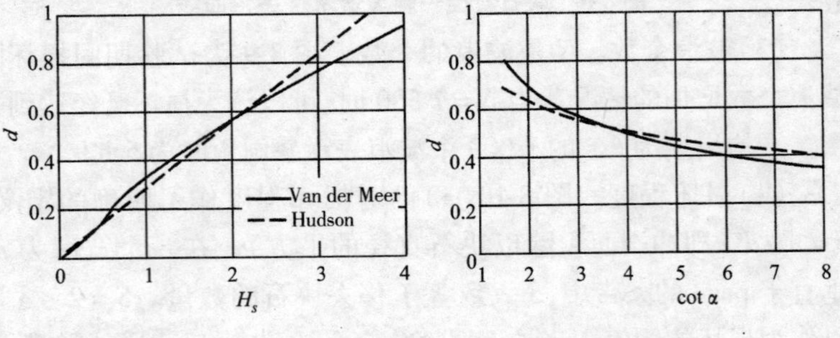

图 8-11　块石直径—波高、块石直径—坡角关系曲线

(6)损坏的扩展。Van der Meer 公式的另外一个优点是可以考虑损坏的扩展，这对于制定维修策略以及兴建防护设施，都是很重要的。S 可以通过改写方程(8-8)直接计算。图 8-12 为 $d_{n50} = 0.25$ m、$\cot\alpha = 2$、$P = 0.6$的块石的损坏—波高关系曲线。这可能是一个防波堤的心墙，施工期间遭受波浪的作用。兴建"和风"季节的防波堤，波浪通常比防波堤的设计波浪低。图 8-12(a)为波浪周期(持续1 000个波浪)对损坏的影响，图 8-12(b)为波浪周期为 6 s 的波浪个数的影响。应当注意，波浪周期为 6 s 造成的损坏比波浪周期为 3 s 或 9 s 更大，这又与跃进碎波与冲涌碎波之间的过渡区有关。波浪个数并不是很重要。用这些数字以及该区域波浪或风的统计值，可以确定损坏的预计值。

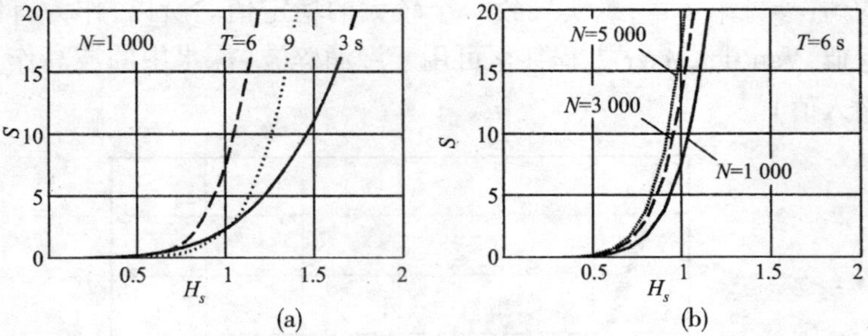

图 8-12　损坏程度与波高、损坏程度与波浪周期、损坏程度与暴雨历时关系曲线

实例：一座堤防必须用块石加以保护，其坡比为 1∶3，设计波浪 $H_s = 1.9$ m，根据平均波浪周期计算的波浪陡度 $s_m = 0.04$，需要什么等级的块石？

从 Van der Meer 方程入手。对于堤防护坡，在式(8-8)中，$P = 0.1$。假设7 000 个波浪($N = 7\ 000$)、$S = 2$(仅有少许损坏)。拍岸波相似参数 $\zeta = 0.33/0.2 = 1.7$。跃进碎波与冲涌碎波之间的过渡(方程(8-8))：$\zeta_{过渡} = (6.2 \times 0.1^{0.31} \times \sqrt{0.33})^{1/(0.1+0.5)} = 2.5$。因此，必须采用方程的跃进碎波部分，这样就得到 $H_s/\Delta d_{n50} =$

$6.2 \times 0.1^{0.18} \times (2/\sqrt{7\ 000})^{0.2} \times \zeta^{-0.5} = 1.5$。用 $\Delta = 1.6$ 得 $d_{n50} = 0.8$ m,即块石等级为 1 000 ~3 000 kg。

利用 Hudson 方程已经求出:$H_s/\Delta d_{n50} = (3.5 \times 3)^{0.33} = 2.2$,$d_{n50} = 0.55$即块石等级为 300 ~1 000 kg,这低估了所需的块石。

(7)缓坡。Hudson 方程与 Van der Meer 方程是基于坡比为 1:1.5 ~1:6的实验结果得出的。确实存在用块石保护的特缓坡($\cot\alpha \geqslant 10$),如海滩上被保护的管线出口处。在那种情况下,破碎类型不再是跃进碎波而是漫涌碎波。Schiereck 等于 1996 年对这种情况进行了一些研究,发现结果比 Van der Meer 方程所显示的更为有利,参见图 8-13。在漫涌碎波中,波能吸收沿斜坡分布非常均匀,参见第 7 章,确实导致一个较大的稳定值。所以,作为首次近似,Van der Meer 方程甚至可用于漫涌碎波(深水中的波高作为输入值)。

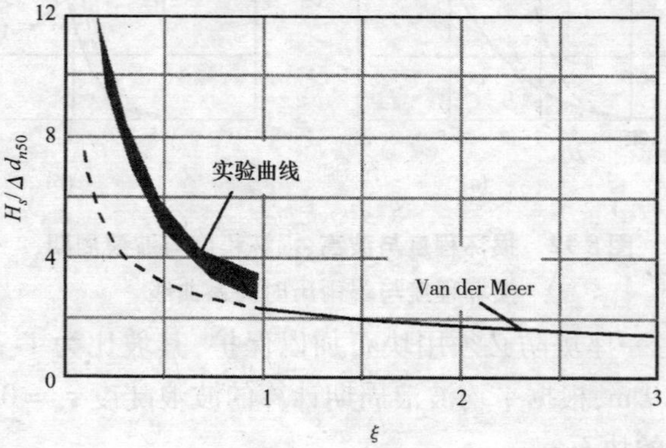

图 8-13 Van der Meer 方程与缓坡实验结果比较

8.3.3 低堤顶

Van der Meer 公式与 Hudson 公式是针对非漫顶斜坡而提出的。

当斜坡被漫顶时，存在一定的波浪传输，参见第 7 章。也就是说，不是所有的能量都消耗在斜坡上，因此护面块石的稳定性将增大。至于静水位以上的堤顶，Van der Meer 求出 d_{n50} 的折减系数：

$$d_{n50}\text{ 的折减系数} = \frac{1}{1.25 - 4.8\dfrac{R_c}{H_s}\sqrt{\dfrac{S_{op}}{2\pi}}} \tag{8-10}$$

式中：R_c 是相对于静水位的堤顶高度，参见图 8-14(a)；S_{op} 是与峰值周期(T_p)有关的波浪陡度(深水)；折减系数的最小值是0.8，最大值是1.0。但是，由于波浪传输，在防波堤的另一侧需要的护面较重，且关键在于总的损坏是否减少(Burger,1995)。低堤的一种解决办法是在两侧采用相同的防护体。关于静水位以下的堤顶，Van der Meer 提出了一个稳定性关系式，该关系式可以改写如下：

$$\frac{H_s}{\Delta d_{n50}} = -7\ln\left(\frac{1}{2.1 + 0.1S}\frac{h_c}{h}\right)\sqrt[3]{S_p} \tag{8-11}$$

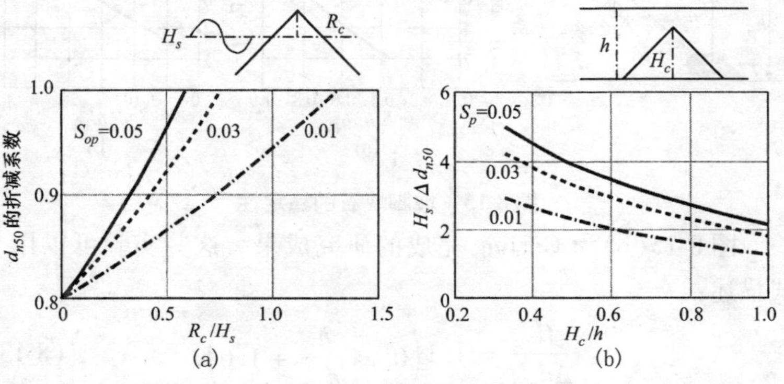

图 8-14　低堤块石的稳定性

方程(8-11)中的 S_p 是局部波浪陡度而不是深水波浪陡度。这些公式是独立建立的，因此使用时应该小心。需要做进一步研究，以便为增加低堤的稳定性建立一个综合关系式。

8.3.4 坡　脚

坡脚的主要作用是支撑斜坡护面层。坡脚的块石常常可以小于护面层中的块石，因为它们受波浪的冲击较轻。波浪在位于深处的坡脚上根本不会破碎。

图 8-15(a)为坡脚稳定性实验结果。图中曲线代表稳定参数与相对坡脚深度的关系：

$$\frac{H_s}{\Delta d_{n50}} = 8.7\left(\frac{h_t}{h_m}\right)^{1.4} \tag{8-12}$$

该方程显示，位于相对较深的坡脚的稳定性增加了。该方程的有效性限于损坏不大($S \approx 2$)、位于相对较深的坡脚($h_t/h_m > 0.4$)。

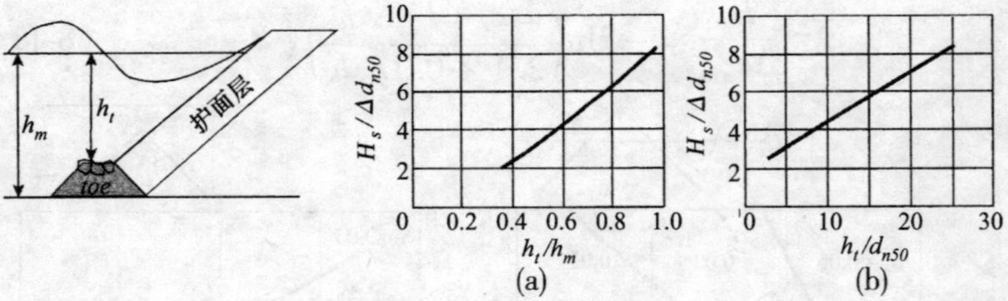

图 8-15　坡脚块石的稳定性

图 8-15(b)为 GerJing 完成的研究成果。这些实验可以用下式描述：

$$\frac{H_s}{\Delta d_{n50}} = 1.1\left(0.24\frac{h_t}{d_{n50}} + 1.6\right) \tag{8-13}$$

在该式中，必须进行迭代计算，因为方程两边都出现了 d_{n50}。无论用这些方程获得的结果如何，护面层中的块石尺寸可以被视为坡脚结构物的最大块石尺寸。

所有这些实验都是针对边坡比较陡的防波堤而作。直立墙的坡脚位于驻波腹点处，在此处，理论上只有压力波动。较宽的坡脚可以延伸到流速最大的节点处。对于非破碎波,建议采用修正 Shields 曲线图的方法(见第8.3.1节)。

8.3.5 头 部

防波堤或海岸丁坝的头部通常是此类建筑物首当其冲的部位,没有系统的实验结果。海岸防护手册(SPM,1984)建议,兴建头部时用的块石比堤身的块石重1倍,换句话说,头部坡比应比堤身坡比缓2倍。

8.4 黏性材料的稳定性

8.4.1 干砌块体护坡

在护坡中,尤其是海岸堤防,干砌块体(主要由混凝土制成)极为重要。过去20年中,在荷兰所做的大多数研究是针对斜坡上的干砌块体在波浪冲击下的稳定性。因此,下面将较详细地探讨这种构造类型。干砌块体可以有很多形状,其结合各不相同,块体可以是铰接的、用钢索或土工织物连接的,或互锁的。形状的另一种变化可能是把块体的临水面设计成能减小波浪爬高,但是对于本章这种变化不是非常重要。图8-16(a)为一些实例。块体与基土之间的过渡是另外一个变量。图8-16(b)示出了一些可能性(可以有其他很多组合)。当块体在高度上不完全相等时,必须设一层嵌块体的垫层以修正这种高度差,可以采用像玄武岩这样的天然材料。有时把垫层与反滤层相结合,有时把块体直接铺在黏土层上,这就要求很高的施工质量标准,因为表面的不规则性会降低护坡强度。

8.4.1.1 稳定机理

从第8.2节已经知道了加载现象的特征长度与渗漏长度为同

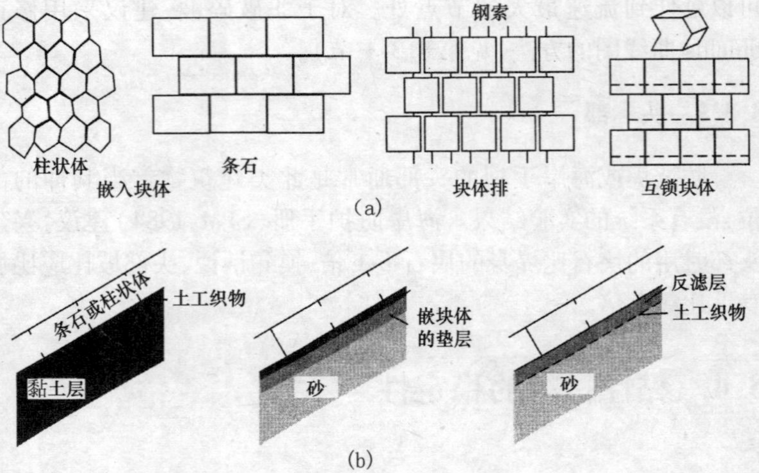

图 8-16　护坡的块体类型与反滤层

一数量级：$L \approx \Lambda$。对于松散粒料与沥青，数量级则完全不同，外部与内部压力之间的关系变得十分简单。当 $L \approx \Lambda$ 时，情况更为复杂，为了探索干砌块石稳定的秘密，已经花了许多人力与物力。图 8-17 为一个波浪周期内在干砌块石稳定中起作用的一些现象。根据实验和计算结果可以推断，在此过程中以现象 b 和现象 c 为主。实际上，块石上和块石下的波浪作用是分不开的，因此必须考虑渗流现象。

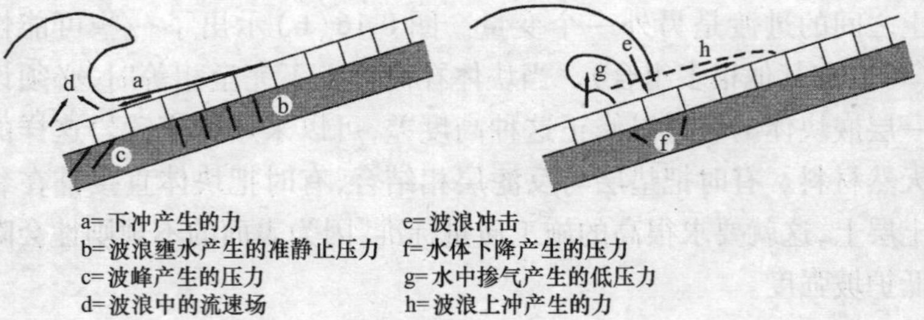

图 8-17　块石护坡的可能加载机理

图 8-18(a)为决定最大下冲的力:在波浪前,作用在块石上的压力很小,而作用在块石下的压力很大,原因是:①传播波在反滤层中产生了水压力;②斜坡内地下水位比较高。这就在块石上产生了扬压力。

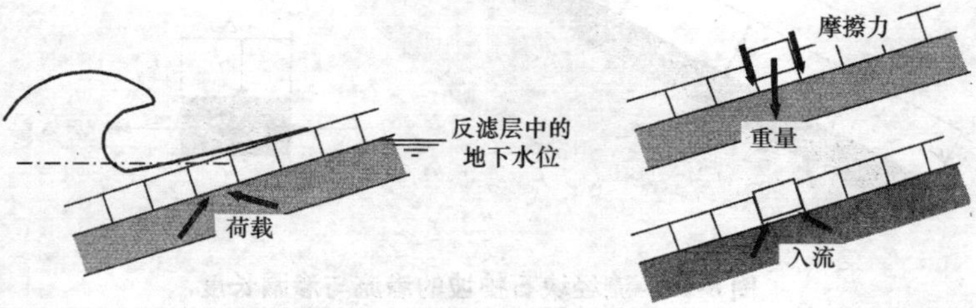

(a) 荷载　　(b) 强度

图 8-18　块石护坡的荷载与强度

块石是否被推出取决于护坡强度,其中两种因素起着重要作用:首先是块石的结合,在干砌块石情况下,它是砌石之间的摩擦力,更重要的是稍后将探讨的卡固现象。其次是流向砌石的水流,此时砌石被水流推出。在反滤层渗透系数较小的情况下,块石被吸引到斜坡上,因为只有极少的水能够流入新形成的孔中,导致块石下的压力突然减小(见图 8-18(b))。下面将更详细地讨论荷载与强度。

8.4.1.2　荷　载

对于扬压力的大小,顶层与反滤层渗透系数之间的关系(用渗漏长度 Λ 表示)极为重要(参见第 8.2 节)。为了论证渗透性的相对重要性,再次对护坡中的渗流进行简化:流经反滤层的渗流假定与斜坡平行,而流经顶层的渗流假定与斜坡垂直(x 是沿斜坡的坐标,见图 8-19)。

反滤层中的渗流可以表示为:

$$v_F = -k_F \frac{d\varphi_F}{dx} \tag{8-14}$$

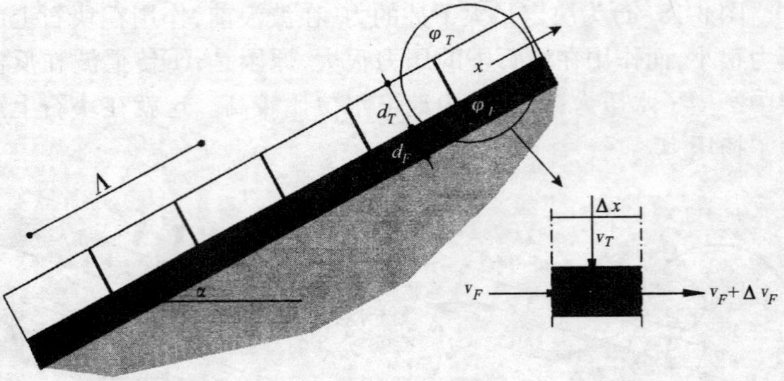

图 8-19　流经块石护坡的渗流与渗漏长度

流经顶层的渗流：

$$v_T = k_T \frac{\varphi_F - \varphi_T}{d_T} \tag{8-15}$$

根据连续性，$\Delta v_F \times d_F = v_T \cdot \Delta x$（图 8-19），所以 $v_T \approx d_F \times \mathrm{d}v_F/\mathrm{d}x$，从而得：

$$\frac{\mathrm{d}^2\varphi_F}{\mathrm{d}x^2} = \frac{-k_F(\varphi_F - \varphi_T)}{k_T d_T d_F} = -\frac{(\varphi_F - \varphi_T)}{\Lambda^2} \rightarrow$$

$$\varphi_F - \varphi_T = -\Lambda^2 \frac{\mathrm{d}^2\varphi_F}{\mathrm{d}x^2} \tag{8-16}$$

式中：φ_T 和 φ_F 是顶层上和反滤层中的测压管水头（$\varphi = p/\rho g + z$），k_T 和 k_F 是顶层和反滤层的渗透系数，而 d_T 和 d_F 分别是顶层与反滤层的厚度。由此可见，顶层上下侧的水头差直接取决于方程(8-3)中定义的 Λ。相对较厚及相对透水反滤层和/或相对较厚及相对不透水顶层，其 Λ 较大，从而，顶层上下侧的水头差较大。

如果边界条件高度概化，而且假设反滤层中的渗流为层流（或更确切地说：速度与压力之间的关系假定为线性的），该方程可以解析求解。Λ 很大对于块石的稳定不利，很明显，一个透水顶层与一个“不透水”反滤层是最稳定的结构。即反滤层应尽可能的薄！

8.4.1.3 强 度

克服扬压力的第一个要素当然是重量，其次是块石之间的摩擦力，图 8-20（a）为干砌块石护坡中另外一种可能的重要机理（Suiker，1995）。当块石被下面的压力向上抬升时，由于摩擦力的作用，它也会将其他块石抬升。由于块石几何形状的原因，这将在块石中产生很大的法向力，而这种法向力又传递到其他块石上，最后传递到某一边界建筑物上。

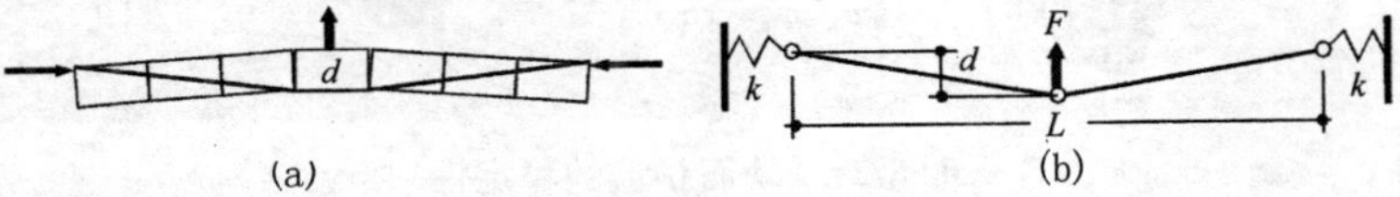

图 8-20 卡固机理

当两根梁被铰接到弹簧支座上、两墙之间的距离略微小于两梁的总长度时，也是这种机理（见图 8-20（b））。从结构力学可以知道，最大的力 F 将为：

$$F_{最大} = \frac{16}{9}\sqrt{3}\,\frac{kd^3}{L^2} \tag{8-17}$$

当块石被抬高而两块石之间有一点或没有余地时，就会产生这种力。当块石之间存在槽缝时，卡固作用就不会大。块石应尽可能相互靠近铺砌，但槽缝却总是会永远存在的。在式(8-17)中，可以发现块石护坡的强度比块石本身的重量高几倍，但是所得到的强度取决于槽宽与假定的 k 值，因为它们都是不确定的。

8.4.1.4 稳定性

块石两侧的水头差系由波浪回落引起，参见第 7 章。

图 8-21 为沿斜坡的压力，最不利的块石位于波峰之正前方。当采用第 7 章中的回落表达式，且强度只是块石本身的重量时，其稳定性由下式求出：

$$(\rho_m - \rho_w) gd\cos\alpha - \rho_w g0.33\xi H_s = 0 \rightarrow \frac{H_s}{\Delta d} = 3\frac{\cos\alpha}{\xi} \tag{8-18}$$

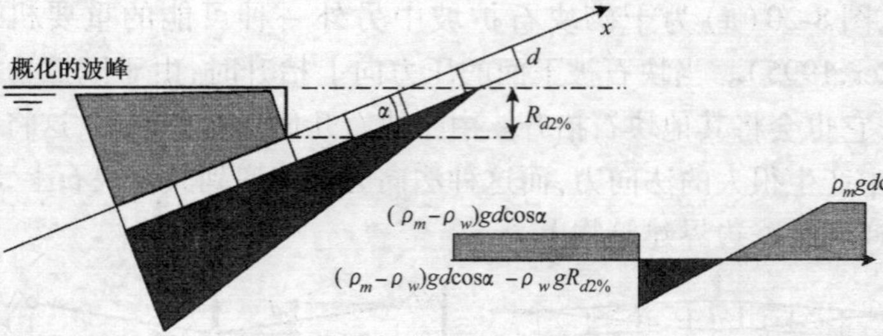

图 8-21　块石护坡的稳定性

当然，方程(8-18)中的常数 3 只是一个初估值。Λ 将影响荷载，而摩擦力与卡固力则将影响强度。

8.4.1.5　结　果

很显然，如此多的假设和因素，在所有有关参数之间的关系中，要想得出胜过比例常数的关系是不可能的。业已发现：

$$\frac{H_s}{\Delta d} \propto \left(\frac{d}{\Lambda\xi_P}\right)^{0.67} \tag{8-19}$$

为确定各种结构类型的比例常数，进行了各种实验，得到图 8-22(a)中所示的曲线，这些曲线可以用做稳定指标。从式(8-19)和图 8-22 中可以看出：

(1)用式(8-18)进行简单的稳定计算太保守，但得出的趋势与式(8-19)得出的相似；

(2)Λ 愈大，$H_s/\Delta d$ 愈小，与方程(8-16)所得结果一致，后者大 Λ 得出一个大水头差($\varphi_F-\varphi_T$)，因而稳定性差；

(3)对于 ξ 规律相同，它与针对松散块得出的趋势相同(见式(8-8)和图 8-22(b))；

(4)d 在该方程中起着复杂的作用，它是 Λ 的一部分，表明顶

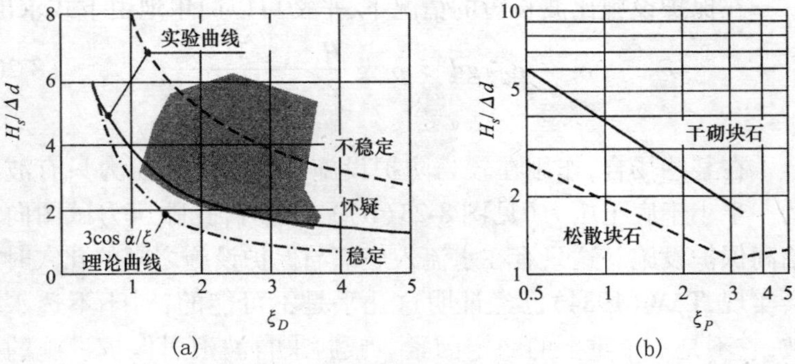

图 8-22　反滤层上干砌块石的实验结果以及与松散块石的比较

层越厚水头差越大(方程(8-16)),这是不利的。但是顶层厚也意味着重量更重,因而强度更大。假定方程(8-19)中的所有其他参数不变,则 $H \propto d^{4/3}$,所以,总的说来,顶层厚对稳定性有利。

在本书中,没有对各种块体的结合(铺砌的、互锁的等)和过渡层(反滤层、土工织物、直接铺在黏土层上等)加以区分。与乱石相比,干砌块石看起来更优,甚至可以获得比图 8-22 中所示的曲线更好的结果。但是,在很大程度上取决于施工期间及以后的质量管理。透水顶层是有利的,但是由于淤泥、植被和蜕壳的堵塞,它可能变成不透水。我们也已经知道一个薄而"不透水的"反滤层形成较稳定的情况。这就是为什么从理论角度看直接将块石铺在黏土层上是很有吸引力的。但是,一切均取决于施工质量。施工以后,黏土中的生物活动也可能会对稳定性产生不利影响。

8.4.2　不透水层

8.4.2.1　扬压力

不透水层可由沥青或混凝土构成。与块石的差别是,保护设施形成了一个整体而不是一些离散的单元,而且波动的波浪压力只能穿透离保护设施边缘有限的距离。通常不设反滤层。

在保护设施比波长短的情况下，平衡可以简单地由下式求出：

$$(\rho_m - \rho_w)gd > \rho_w g \frac{H}{2} \frac{1}{\cosh\left(\frac{2\pi}{L}h\right)} \tag{8-20}$$

在某些场合，作用在较长防护设施顶部的波浪压力只有波高的一半小于底土压力（见图 8-23(b)）。这时，孔隙压力试图向上抬高保护设施。这只有在水流入底部与保护设施之间的孔穴时才会实现，TAW(1984)已经证明这几乎是不可能的，对于不透水护坡，它不是一个重要的稳定因素。威胁来自波浪对保护设施的冲击和水位差引起的渗流（见第 5 章）。

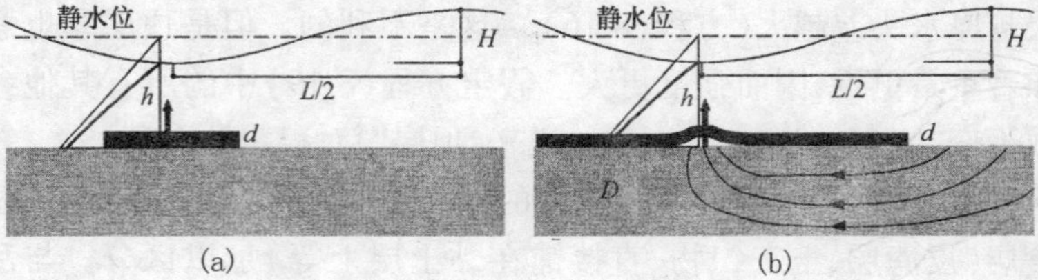

图 8-23　波浪作用下的不透水层

8.4.2.2　波浪冲击

第 7 章讨论了波浪冲击与周期性准静压力相比较的特点。这些冲击在材料中引起的应力不应超过破坏应力（见图 8-24）。

尤其是，不透水层的响应取决于不透水层与底土的刚度。保护层（沥青或混凝土）的弹性模量为 E(Pa)，底土的刚度为 c(Pa/m)。波浪冲击在保护层中产生的应力为 σ。软底土上的刚性层中引起的应力最大。所以，当预计会出现波浪冲击时，在软黏土上设混凝土护层是很不明智的选择。

为了计算应力，将荷载和响应机理概化为减震弹簧系统，得出的应力计算公式为：

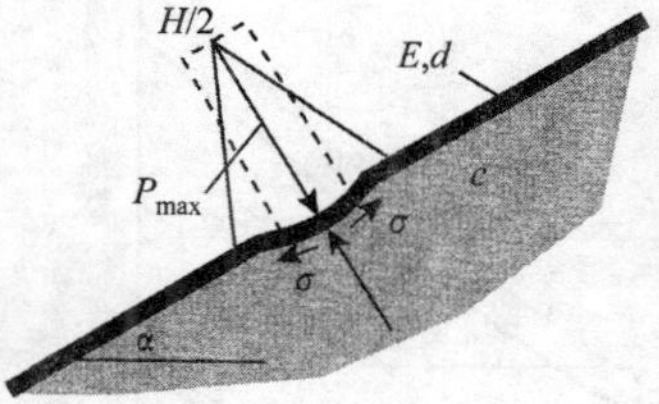

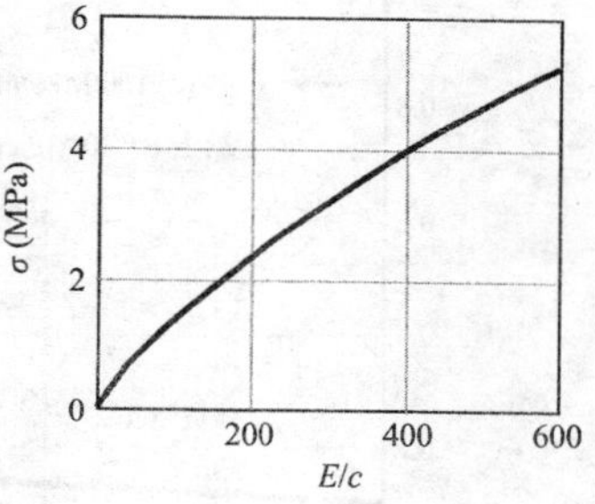

图 8-24　波浪对斜坡的冲击以及材料性质的影响

$$\sigma = \frac{3P_{\max}}{\beta^3 H d^2}\left[1 - \exp\left(\frac{-\beta H}{2}\right)\left(\cos\frac{\beta H}{2} + \sin\frac{\beta H}{2}\right)\right]$$

$$\beta = \sqrt[4]{\frac{2.65c}{Ed^3}} \tag{8-21}$$

式中：$P_{\max}$是第 7.4.3 节中提到的波浪压力值；H 是单个波高。疲劳在临界应力 σ_c 中起着重要作用。与一次性荷载相比，σ_c 可以低 9% ~50%，d 必须根据式(8-21)迭代计算求出，且须用电脑完成。图 8-25 为暴雨持续 10 ~20 h、波浪冲击时压实砂土(c = 100 MPa/m)和黏土上(c = 30 MPa/m)的沥青混凝土(E = 10 GPa)的结果。

该图表明，对于缓砂坡(<1∶3)，沥青混凝土保护设施的厚度较薄(<0.2 m)，甚至对于很高的波浪也如此。此时，内部地下水位高引起的准静水压力决定了防护层的厚度(见第 5 章)。但是，在黏土层上，抗波浪冲击须采用厚防护层。

8.4.2.3　反滤层

不透水保护层，因为是砂密的，在其下不必设置反滤层。作为一个整体的稳定性，防护层也不需要设置反滤层。如果顶层不透水，渗漏长度 Λ 已经是无穷长，设反滤层不能使情况好转。当防

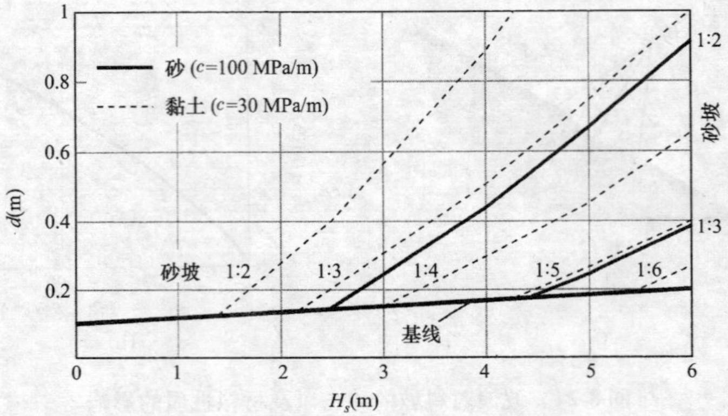

图 8-25 砂层或黏土层上沥青混凝土所需的厚度

护层重量小于波浪超压时,防护层的强度必须考虑平衡,这种情况与图 8-23(b)中的情况相似。反滤层可以用于排水,使防护层免受斜坡内高地下水位引起的超压的作用(见图 8-26)。反滤层对压力的影响必须用渗流模型加以确定(见第 5 章)。

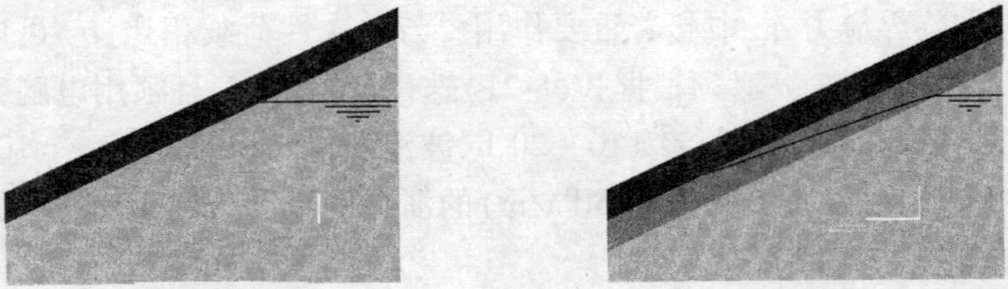

(a) 无反滤层　　(b) 有反滤层

图 8-26 不透水层下的反滤层对地下水位的影响

8.5 小 结

本章首先介绍了无保护斜坡和直立墙底部冲刷的一些简单公式。

本章的主要内容是波浪中的稳定性。只要考虑波浪以下增加的剪应力，水流情况的大多数方程似乎也可以适用于非破碎波。在破碎波情况下，只能使用经验公式，如 Hudson 公式：

$$M = \frac{\rho_s H_{sc}^3}{K_D \Delta^3 \cot\alpha} \left(或 \frac{H_{sc}}{\Delta d} = \sqrt[3]{K_D \cot\alpha} \right)$$

或 Van der Meer 公式：

$$\frac{H_{sc}}{\Delta d} = 6.2 P^{0.18} \left(\frac{S_d}{\sqrt{N}} \right)^{0.2} \xi^{-0.5} （跃进碎波）$$

$$\frac{H_{sc}}{\Delta d} = 1.0 P^{-0.13} \left(\frac{S_d}{\sqrt{N}} \right)^{0.2} \xi^{P} \sqrt{\cot\alpha} （冲涌碎波）$$

后者更优，因为包括了更多的参数。斜坡的透水性是这两个公式之间最重要的差别之一。用 Van der Meer 公式还可以计算损坏—波浪参数关系曲线。应当注意：下标 c 表示稳定参数 H_{sc}/d_{n50} 中的“临界”值，因此区分了稳定参数与可动参数，但是以后没有采用。

破碎波中稳定参数 $H_{sc}/\Delta d_{n50}$ 的典型值，对于陡而连续的斜坡约为 2，对于缓坡则大于 2。对于坡脚，该值也可能更大，视坡脚的相对深度而定。低堤顶可以使稳定参数加大，而在坝头或防波堤头需采用堤（或坝）身所算出的质量的 2 倍。

说明了干砌块石护坡的机理，并介绍了一个稳定性的经验公式。总之，与松散块石相比，优质的块石护坡可以经受得住更大的波浪荷载。其稳定参数 $H_{sc}/\Delta d_{n50}$ 的典型值大约为松散块石典型值的1.5～2 倍。

波浪通常不能将一定尺寸的不透水层护坡托起。波浪冲击可能影响不透水层的厚度。除了排水以消除潮汐或涌波引起的超压外，不需要设置反滤层。

第9章　尺　度

9.1　概　述

前几章讲述了荷载与强度间的许多关系，本章则着重讨论在自然界所遇到的各种荷载的变化以及建筑物的强度（它也是变化的）等。因此，随着时间的推移，为了保持建筑物的强度，对其进行维护和维修很重要。

由于磨损、撕裂、侵蚀或疲劳，建筑物强度会下降。荷载具有随机特性，因而当荷载在某一时刻超过建筑物的强度，就有可能导致建筑物坍塌、开裂或失事。这也说明：很坚固的建筑物失事的风险小，但建设费用昂贵，不够坚固的建筑物建设费用较低，但失事风险高。其间存在一个优化问题。尽管这个道理简单明了，却难以将其量化为适用的数字。

失事风险用公式表达为：

$$\text{风险} = \text{概率} \times \text{后果} \tag{9-1}$$

其中概率（介于 0 ~ 1 之间的数字）可表示为年概率，后果可表示为金钱损失和或生命损失，因此风险的单位为年损失。为使风险低到可接受，后果严重的事件发生的概率应当小，后果与失事分析极限状态的选取有关。正如第 1 章中所讲到的，把极限状态区分为正常使用极限状态（Serviceability Limit State，SLS）和最终极限状态（Ultimate Limit State，ULS）。ULS 定义为垮塌或建筑物的整体变形已使其不能再发挥主要功能，通常它与极限载荷条件有关，SLS 定义为建筑物局部或暂时失稳状态。以一个港口为例，SLS

表示防波浪保护设施处于这种状态将使货物转运不再可能，ULS则可能是防波堤垮塌。Vrijling 等(1992)认为，SLS 可视为在持续荷载下强度降低。依照公式(9-1)，很明显，到达 ULS 的概率比到达 SLS 的概率要低得多。对于港口，达到 SLS 的概率 $p_{SLS}=1/a$，达到 ULS 的概率 $p_{ULS}=0.01/a$。

然而，在很多情形下，强度和荷载的概率分布特性是靠“工程判断”来敲定的，经验、常识、直觉的奇妙融合，往往导致保留一定的安全裕度。设计者必须预测失事的后果。所以，探讨破坏机理很重要。

9.2 概率论

9.2.1 导 言

把一个建筑物建得十分坚固以致决不会破坏，那是不可能的，也是不经济的。工程师的任务是设计出具有可接受的失事风险的建筑物。就荷载和强度而言，这意味着荷载超过强度的概率应低于一定的数值。这个数值取决于后果，见公式(9-1)。可以将荷载和强度用极限状态函数 Z 表示：

$$\begin{aligned} Z &= \text{强度} - \text{荷载} = R - S \\ &= R(x_1, x_2, \cdots, x_m) - S(x_{m+1}, \cdots, x_n) \end{aligned} \tag{9-2}$$

式中：R 是强度；S 是荷载；$x_1, \cdots, x_m, \cdots, x_n$ 代表强度和荷载所涉及的所有变量，例如浪高、波浪周期、块石直径、坡角等。S 作为一个荷载而不是强度的符号似乎不合常理，但这是按照国际标准。R 和 S 是取法文对应单词 Résistance 和 Sollicitation 的首字母。本章仍然遵从国际标准，尽管初看有些混淆。

图 9-1 为荷载和强度的概率密度分布（分别为 P_S 和 P_R）。当 $R=S(Z=0)$，建筑物（或建筑物的一部分，取决于 Z 的范围）到达

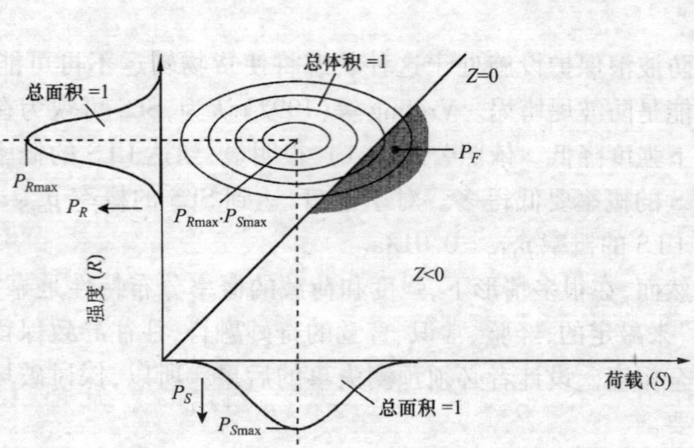

图 9-1　概率山

用Z定义的极限状态。概率分布的三维表示最合适，理论上，对于一个具体的荷载 S，就有一个 $R<S$ 区域，换句话说，对于一个具体的强度 R，就有一个 $S>R$ 区域。因此，$Z<0$ 概率的集合就是失事总概率 P_F。P_F 是“概率山”（图 9-1 中画出其等高线）$Z<0$ 部位的体积，可将其表示为：

$$P_F = P(Z < 0) = \iint\limits_{Z(x)<0} \cdots \int p_{\underline{x}}(x)\,\mathrm{d}x_1 \cdots \mathrm{d}x_n \qquad (9\text{-}3)$$

式中，$x_1 \cdots x_n$ 仍然代表所涉及的各种参数。每个参数又有各自的概率分布，这就使得 P_F 的计算十分复杂，工作量大。寻求各个参数可靠的概率分布函数同样也是一个困难且耗时的过程。

可将概率设计方法分为 4 个等级：

(1) Ⅲ级：完全概率法。P_F 由公式(9-3)的概率函数的数值积分或由随机抽取这些函数的实现过程（“蒙特卡罗”法）来确定，参见第9.2.3节。

(2) Ⅱ级：近似概率法。P_F 借助函数的简化来逼近，见第9.2.4节。

(3) Ⅰ级：二维概率法。对于荷载和强度中涉及的各个参数，采用部分安全系数，例如由Ⅱ级计算得出的安全系数，见第9.2.5节。

(4)0级：决定性方法。根据经验和/或直觉采用最大荷载和最小强度，得出一个总安全系数。很明显，这根本不是概率法。总安全系数 γ，一般来说与安全无关，图9-2中，两种情形的 γ 相同，但 P_F 却完全不同。相差较大时，工程取较大的 γ。

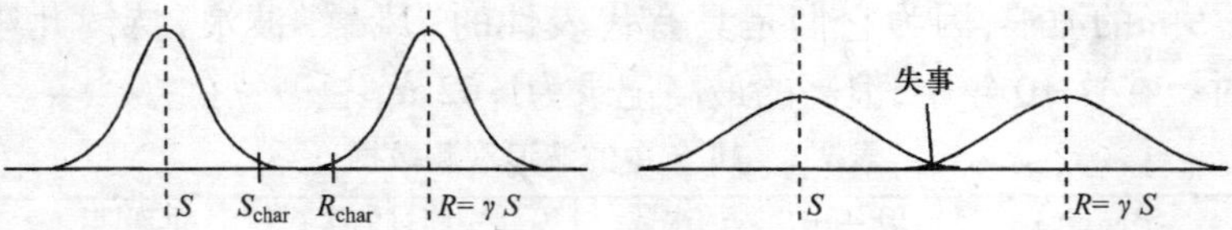

图9-2　概率分布不同的相同的总安全系数

另一种方法就是采用荷载和强度的特征值，非常极端的值，出现的概率很小，见图9-2。但即便这样，如果这些极端值的概率分布不知道，γ 的真实意义依然不确定。

9.2.2　4种方法的比较

以图9-3为例，来解释传统决定性方法和各种级别的概率方法在使用上的差异。一座建筑物坐落在海滨附近，用块石护坡保护，护坡够高，设了反滤层和护脚。

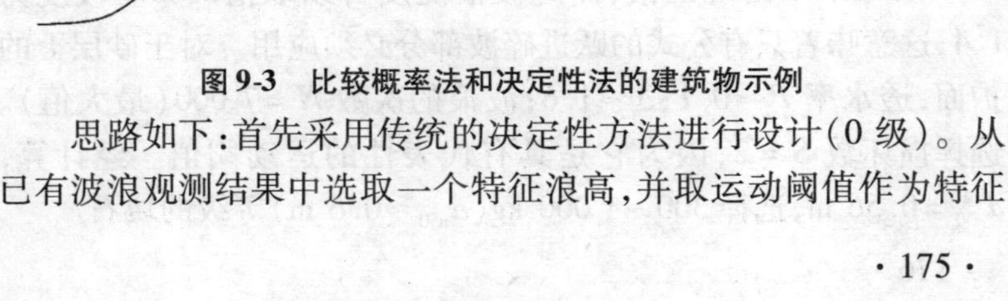

图9-3　比较概率法和决定性法的建筑物示例

思路如下：首先采用传统的决定性方法进行设计（0级）。从已有波浪观测结果中选取一个特征浪高，并取运动阈值作为特征强度,再用完全概率法(Ⅲ级)来展示较现实的方法是什么。其次,示出Ⅱ级和Ⅰ级的计算结果以说明这些方法的优点。最后,利用概率性方法的计算结果,重新应用0级决定性方法进行计算,来说明常识总是有益的。这个例子很简单,只是作为一个教育工具,不是作为实际应用。

表9-1为现有10年的波浪观测数据。只考虑了浪高大于0.5 m的波浪,因为它们是具有代表性的“风暴”波浪,持续几小时。在这10年中,浪高的最高记录为1.62 m。

表9-1　10年中的波浪观测数据

浪高(m)	10年中出现的次数	10年中超过的次数	重现期(a)
0.51~0.6	48	98	0.1
0.61~0.7	29	50	0.2
0.71~0.8	21		
0.81~0.9	6	20	0.5
0.91~1.0	4		
1.01~1.1	3	10	1
1.11~1.2	2		
1.21~1.3	2	5	2
1.31~1.4	1		
1.41~1.5	1	2	5
1.51~1.6	0		
1.61~1.7	1	1	10

决定性方法:根据记载的最大浪高,用Van der Meer公式计算顶层块石的尺寸,见第8章:

$$d_{n50}=\frac{H_{sc}\,\xi^{0.5}}{\Delta 6.2P^{0.18}\left(\dfrac{S}{\sqrt{N}}\right)^{0.2}}\tag{9-4}$$

该海岸未出现巨浪,因此波浪陡度可以取值0.05。坡度为1:4,这意味着只有公式的跃进碎波部分必须应用。对于砂层上的护面,透水率$P\approx0.1$;$\Delta\approx1.6$;波浪的次数$N=7\ 000$(最大值)。选择损坏数$S=2$,因为它是具有代表性的运动阈值。经计算,$d_{n50}=0.56$ m,选择300~1 000 kg($d_{n50}\approx0.6$ m)等级的块石。

可将其视为一个典型的决定性方法的例子。现在应用几种概率法来确定该建筑物的失事风险。

概率计算可用 ETH Zurich 编写的 VaP 程序包(Petschacher, 1994)。在概率法中,必须确定一个极限状态函数。对于本例,可将 Van der Meer 公式改写为:

$$Z = 6.2P^{0.18}\left(\frac{S}{\sqrt{N}}\right)^{0.2}\xi^{-0.5} - \frac{H_{sc}}{\Delta d_{n50}} \tag{9-5}$$

注意,没有必要严格分开强度因子和荷载因子。如果函数 $Z<0$,建筑物破坏。利用决定性方法得出的数值,我们有 $Z=0.15$,略大于零,因为采用了较大的块石(直径为0.6 m而不是0.56 m)。在整个概率计算中,各个参数都使用概率分布。因此,首先要估计出这些分布。根据已有波浪观测数据确定浪高分布,见表 9-1 和图 9-4。

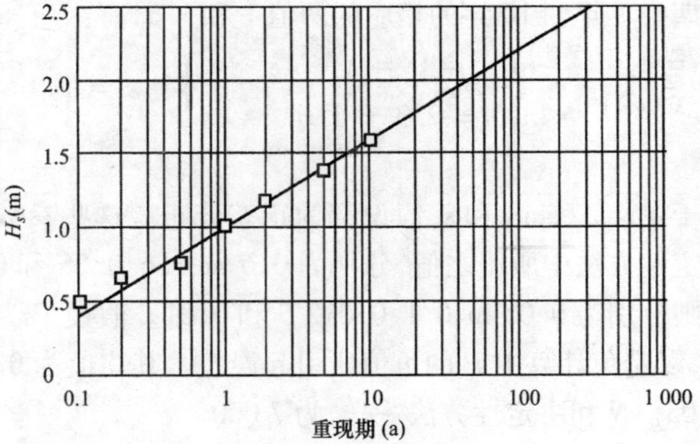

图 9-4　长时间系列浪高分布

在第 7 章,给出了不规则波浪场的波浪统计结果。这样一个波浪场可用其显著浪高 H_s 来表达,而记录中的波高是用瑞利分布来描述的。H_s 代表某一时刻的波浪情况,或者更好代表一个或几个小时的短周期的,而瑞利分布可被视为短期浪高分布。H_s 的所有记录值给出长期分布。这种分布通常也可用韦伯分布(Weibull)来描述,但是往往指数分布能给出合理的结果。图9-4显示的是指数分布,该分布须用数学表达式来表达,以便用做VaP模型的输入。

指数分布的一般表达式为:

$$f(x)=\lambda\exp[-\lambda(x-\varepsilon)]\rightarrow F(x)=1-\exp[-\lambda(x-\varepsilon)]\rightarrow$$

概率　　　　密度　　　　概率　　　　$X<x$

$$[1-F(x)]^{-1}=\exp[\lambda(x-\varepsilon)] \tag{9-6}$$

重现期

注意:该函数仅适用于$x\geqslant\varepsilon$,因为负的概率是不可能的,见公式(9-6)中第2式。

图9-4示出浪高的重现期,所以,参数λ和ε要根据公式(9-6)中第3式求出。这可从图9-4的线上取两个值来求,例如取重现期为1年和10年的相应的两值1和1.6,有:

$$\left.\begin{aligned}1&=e^{\lambda(1-\varepsilon)}\rightarrow \text{In}1=0=\lambda-\lambda\varepsilon\\10&=e^{\lambda(1.6-\varepsilon)}\rightarrow \text{In}10=2.3=1.6\lambda-\lambda\varepsilon\end{aligned}\right\}\rightarrow\varepsilon=1,\lambda=3.83 \tag{9-7}$$

对于d_{n50}、Δ、$\tan\alpha$和s,假设都为正态分布。这些参数的均值等于决定性方法中所用之值,分别为0.6 m、1.6、0.25和0.05,标准方差则分别为0.05 m、0.1、0.012 5和0.01。假设P为对数正态分布,以避免计算中P的负值所引起误差。其均值为0.1,标准差为0.05。N和决定性方法一样,为7 000。

注意:d_{n50}的正态分布不是在一个块石等级范围内的分布曲线(例如筛分曲线),它代表整个块石体的特征直径的偏差。请将波浪记录(H_s)的瑞利分布与其长期分布进行对比。

9.2.3　Ⅲ级

Z的数值积分是Ⅲ级有效方法之一,本书不采用该法。另一种方法是蒙特卡罗法,该法的理论基础相当简单,见图 9-5。对于所有参数,考虑概率分布抽出一个随机数。这意味着概率密度高的数会经常出现。于是在多次抽取后,就会出现一个正态分布的参数直方图,即著名的高斯分布。

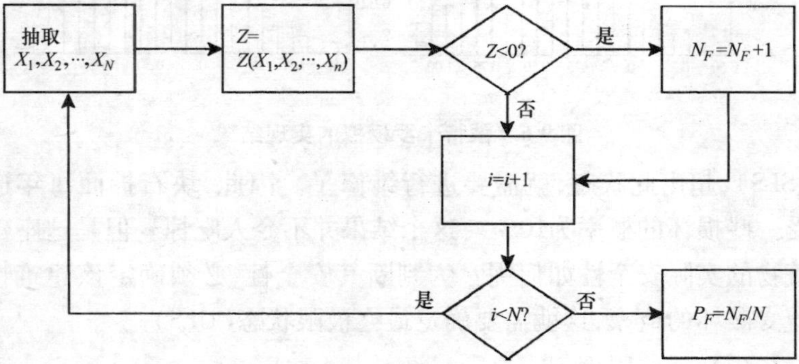

图 9-5　蒙特卡罗法程序

当各个参数都有一个值,就利用公式(9-5)计算出 Z。整个程序重复 N 次,最后,P_F 就是 N_F/N(N_F 为 $Z<0$ 的次数)。程序很简单,但计算要重复很多次,这使应用蒙特卡罗法成了计算机的典型任务。

9.2.3.1　$S=2$ 的计算

图 9-6 是蒙特卡罗法程序在 $S=2$ 时的两种实现结果,P_F 分别为 0.095 和 0.091。抽取次数 N 决定了该方法的准确度。必要的 N 值可初略估计为 $N>400/P_F$,因此一旦确定了 P_F,就要校核 N 值。3 次计算后,均值 $P_F=0.094$,这是每年超过的概率,因为已采用波高作为每年超过的数,见图 9-4。这个值是经得起推敲的,决定性方法中选取的是 1/10 年波浪(1 年中超过该浪高值的概率≈0.1),同时选取了直径稍大的石块($d_{n50}=0.6$ m,而不是 0.56 m)。

在决定性方法中采用 $S=2$,这可被视为正常使用极限状态

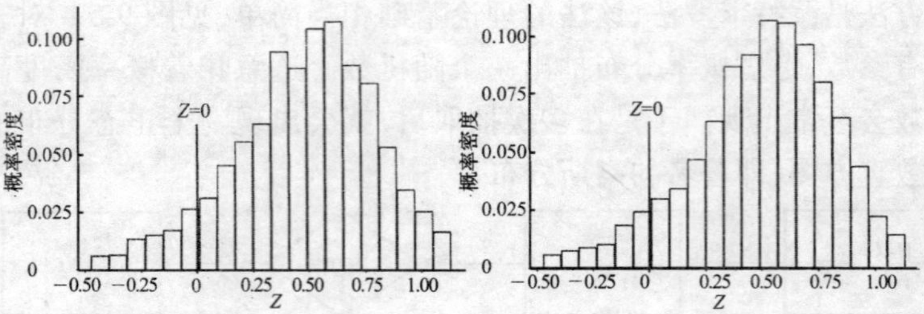

图 9-6 蒙特卡罗模拟的实现结果

(SLS),超出此状态,就需要进行维修了。因此,块石护面每年遭受一些损坏的概率为10%。这个结果并不令人吃惊。但是这座建筑物的实际安全性如何呢?为判断其安全性,必须确定该建筑物遭受破坏的概率,这就需要确定最终极限状态(ULS)。

9.2.3.2　$S=10$ 的计算

简单地用 $S=10$ 近似地表示 ULS,原因如下:$S=10$ 表示顶层护面(厚约 2 倍 d_{n50})已被完全冲走。一旦顶层被冲走,抵御波浪能力差得多的反滤层也会被冲走。在护面之下就只剩下砂层。公式(8-2)给出海岸将被侵蚀多远的概念。在浪高 1.6 m 和细砂的情况下,这个距离大约为 40 m。这意味着会殃及靠近海岸的建筑物。毫无疑问,假设风暴持续数小时是合理的。因此,尽管较粗略,但 $S=10$ 的确可被视为完全失事。

$S=10$ 的蒙特卡罗模拟(其他各参数与上面案例相同),得出 $P_F=0.011$。所以建筑物完全坍塌的概率为 1%/年。这是一个问题吗?建筑物的寿命一般为 50 年,其坍塌概率为:

$$50\text{ 年的 } P_F = 1-(1-P_F/\text{年})\times 50 = 0.42 \qquad (9\text{-}8)$$

因此,在其寿命内建筑被毁坏的概率为 50%。即使是最好的维护措施也不能阻止这个灾难的发生,因为即使防护层完好,一场引起 $S=10$ 的风暴也会摧毁该建筑物。核定投资风险为:

$$R = \sum_{n=1}^{50} P_F D \frac{1}{(1+r)^{50}} = P_F D \frac{1-\left(\frac{1}{1+r}\right)^{50}}{r} \qquad (9\text{-}9)$$

式中：D 为总损失费用；r 为利率。当 $S=10$ 时，设定 D（包含与该建筑物有关的经济活动）为 10×10^6 欧元，r 假定为 5%。核定投资风险为 $0.011\times10\times10^6\times18.25=2\times10^6$ 欧元。

这个进退两难的问题的最终答案必须来自经济考虑。对不同强度的护面进行比较，重点放在费用和风险上。对于所涉及风险，表 9-2 给出了蒙特卡罗法和公式(9-9)的计算结果。

表 9-2　护面所涉及风险的计算结果

防护层(kg)	d_{n50}(m)	1 年的 P_F	50 年的 P_F	风险(10^6 欧元)
60 ~ 300	0.4	0.189	0.999	34.5
300 ~ 1 000	0.6	0.011	0.42	2.0
1 000 ~ 3 000	0.85	0.001	0.049	0.18
3 000 ~ 6 000	1.1	0.000 17	0.008 5	0.03

对不同护面的费用进行比较。同样地，要作一些简单的假设。需要保护该建筑物的岸坡长度假定为 200 m。根据图 9-3，沿岸坡的保护长度：$\sqrt{6^2+24^2}\approx25$ m。取层厚为 $2d_{n50}$。只有顶层的费用是不同的，而且最大块石顶层需设反滤层。修建护面的其他活动（开挖、修坡、反滤层、坡趾保护）费用，对不同护面都假定为 1×10^6欧元。表 9-3 列出了所有费用：

表 9-3　不同护面的费用比较

防护层(kg)	每 m^3 费用(欧元)	方量(m^3)	附加反滤层费用(10^6 欧元)	费用(含反滤层)(10^6 欧元)	护岸总费用(10^6 欧元)
60 ~ 300	20	4 000	0	0.08	1.08
300 ~ 1 000	24	6 000	0	0.14	1.14
1 000 ~ 3 000	30	9 000	0.02	0.27	1.27
3 000 ~ 6 000	36	11 500	0.02	0.42	1.42

总费用差异不大：修建护面的最初费用占主要部分。费用和风险的对比见图 9-7。很明显，选择等级为 1 000 ~ 3 000 kg 的石

块比 300 ~1 000 kg 要理想，风险降低 10 倍，风险很小。另一个解决办法是采用较厚的顶层，在建筑物临危之前，允许 S 值较大。

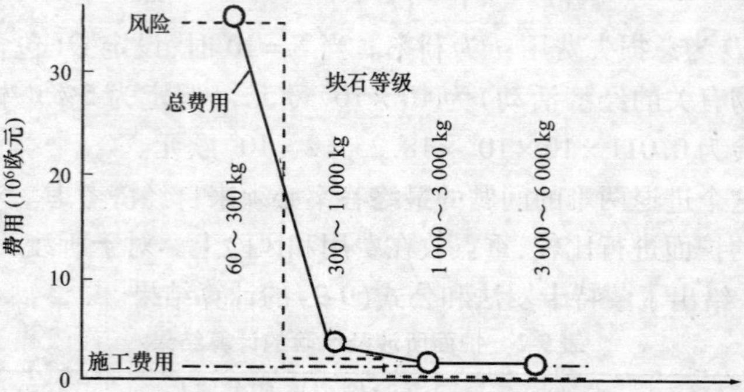

图 9-7　不同顶层的风险和费用

如果没有昂贵建筑物直接位于海岸上，选择结果就大不相同。例如，如果护岸设施仅是防止河道进一步蜿蜒变化，那么费用 - 风险比会完全不同，第 9.2.2 节所介绍的决定性方法是非常合适的(见第9.2.6节的评估)。

9.2.4　Ⅱ级

Ⅱ级概率法是对所谓“设计点”附近曲线直线化的失事概率的各种近似解法的总称。极限状态函数 Z 和构成该函数的各变量一样，也用正态分布描述。这意味着一个参数的非正态分布用正态分布来取代，设计点与原概率函数有相同的值和坡度。最后，失事概率根据正态分布的 Z 函数的特性 μ_z 和 σ_z 通过 β 来确定，见图 9-8。

$$\beta = \frac{\mu_z}{\sigma_z} \tag{9-10}$$

失事概率 P_F 和 β 在正态分布中是直接相关的，对应值可在正态分布标准计算表中查出。因此，如果 β 能从已知的参数分布得

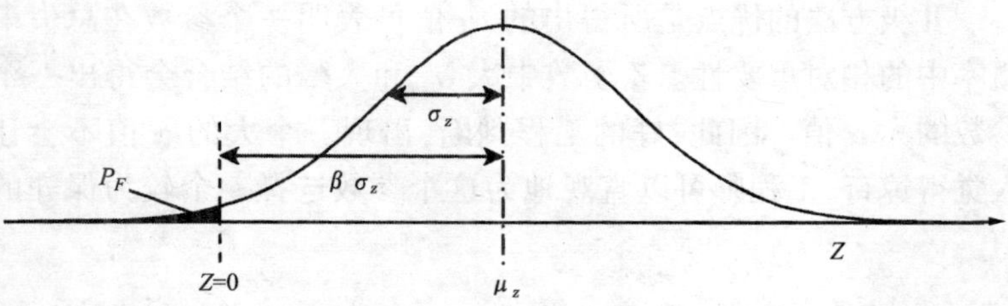

图 9-8　Ⅱ级法的失事概率

出,也能得出 P_F。

"设计点"是线 $Z=0$ 上的点,这里荷载和强度的组合概率密度为最大值。当建筑物失事时,荷载和强度之值可能位于设计点的邻域。一个参数的均值和其设计值间的差值是它相对于σ_z,从而相对于建筑物失事概率的重要性指标。对于每个参数,这种重要性用 α_i 表示。

原 Z 函数(方程(9-5))的 VaP 结果见表 9-4。

表 9-4　原 Z 函数的 VaP 结果

$\beta=2.33, P_F=0.0099$			
参数	α 值	α 值的平方	设计值(m)
H_s	0.90	0.81	2.054
d_{n50}	−0.24	0.06	0.571
P	−0.25	0.06	0.068
Δ	−0.18	0.03	1.557
$\tan\alpha$	0.07	0.01	0.252
S	−0.15	0.02	0.046
$\Sigma=1$			

浪高变化对失事概率的影响显然起着主导作用。荷载变化比强度变化的影响更大。

对比Ⅱ级分析的失事概率与 9.2.3 节蒙特卡罗法的计算结果,可以对Ⅱ级方法的可靠性有一个总的概念。蒙特卡罗法得出 $P_F\approx0.011$,而Ⅱ级法得出 $P_F\approx0.01$。10% 的差异是可以接受的,因为这种计算只能用来获得失事概率的指标。

Ⅱ级方法的优点是所得出的 α_i 值可表明一个参数在总失事概率中的相对重要性。Z 函数中大 σ_i 和大幂的结合会得出一个参数的大 α 值。因此,好的工程判断,出现一个大的 α 值不会让人觉得惊奇,工程师可以直观地为这个参数选择一个较为保守的值。

9.2.5 Ⅰ级

Ⅰ级方法并未给上述方法增添什么新东西。实际上它是一种较高级别方法的应用,特别是Ⅱ级方法。该方法需要为每个参数确定一个设计值和一个安全系数。安全系数根据Ⅱ级计算结果 α 值和 β 值计算得出。β 值代表了所需的安全度,α 值则代表每个参数的相对重要性。每个参数的安全系数为:

$$\gamma_i = \frac{\mu_i - \alpha_i \beta \sigma_i}{\mu_i} \tag{9-11}$$

α 值对于荷载为负值,对于强度为正值,当在两种情况中用做乘数时,导致对于荷载 $\gamma > 1$,对于强度 $\gamma < 1$。还可能有其他的定义,在文献中可以找到。公式(9-11)中的安全系数根据均值来确定。如果使用其他特征值,安全系数相应改变。这种方法可视为前节提到的工程判断的应用。

9.2.6 评 价

在第 9.2.2 节中,我们从决定性方法开始,并把所得结果与各种级别的概率法的结果进行比较。决定性方法在一定荷载下(例子中为浪高)得出一定的强度(例子中为所需的块石级别)。概率法在已知荷载分布和强度分布的条件下,得出失事概率。因此,概率法并不直接给出建筑物的尺寸。假定一个可接受的失事概率,建筑物的尺寸必须通过叠代计算来确定。

第 9.2.3 节的风险分析表明,建筑物靠近海岸线,决定性方法得出一个不可接受的高风险。不采用先进的概率模型能防止这种高风险吗?

决定性方法是基于10年一遇的浪高和低损坏水平 $S=2$。根据风险分析,很清楚真正的问题是建筑物具有一个可接受的低失事概率,相当于 $S=10$。把修建护面的费用(约为0.5百万∈)同建筑物毁坏费用(约为5百万∈)作比较。建筑物在50年使用寿命内的失事概率应低于10%,比如说5%。处理该问题的一个简便公式就是泊松方程,它是方程(9-8)的简化:

$$P = 1 - \exp(-fT) \tag{9-12}$$

式中:P 为在期限 T 内事件出现一次或多次的概率;T 为考虑的期限,以年计;f 为1年内事件发生的平均频率。

当 $P=0.05$,$T=50$ 年时,$f=1/1\ 000$。换句话说,应采用重现期为1 000年的浪高。从图9-4可以发现 $H_s \approx 2.8$ m。在公式(9-4)中令 $S=10$,得 $d_{n50} \approx 0.7$ m,相应的块石等级为1 000~3 000 kg,而非300~1 000 kg。同样程序也可用于维护。在那种情况下,10%的事故概率(SLS)(换句话说,需要维护)是合理的。这将导致与第9.2.2节(曾经采用10年一遇的浪高和 $S=2$)所进行的决定性方法计算相同。然而,在这种情况下,ULS占主导。在海岸上没有昂贵建筑物的情况下,维护是唯一准则。

泊松方程(9-12)与常识相结合可以被视为半概率方法,在初步设计中,它是一个非常有用的工具。

当然,为确定一座复杂、重要建筑物的尺寸,例如为保护一个面积大、人口稠密区域修建挡风暴潮的设施,概率法是一个重要的设计工具。因为总是首先用决定性方法进行计算,然后才能对已知的建筑物用概率法计算,最终尺寸由两种方法反复计算来确定。Ⅲ级方法是确定失事概率的最佳方法。Ⅱ级方法是洞悉有关各参数的相对重要性的有效方法。

方程(9-12)也可用来说明其他一些基本统计问题:

(1)一个经常犯的错误是用5年一遇的荷载条件设计一座使用期为5年的建筑物(例如施工期间的临时设施)。方程(9-12)表明到达或超出该荷载的概率是 $1-\exp(-1)\approx 0.63$。这就是说,情况比假设的更糟糕的可能性为63%,这通常是不能接受的。

(2)就海塘工程来说,为保护低洼区域,不可能确定海塘的使用寿命,因为必须永远保护。在有关人类生命(例如75年)的问题中,假设可接受概率为1%,而不使用建筑物的使用寿命,用公式(9-12)给出设计条件的频率 $f=1/7\,500$,对于危险的洪水灾害,这是一个相当正常的数字。

9.3 维　护

9.3.1 导　言

维护对于每座建筑物都是十分重要的。废弃物也有可能进入工程内,不过它们总是被局限在建筑物的某些部分,更换这些部分就是维护。维护的重点主要放在建筑物的强度上,但是对边界条件(如海平面的上升)的监测也是维护计划中的一部分,维护主要包括检查和维修。总的管理策略是将建筑物的设计、维护和失事风险联系在一起,见图9-9。

9.3.2 维护策略

由于强度随着时间递减的可预测性、检查和维修的费用与可能性以及失事后果的不同,维护策略也可能不同。不同的维护策略(Vrijling 等,1992;CUR,1991)如下:

(1)基于失事的维护。图9-9表达了基于失事维护的概念。在建筑物或一部分毁坏之前,不采取行动。毁坏以后,要么修理,要么更换。起居室中的灯泡是日常生活中的一个例子,通常灯泡坏了才更换。这是一种有效的维护策略,因为毁而后已,但这仅仅适用于低风险、不是很重要的部件。在水利工程中,这种策略不常用。

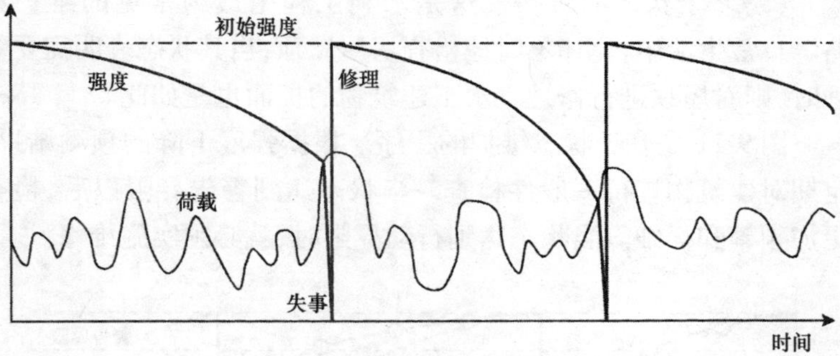

图 9-9　基于失事的维护

(2)基于时间的维护。如果能够有效预测建筑物的恶化,就可应用基于时间的维护,见图 9-10。这种情况通常是由磨损和风化裂开所造成的。日常生活中的一个例子就是房屋窗框的油漆。水利工程中,风暴潮防护设施钢闸门的油漆也是一个例子。

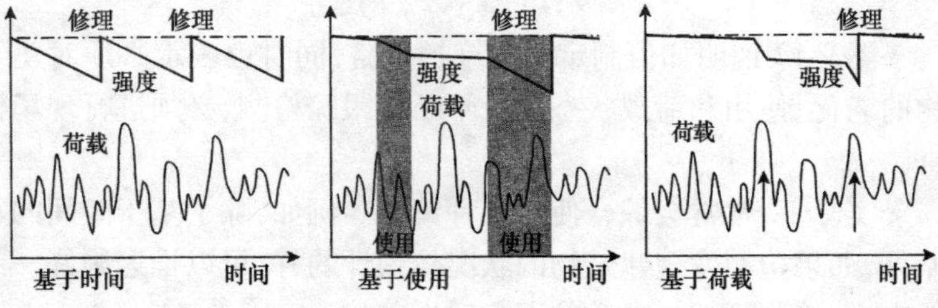

图 9-10　基于时间、使用、荷载的维护

(3)基于使用的维护。基于使用的维护取决于建筑物的使用:磨损和裂开主要由频繁使用所造成。日常生活中的例子如汽车引擎运行许多公里后的大检查。水利工程的例子是对风暴潮防护设施的闸门机械进行大检查和修理(如有必要)。

(4)基于荷载的维护。当恶化主要是由极端荷载造成的,在出现极端荷载或荷载累积之后实施修理。日常生活中的例子是当汽车碰撞后,要更换安全屏幕。

(5)基于状态的维护。这是水利工程中最为常见的维护策略。日常生活中,比如不时地检查房屋屋顶,当其状态表明需要修理时,则对屋顶进行修理。水工建筑物的护面也是如此。

图 9-11 是基于状态维护的程序。根据强度下降的预测结果,定期对建筑物进行一般性检查。当状态达到警告界限以后,检查更加频繁和详细。当状态达到行动界限时,就必须实施维修。

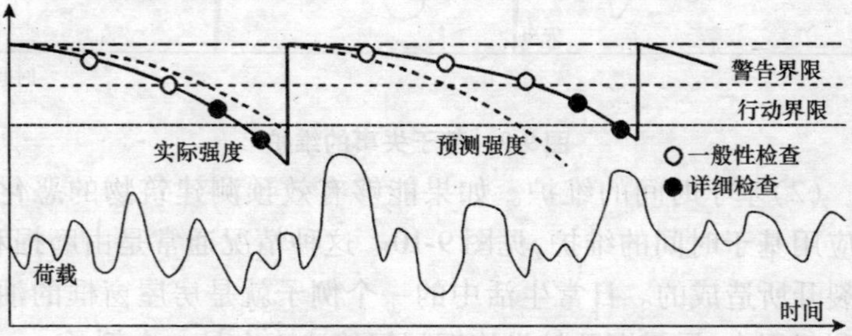

图 9-11　基于状态的维护

图 9-12 说明如何制定最佳维护策略,同时也表示必须对建筑物的老化、使用和荷载状态进行不断的跟踪检测,必须进行现场检查。

实际上,常常会综合使用各种策略。例如,除了基于时间的策略外,如果检测发现建筑物的状况较预计的好,可以推迟维修。一般来说,检测可减少参数的不确定性。

究竟哪一种维护策略最为合适,这取决于失事的后果和强度与时间关系的可预测性(见图 9-12)。

9.3.3 检测的概率法

建一座带护底的泄水闸,以防止冲刷。护坦有足够的长度,万

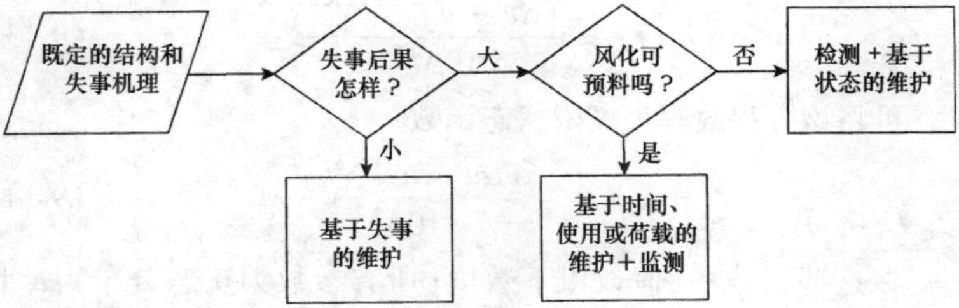

图 9-12　维护策略的选择

一冲刷坑发生滑坡，就可防止泄水闸坍塌。在发生滑坡之前，冲刷坑的边坡应用矿渣或砾石加以保护。如果滑坡，冲刷深度估计为 8 m（临界冲刷深度），滑动后的坡度估计为1∶6，必需的护坦长度为 50 m，详见图 9-13（a）和第 4 章。

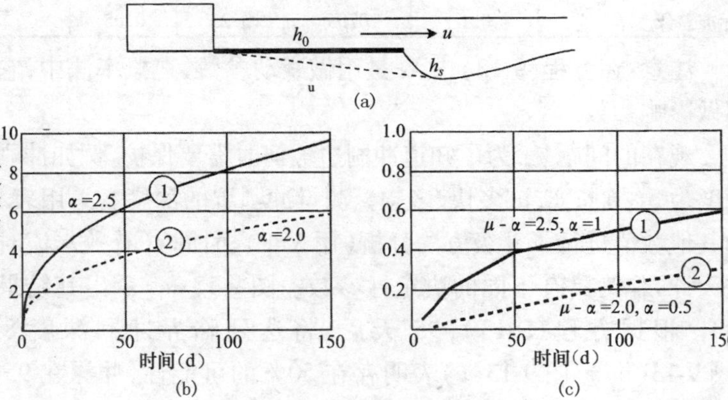

图 9-13　冲刷坑的损毁概率

应注意的是：冲刷坑的稳定性主要取决于土壤的土工特性和冲刷坑的上游坡度。本例中所有这些因素都被简化为一个参数，即临界冲刷深度 h_{sc}。

冲刷深度与时间的关系可以用 Breusers 方程确定，见第 4 章：

$$h_s(t) = \frac{(\alpha\bar{u} - \bar{u}_c)^{1.7} h_0^{0.2}}{10\Delta^{0.7}} t^{0.4} \quad (9\text{-}13)$$

可将该方程改写为极限状态函数：

$$Z = h_{sc}(t) - \frac{(\alpha\bar{u} - \bar{u}_c)^{1.7} h_0^{0.2}}{10\Delta^{0.7}} t^{0.4} \quad (9\text{-}14)$$

在这些公式中，假设以下数值（所有参数为正态分布）：α 和 h_{sc}为最不确定参数，因此它们标准差较大。图 9-13(b)示出根据方程(9-13)，采用表 9-5 中的均值(α =2.5)，冲刷深度随着时间进程的演变。

表 9-5　参数的均值及标准差

参数	α	$\bar{u}$(m/s)	$\bar{u}_c$(m/s)	h_0(m)	Δ	h_{sc}(m)
均值(μ)	2.5	1	0.5	10	1.65	8
标准差(σ)	1	0.1	0.05	0.25	0.05	2

注意：在方程(9-13)中，α 是用做紊动参数，在概率法中，它是用做影响参数。

现在的问题是，为了知道冲刷边坡何时需要保护，例如冲刷坑深度为 5 ~6 m，应该多快、多频繁测量冲刷坑的深度。采用表 9-5 的其他数值进行了Ⅱ级方法分析（用 VaP），时间 t（有效水流时间按天计）作为具有不同的决定性参数。图 9-13(c)示出其结果上限）。根据方程(9-13)，95 天后，将达到临界冲刷深度 8 m（图 9-13(b)）。图 9-13(c)表明存在 50% 的可能性，冲深在 95 天后会达到 8 m。当然，这是合理的，所有参数都是正态分布，50% 的机会数值较大，50% 的机会数值较低。无论标准方差多大，高斯曲线以期望值为中心。

但是 50% 的概率是很高的，这种风险是不能接受的。因此，则依据在达到方程(9-13)所预测的临界深度以前，负责任的管理者将不会推迟检测。当低概率（例如 5%）被认为可接受时，图 9-13(c)表明在有效水流时间 5 天之后，应该实施检测。测深不贵,这可被视为新泄水闸的试验性运行。

在泄水闸运行的头 20 天,可进行多次测深,结果可能是,冲刷不沿图 9-13(b)线①发展,而是沿线②发展。这说明估算的 α 值(根据第 4 章所说的方法粗略估算,或考虑模型试验的结果加以确定)过于悲观。有了测深结果,可以重新确定 α 的数值(假设其他参数的数值是正确的)。线②中 α 值为 2,用 $\alpha=2$ 重新进行概率法计算。对于所考虑的建筑物,该结果直接有效,所以也可以假设一个较低的标准差,比如0.5而不是 1,表 9-5 中的数值是 1。图 9-13(c)线②说明了新的损毁概率结果。下一次检测可能是 50 天有效水流之后。如果冲刷过程仍是沿图 9-13(b)中线②发展,在 100 ~ 150 天水流时间后,边坡则需要保护。

应注意的是:当应用基于测深所得出的较低的 α 值时,应当弄清楚土壤的组成。如果上层是具有一定黏性抗冲能力较强的土层,一旦这一土层遭受破坏,冲刷过程就将加速。

该例是解释维护中检测的应用。费用并不高,却减少了关于强度的不确定性,因此增加了建筑物运行性状的可预测性。

9.4 失事机理

9.4.1 导 言

第 1 章已经说过,设计者对水工建筑物各种失事机理有所了解是极为重要的。再重复一次:大多数建筑物失事,不是因为入射浪高被低估了 10% 或 20%,而是因为忽视了失事机理。将进一步把第 1 章中谈过的事故树精心地同概率联系起来,并用实例加以说明。

9.4.2　系统方法

设计水工建筑物的系统方法是一个比较抽象的名词，但它可以阐明设计中某些组件的重要性。结构系统方法中的两个重要概念是串联系统和并联系统（见图9-14）。在串联系统中，一个组件破坏，意味着整个系统失事。在并联系统中，可以把一个破坏组件的功能转移到其他组件。防护设施方面，边坡的各个可能滑动圆弧是串联系统的例子（第5章）。最弱的圆弧决定安全度。非匀质土体中的单个滑动圆弧是并联系统的例子。坚硬土层可补偿土体中的弱土层，因为所有土层形成总的抗力。

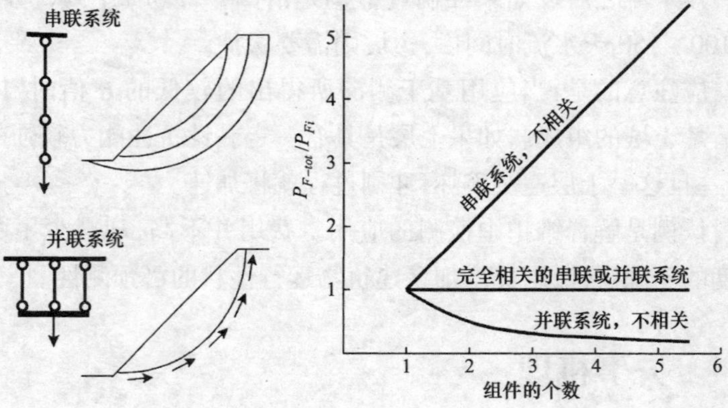

图9-14　串联系统和并联系统

一个串联系统包含两个或更多组件，总失事概率介于：

$$\max P_{Fi} \leqslant P_{F-tot} \leqslant \sum P_{Fi} \tag{9-15}$$

如果各组件完全相关，或者换句话说，每个组件的破坏与其他组件的破坏紧密相连，应用下限。如果各组件的破坏之间根本不相关，应用上限，此时，总失事概率是所有组件的失事概率之和。

对于并联系统，总的失事概率为：

$$P_{F1} \cdot P_{F2} \cdots P_{Fn} \leqslant P_{F-tot} \leqslant \max P_{Fi} \tag{9-16}$$

若组件间不相关,可应用下限(所有概率的乘积);上限适用于组件间完全相关。

第一个惊人的事情是,如果串联系统和并联系统的组件完全相关,两者的总失事概率相同,图 9-14 示出式(9-15)和式(9-16)的极端情况,各组件具有相同的 P_{Fi}。对于组件间的部分相关,总的失事概率介于图中极端情况之间。

至于实际应用,建筑物的所有部分都需要大量统计数据。这不在本书的论述范围内,可参见 CRU(1995)的著作。一个定性的结论是,串联系统应当尽可能避免,这种系统应当包含足够的安全余地。例如,具有块石防护层的砂土或黏土堤防,砂土堤防的保护层一旦遭严重破坏,就会迅速导致堤防决口,而黏土堤防抵御风暴波浪荷载的时间则可长达许多小时。

9.4.3 事故树

在第 1 章,曾讲到一个简单的护面事故树。在此将作更详细的介绍。第 9.4.2 节中的串联系统和并联系统也在事故树中发挥作用。在事故树中,串联系统用"OR"门代表,表示组件之一损毁将导致所考虑的系统失事。"AND"门代表并联系统:系统失事至少有两个组件破坏。

图 9-15 是截流坝底槛上沉箱的事故树。水流从沉箱流过,会冲刷底槛的顶层,水头差会使底土经反滤层被冲刷走。两者都直接引起沉箱坍塌,因此在事故树中有一个"OR"门。两种现象是独立的,彼此不相关,沉箱的坍塌概率为两者概率之和。如检测不够,冲刷能导致滑坡。如果滑坡出现在松散堆积的砂层,则能导致砂层液化,接着发生流动滑移(见第 5 章)。流动滑移和长度不够的护底可能导致沉箱坍塌。所有这些因素的组合就是"AND"门,因为只有两者都发生才会导致下一步。

图 9-16 重新详细表述了第 1 章中护面的事故树。现在增加

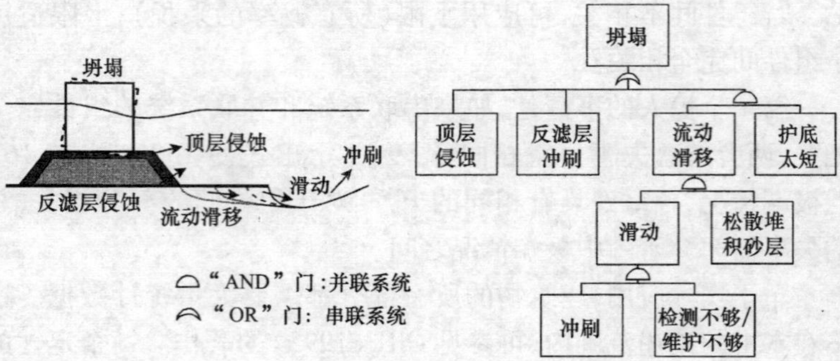

图 9-15　事故树中的串联系统和并联系统

了一些(假想的)概率(每年)。大多数组件构成串联系统,其总概率为各组件概率之和。若组件概率比主要机理小一个数量级别,则可忽略不计。

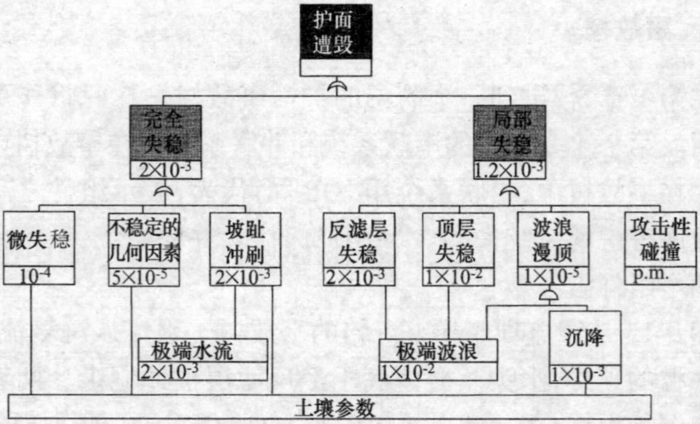

图 9-16　概率的护面事故树

坡趾冲刷和顶层失稳的概率等于引起冲刷和失稳的水力条件的概率。设计基于决定性方法就是这种情况(见第 9.2.2 节)。波浪状况和土层下陷的结合构成并联系统,波浪漫顶的概率为两分支概率的乘积。在局部失稳的串联系统中,与其他机理相比,这是可以被忽略的。

使用事故树主要是为了查出建筑物的弱点，得出一个可靠、绝对的总概率值是极困难的。自上而下和自下而上仔细研究事故树，如有必要重复几次，是十分有益的。自下而上进行时，可能会得出系统某些地方的事故概率太高的结论，这样需修改局部设计。自上而下进行时，可以从顶层事件一个可以接受的事故概率开始，看看对于各种事故机理需要做些什么以减小这个概率值。图9-15的事故树中，很明显，底槛的侵蚀比冲刷更危险。因此，底槛侵蚀的概率必须维持很低。

9.4.4 实　例

本节讲述的是忽视一个或数个失事机理致使建筑物失事且后果较严重的几个水利工程实例。还是从图9-16中的事故树开始。

9.4.4.1 波浪漫顶

如果对波浪漫顶估计不足，可能会发生与图9-17一样的情形，这是一个发生在澳大利亚的实例。顶层似乎足够坚固，设计也设置了反滤层。但是由于漫顶，波浪冲刷了护坡顶部未被保护的土壤，导致护坡完全坍塌。

9.4.4.2 坡趾侵蚀

在Bangladesh河上，兴建一座设有边墩的大桥，见图9-18。由于河流蜿蜒加剧，边墩部位遭受严重侵蚀。边墩护坡包括混凝土板和板桩，板桩打入地基仅几米，也没有采取防止滩地侵蚀的措施。这些板桩被淘空，刚性混凝土板随后裂开，最终导致护坡坍塌。维修工作可以在桥梁主体损毁前实施。

坐落于河弯外岸的边墩，应设计成能抗护坡坡趾的侵蚀，因为该处发生侵蚀的概率为100%。因此，要么加长桩板，要么在初始设计中加强对坡趾的保护。

9.4.4.3 波浪漫顶和微观稳定

1953年，荷兰西南部的许多堤防坍塌，这些堤防的堤顶高程

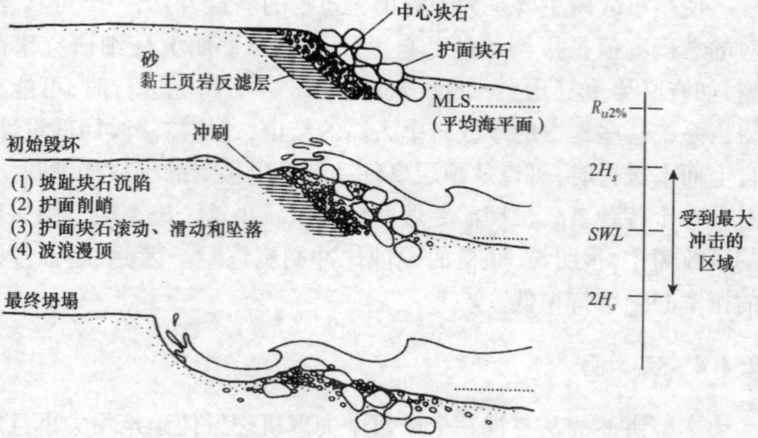

图 9-17　波浪漫顶导致护坡坍塌

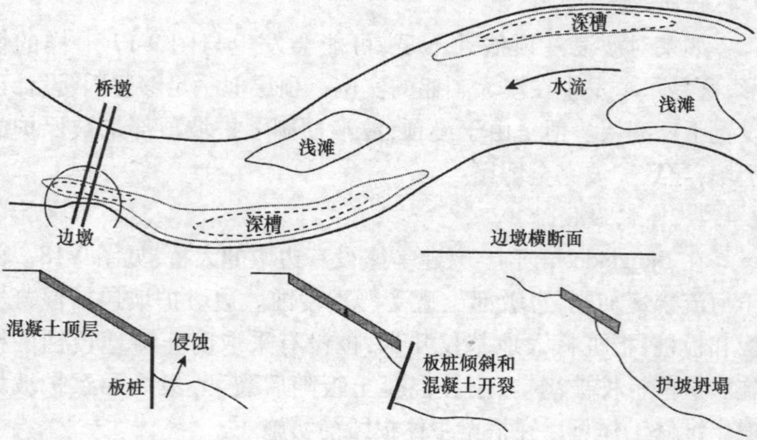

图 9-18　坡趾侵蚀引起的坍塌

太低,内坡太陡(1∶1.5~1∶2)。堤顶的水渗透到堤防内部,形成了地下水流,再加上陡坡,于是堤防处于不稳定状况,参见第5章。

9.4.4.4　事故树能发挥的作用

最后的问题是,如果应用了事故树,是否所有事故都可避免呢？当然，使用了图 9-16 的事故树，就会认识到图 9-18 中边墩护坡坡趾的侵蚀和图 9-17 中护坡的波浪漫顶。这些现象在事故树中业已提到，所以会迫使人们对其加以思考。如果要为新的工程项目绘制一个事故树，因为按规定，你应忽略一些可以忽略的问题，那么，怎样才能把所有失事机理都包括呢？图 9-19 所示的堤防，对高水位的可能性认识不足，同时对内坡的失稳也了解不够。众所周知，大型防浪堤由于混凝土承受高应力会破坏，但这个机理没有出现在事故树中。

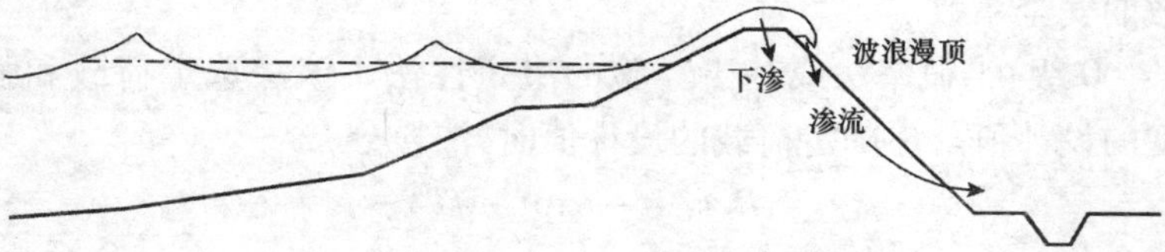

图 9-19　微观失稳导致的堤防坍塌

因此，事故树是有用的，但它不能保证不忽略、不低估。本书的总启示是深入了解现象，这是最基本的。离开这一点，事故树是无用的。有不同背景的人参与的各抒己见的会议，可能很有助于避免在事故树中忽略各种事故机理。总之，事故树是可以避免犯大错误和识别设计中弱点的一个强有力的工具。

9.5 小　结

从一般概念开始：

$$风险 = 概率 \times 后果$$

使用概率设计方法，先定义一个可靠性函数：

$$Z = 强度 - 荷载$$

根据它得出失事概率：

$$P_F = P(Z < 0)$$

该法可按几个等级来描述：

Ⅲ级：对 Z 进行完全（数值）积分，或应用蒙特卡罗法，这里构成函数 Z 的各个参数，依据其概率分布得到一个值。在蒙特卡罗法中，建立一个建筑物并对其进行许多次（比如 10 000 次）试验，建筑物破坏次数与试验次数之比即为失事概率。

Ⅱ级：假设 Z 和所有基本的（即各有关参数的）概率分布为正态分布，再得出 P_F 和有关参数的影响因子（α）。

Ⅰ级：从设想的 P_F 和Ⅱ级得出的影响因子开始，确定每个参数的安全系数。

0 级：半概率法或基于经验的决定性法。该法选定荷载和强度的设计值。在确定荷载的设计值时，泊松分布

$$P = 1 - \exp(-fT)$$

可能是一个有用的工具。

上文讲到了几种维护方法。对于保护设施，基于状态的维护方法通常是最为合适的。检测是基于状态维护方法的一个重要组成部分。

概述所有有关机理是必要的，以便能形成“防止错误”的设计。概述是在事故树中结合机理来进行的。有专家参与的各抒已见的会议，有助于避免遗漏有关机理，这很重要，因为大多数建筑物失事不是由于低估了荷载的大小，而是忽视了一个重要的失事机理。

第 10 章　保护设施

10.1　导　言

若某处出现侵蚀情况，有五大方案可供选择：

(1)不作处理。若侵蚀情况无关紧要，不作处理不失为一项最受欢迎的选择，见第 1 章。

(2)消除隐患。理论上，这是最佳的方案，但是，因需要知道隐患何在，而且即使知道，还得有消除这种隐患的手段，因此它并非总是可行的。在侵蚀是由沿岸泥沙输移所引起的地方，整治方案之一是沿岸建丁坝。若侵蚀是由跨岸泥沙输移所引起，建丁坝则毫无意义。

(3)泥沙补给。这似乎是一种不太好的解决办法，不过，它非常灵活且非常适合环境战略，参见第 11 章。这种选择是否正确主要取决于费用和风险，因为泥沙补给通常每隔几年进行。对于海岸和河流，这种“软”方案可能具有吸引力。该方案的进一步拓展，属于地貌学研究的范畴，超出了本书研究的范围。

(4)减少荷载。这可通过在受侵蚀的海岸前修建防波堤来实现。防治侵蚀的效果也属于地貌研究的一部分，在此不作讨论。本书的内容只是防波堤的设计。

(5)增加强度。这是一种“硬”的解决办法。虽然它是本书论述的重点，但应从一定的观点对其加以考虑。该方法的适应性不强，且有时会导致相邻区域产生更大的侵蚀。不过，在很多情况下，特别是在保存可用空间的压力很大时，这是唯一的选择。

10.2 河床保护

10.2.1 概　述

前节所介绍的主要解决办法不是都适用于河床保护。如果冲刷是由于建筑物使水流紊动所造成，当然，该建筑物是按一定的目的设计的，那么消除隐患就不是一种选择。向底部补给泥沙往往并不可行，减小荷载可通过使水闸出流成为层流，导致流速较低和紊动较少来实现。然而，借助底部保护提高强度通常是最合适的措施。从第4章我们已经知道，底部保护的主要功能不是防止冲刷，而是使冲刷坑远离结构，尽量减小结构毁于自身冲刷坑的风险。

10.2.2 松散块石

10.2.2.1 概　述

用松散块石护底比较容易实现。块石或砾石容易获得，而且只要精度要求不太高，所需材料几乎随处可得。如果在护底中没有平行于反滤层的水力梯度处使用（护底顶部只存在紊动的明渠流），通常1层或2层就足以防止底部材料从护底流失。

当顶层所需的直径和原河床材料的直径不是太大（如砂层上的砾石或小块石），一层足够（如果这一层够厚）。Wormann 于1989年提出的方案（方程（6-3））示出了与直径比有关的合理厚度，一层的最小厚度一般为 $2d_{n50}$。对于像细砾石这样的小块石，得出一个不可能实现的最小厚度。在这种情况下，采用的最小厚度为几 dm。

在顶层和原土层之间设反滤层时，最好选用宽级配材料，例如矿渣。当保护设施必须在水下施工时，使用单一的土工织物作为河床保护的反滤层很困难,因为土工织物在水下很难铺开,通常和沉排一起使用。

10.2.2.2　鹿特丹水道

鹿特丹水道的挡风暴潮堰是一个由松散粒料构成的非常复杂的河床保护设施的例子。该堰通常由2个凸形钢闸门构成,臂长300 m。每扇闸门绕球形铰旋转,漂移就位,然后将闸门降至混凝土块的顶部。在合龙期间,由于堰上、下游的水头差不断加大,闸门和混凝土块之间会产生高流速,导致作用在河床上的荷载很大。当闸门关闭时,堰的上、下游水头差在底槛内产生很大的平行的水力比降。

图10-1为河床保护整个顶层块石的等级的拦潮堰横断面。在向海一侧和向河一侧,最大块石的重量分别为300 ~1 000 kg和3 000 ~6 000 kg。在这种情况下,向海一侧水流加速,闸门的下游水流减速。第2章和第3章已解释:水流减速与紊动度高有关,因此向海一侧和向河一侧的顶层存在差异。当拦潮闸门打开时,落潮而水流的流速低得多。远离底槛,顶层的块石尺寸减小。

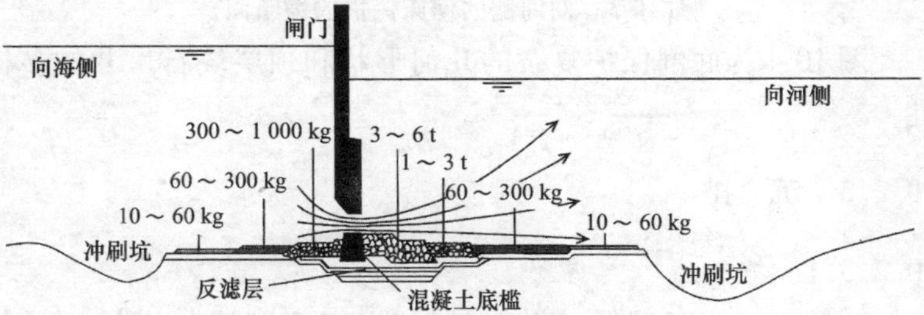

图10-1　鹿特丹水道拦潮堰河床保护横断面

图10-2为底槛的构成。底槛以下反滤层的设计条件由闸门关闭情况控制,此时拦潮堰上、下游水位差大。河床原材料为细砂和粉砂,反滤层第一层为砂,粒径0.5 ~5 mm;顶层下的其他各层分别为砾石(3.5 ~35 mm)、块石(30 ~140 mm)和块石(10 ~60

kg)。这是几何上封闭的典型反滤层。

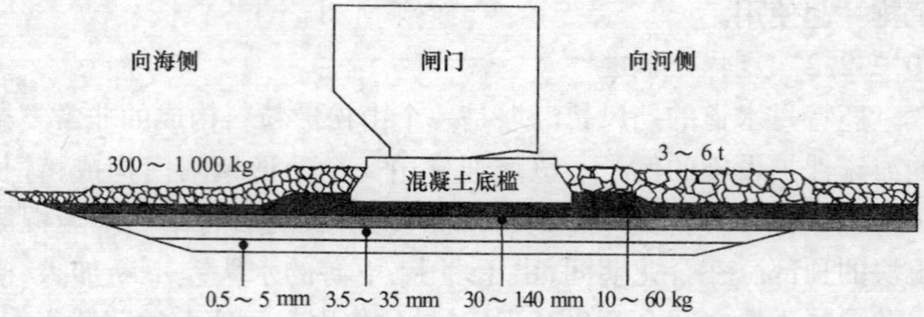

图 10-2 鹿特丹水道拦潮堰底槛和反滤层的横断面

无有效反滤层水力比降的河床保护部分在原河床上直接铺设 0.4 m 厚的亚磷矿渣，在这一层的上面，基本上只再铺一层，见图 10-3。

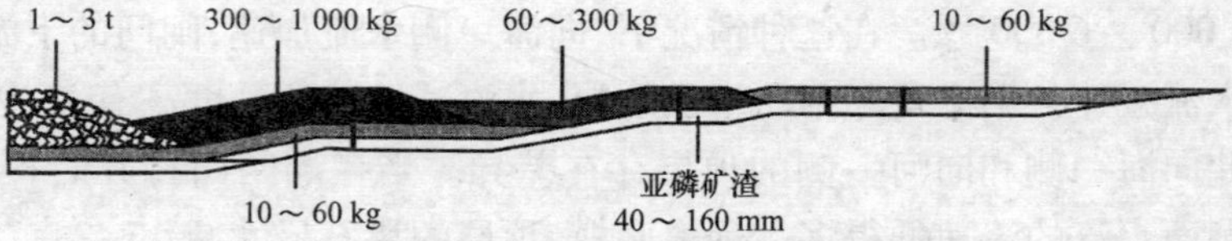

图 10-3 向河侧的河床保护的横断面

图 10-4 为底部保护复杂的几何形状和顶层块石尺寸的多样性。

10.2.3 沉 排

10.2.3.1 概 述

荷兰传统的底部保护设施是沉排，它由柳枝捆(树枝束)构成，并用块石覆盖。其他地方制作沉排，也有用嫩竹或任何其他当地具有柔性和足够强度的植物取代柳枝。当沉排在水下定位良好时，可持续 100 年以上。

图 10-5 为经典的沉排，柴捆为结构的主干，底部的细枝支撑石块，但仍可浮动。下沉沉排时尽可能少用石块，沉排下沉之后，

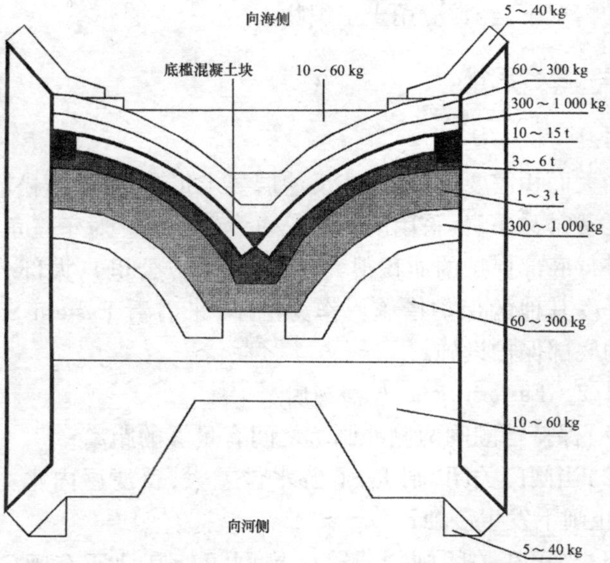

图 10-4　鹿特丹水道拦潮堰底部保护的上视图

是否需要进一步倾倒块石加以覆盖，取决于外部荷载。

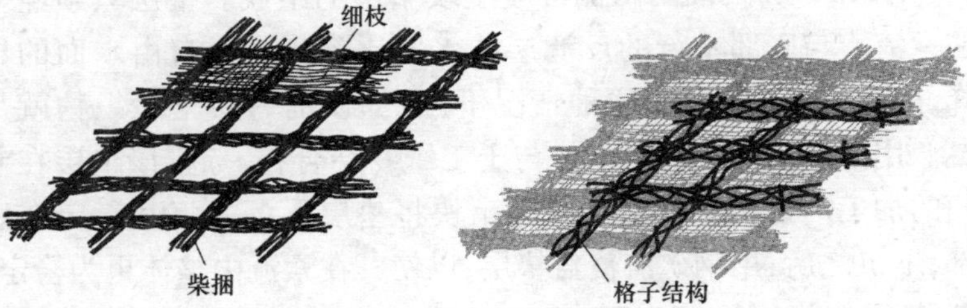

图 10-5　沉排

10.2.3.2　反滤层作用

柳枝太疏稀不能起反滤层作用。在经典的沉排中，反滤层作用通过在沉排下设芦席来实现。这种结构的临界水力比降（与底部平行）为 3% ~4%，因此对于更高的要求，必须另找解决办法。

在这种情况下，经常应用土工织物。

10.2.4 复合沉排

10.2.4.1 概　述

当大面积需要保护和/或反滤层要求很高时，建造松散块石保护层既费时又昂贵，采用沉排情况也大致如此。对于三角洲工程，必须进行底部保护的面积很大（共有几平方公里），大部分努力被用来开发其他的保护措施。作为例子，来看看 Eastern Scheldt 挡潮闸的底部保护设施。

10.2.4.2 Eastern Scheldt 挡潮闸

(1)保持挡潮闸两侧冲刷坑之间有足够的距离；

(2)当闸门关闭，闸上、下游水位差大，反滤层内水力比降大时，防止闸下发生侵蚀；

(3)当正在关闭闸门或除一扇闸门外其他所有闸门都关闭（66 扇闸门，一扇闸门不按时关闭的概率是相当高的）出现通过闸门的高流速时，应保护紧靠闸门的底部。

图 10-6 为挡潮闸两侧混凝土块垫层的组成。垫层只须经受住紊流。与底部平行的反滤层的水力比降等同于自由水面的比降，因此小于 1%。在这种情况下，底部仅铺一层土工织物就足矣。用塑料销钉将混凝土块与土工织物结合在一起，该垫层在专门的加工厂由机械制造。混凝土块将垫层下沉并将其稳定在底部，下沉之后，用钢矿渣覆盖垫层，以使其在紊流中整体更为稳定。挡潮闸的垫层尺寸为30m × 200m。垫层下沉需要特殊的设备。

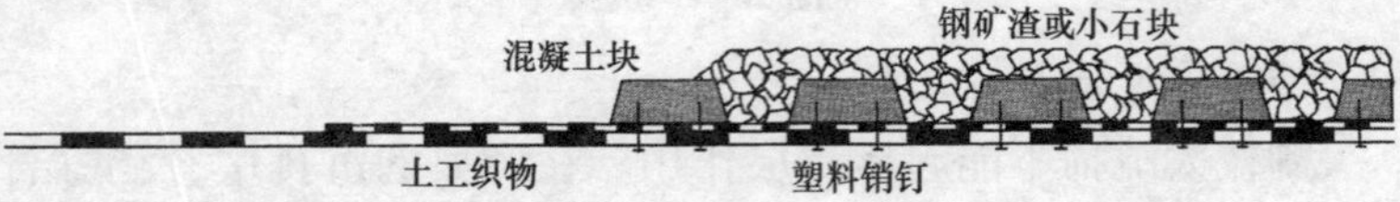

图 10-6　Eastern Scheldt 挡潮闸的混凝土垫层

在挡潮闸的下面,存在平行于河床的很大的水力比降。当混凝土底槛(其上的闸门关闭)的宽度大约为 20 m 时,水头差有可能大于 5 m(见图 10-7),导致水力比降约为 25%。如果挡潮闸下沉(闸构架和闸门变形),挡潮闸将不能发挥其防洪的基本功能,故反滤层的失效概率必须非常低。因此,几何上封闭的反滤层不失为一个不错的选择。在水深超过 25 m 的水流中用几层较细材料施工这一反滤层是一个艰巨的任务,闸长 4 000 m,其造价非常昂贵。一个精心制作的土工织物排可满足此目的,但不能确保该土工织物可保持到挡潮闸预期的使用寿命(100 ~ 200 年)。决定采用的解决办法是几何上封闭的反滤层和土工织物的复合结构,见图 10-7。土工织物包裹反滤层颗粒,这样,能将薄层的细材料弄到底部,而反滤层结构的完整性原封不动。因此,当土工织物最终失效时,几何上封闭的粒状反滤层还将发挥其正常功能。

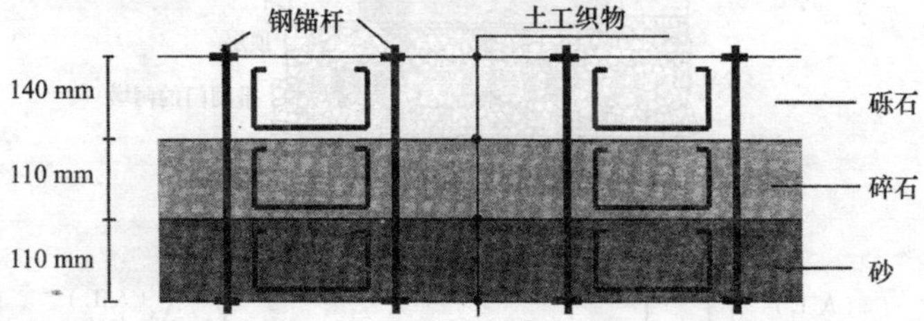

图 10-7　Eastern Scheldt 挡潮闸下的反滤层

当闸门关闭时,底槛附近会产生大流速。为了保护挡潮闸的基础,须铺大块石和混凝土块,见图 10-8。

图 10-9 为 Eastern Scheldt 挡潮闸部分底部保护。

10.2.5　评　价

前面几节介绍了几种底部保护设施。何时选择何种设施？最大的不同之处在于,鹿特丹水道选用粒状反滤层,而 Eastern Scheldt 选用的是复合沉排,初看起来这两种结构非常相似:都是

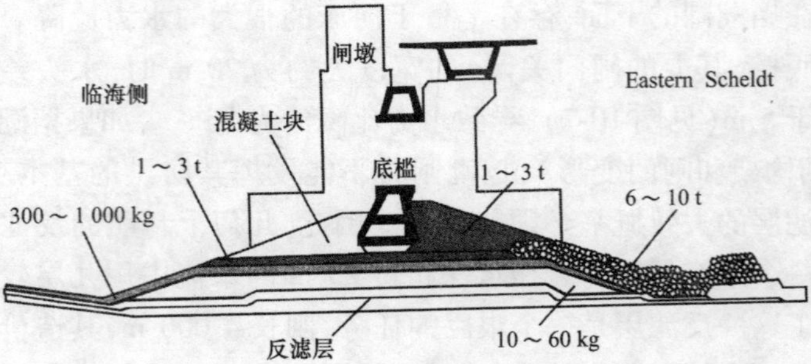

图 10-8 Eastern Scheldt 挡潮闸基础横断面

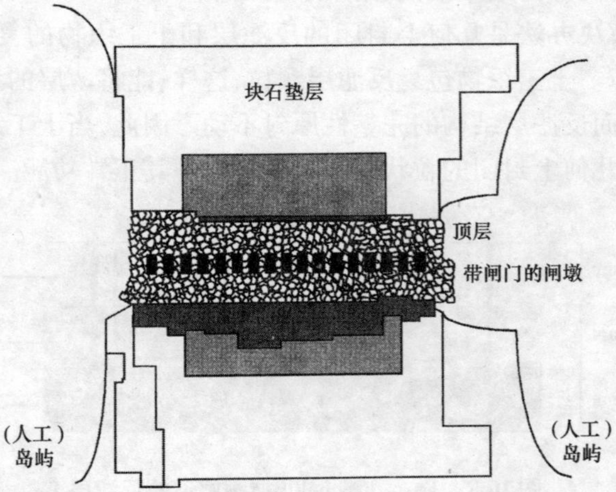

图 10-9 Eastern Scheldt 挡潮闸底部保护俯视

水头差很大的大型挡潮闸。选择是基于很实际的背景，都是大型结构，但一个只是大，一个是非常大。鹿特丹水道挡潮闸长约 400 m，而 Eastern Scheldt 挡潮闸总长约 4 000 m（分为 3 部分）。这种规模上的不同，和鹿特丹水道挡潮堰圆弧布置（见图 10-6），使得建一座特殊的工厂和浮船来下沉鹿特丹的保护设施，在经济上是不可行的，而对于 Eastern Scheldt，这是一个成本有效的办法。此外，鹿特丹密集的运输，致使不可能实施抛锚定位浮船作业。

对于小型工程,不应考虑用机械制作护底设施,松散块石和/或沉排可用于众多工程。护底之所以使用土工织物,是因为它可以更好地防止冲刷坑滑坡,见图 10-10。如果护底由松散块石组成,滑坡后冲刷仍将继续,因为反滤层结构已遭毁坏。黏性护底可能“挂”在边坡上,而反滤层功能则基本上会保持。在图 10-10 中,混凝土块沉排已被拖动,而且或多或少沉排下面的土工织物也被拖动。

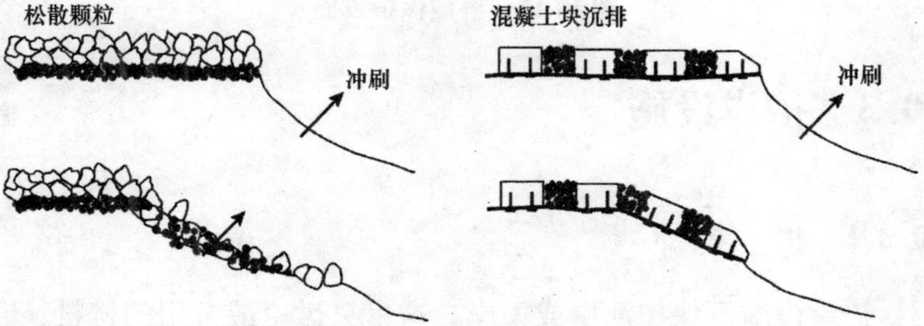

图 10-10　松散护底和黏性护底冲刷坑的滑坡

10.2.6　桥　墩

前面几节按不同的保护设施类型进行分类,而没有区分要保护的结构,本节专门讨论桥墩的保护。泄水闸和挡潮闸后的护底应该足够长,以使冲刷坑远离要保护的结构。较长的护底通常不能显著减少冲刷的深度(见第 4 章),但可降低滑移或流动滑移造成损坏的危险程度。桥墩周围的护底在这方面有所不同。环绕桥墩水流的紊动具有极局部的性质:距桥墩几倍于桥墩直径处,水流回归到其正常值。这意味着较大的保护设施确实可减小冲刷深度。3 ~4倍于桥墩直径的圆形保护设施就够了(见图 10-11(a))。

如果这一区域地貌上不稳定,就应加以考虑,否则,受保护的桥墩将会对水流造成额外的障碍(见图10-11(b)),使冲刷进一步加剧,最终可能导致桥墩的坍塌。

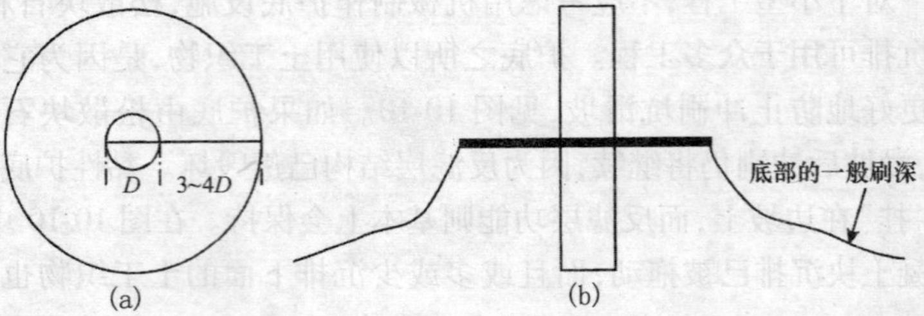

图 10-11 桥墩保护设施

10.3 护岸设施

10.3.1 护 岸

护岸设施可保护河岸或渠岸。这里只讨论最常用的材料。通常就地取材,外观也起一定的作用。绵绵的块石护岸可能不美观,混凝土块、沥青或草皮也可能不美观。材料或形状的多样性可解决单调问题。

护岸的一般问题,诸如过渡带和坡趾保护(对护岸也是有效的),将在第 10.5 节中讨论。

10.3.2 松散石料

几乎所有情况下都可使用松散石料。如果交通成为问题,也可能不宜采用石料。但是,由于不需要专门设备或人员就可轻易获取和应用,石料总是一种重要材料。

沉排也可用做护岸设施。

10.3.3 复合沉排

当交通成为一个问题时,可应用复合沉排。此外,外观也起一定的作用,这仅适用于较长河段的护岸。对于一个小型的工程,沉排需要的专门设备可能会使成本很高。

10.3.4 刚性结构

当可利用的空间有限而要求护岸设施的坡很陡时,通常会考虑刚性结构。在这种情况下,护岸结构起挡土墙的作用。例如沿渠道的护岸可用钢质、混凝土或木质的板桩墙。

10.3.5 丁 坝

通过在正常或低流量时期迫使水在丁坝之间流动,或使高流速远离河岸,或两者结合,河流丁坝可使河流保持一定水深(用于航运)。图 10-12 为荷兰沿河的一座丁坝,较高部位用干砌块石、水下用松散块石的沉排建造。丁坝坝顶约与平均水位齐平。当水位较高时,河流得到较多空间,以不妨碍行洪。丁坝间的距离不宜超出其长度的 5 倍,3 ~4 倍较好。

像图 10-12 所示的结构成本太昂贵,特别像通常那样,沿着一个河段需要许多丁坝。图 10-13 为一种保护河岸的低成本方案。通过改变桩间净空,可在一定限度内调节沿岸水流的比降。这种类型的丁坝会对航运造成一定影响。

10.4 海岸保护

10.4.1 护坡与堤防

10.4.1.1 松散石料

在海岸保护中,松散石料也可用于(堤防)护坡。荷兰的堤防工程,传统上,松散石料只用于平均水位以下,美观是主要原因之一。图 10-14 示出苏里南的一座堤防,石料使用到堤顶。

10.4.1.2 干砌块石

如果块石由熟练工人精心铺砌,那么干砌块石(或柱状或其

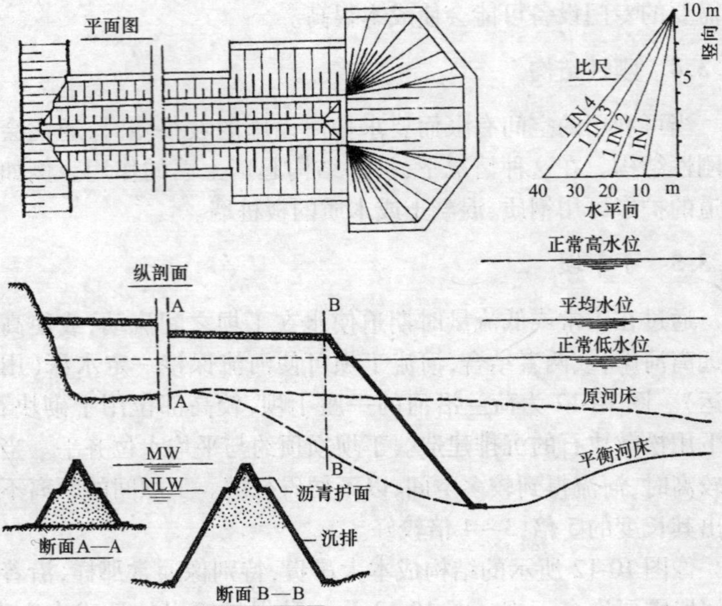

图 10-12　河流丁坝

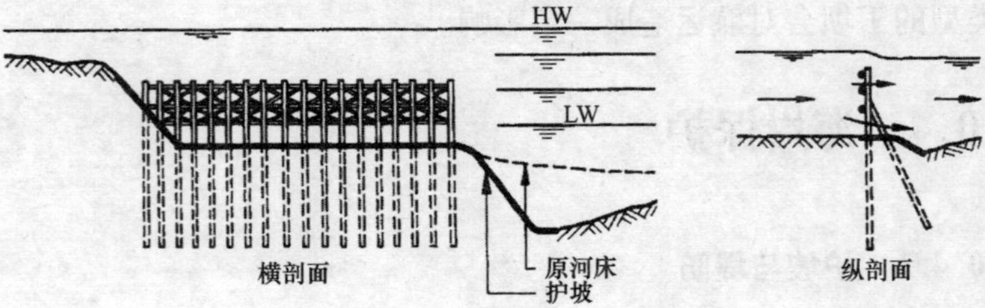

图 10-13　桩幕

他形状）可以做成很好的（堤防）护坡。

10.4.1.3　沥　青

当波浪冲击很严重时，可选用沥青护坡。施工要求专用设备，并且必须对裂缝定期进行检查，设计、施工和维护精良的沥青护坡

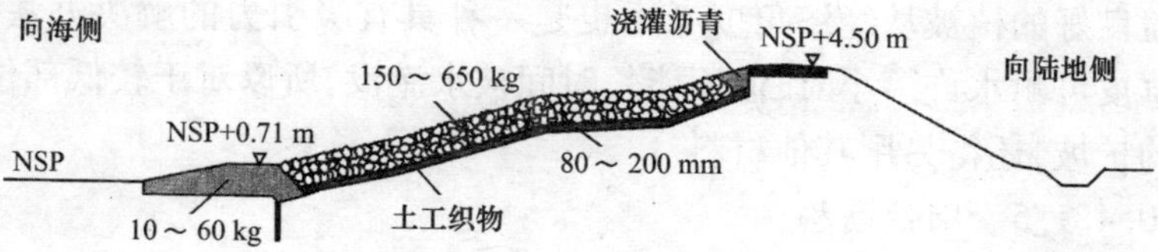

图 10-14　堤防松散石料护坡

非常坚固而可靠。图 10-15 即为这样一种护坡，沥青护坡下不需要反滤层。

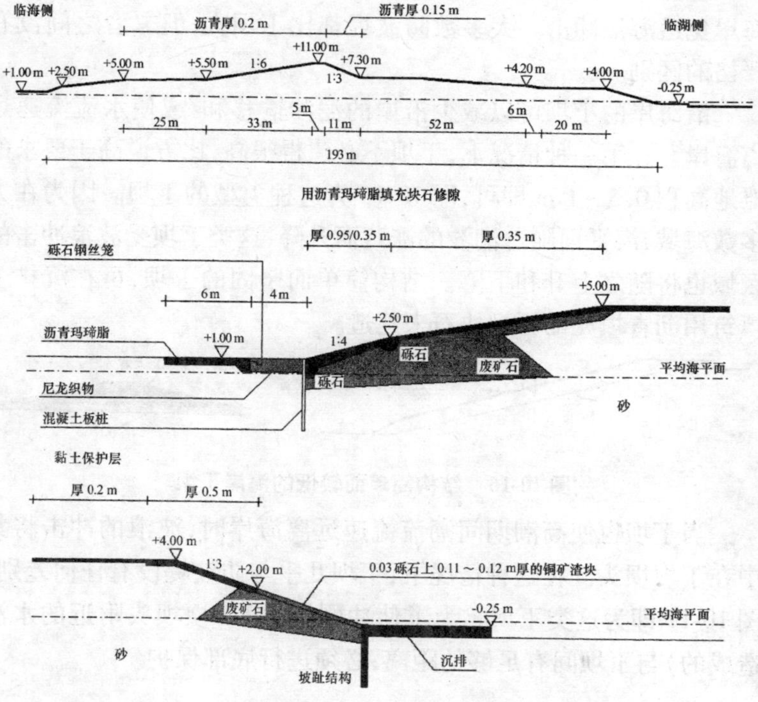

图 10-15　沥青护坡堤防

10.4.1.4　草　皮

当波浪冲击较小时(最大波浪高 0.5 m)，草皮护坡或其他覆盖良好的植被从经济角度考虑也是一种具有吸引力的解决办法。草皮可耐水许多小时，但不能长时间被水淹没，所以对于较低部位的护坡，还得另用其他材料。

10.4.1.5 刚性结构

防浪墙通常采用混凝土或圬工建成。

10.4.2 丁坝与防波堤

丁坝的作用通常维持河道和海岸线。防波堤用于保护港口或海岸免遭海浪冲击。大多数防波堤都比丁坝大，但二者之间没有严格的区别。

沿海岸的丁坝可以减少沿岸的泥沙输移和/或使水流流速远离海岸。在第一种情况下，丁坝不必建得很高，比方说高于要求的滩地高程 0.5 ~ 1 m 即可，图 10-16 为这种类型的丁坝。因为在大多数海域，海平面随着潮汐的涨落而升降，这类丁坝受波浪冲击的区域也将随之上升和下降。结构简单而坚固的丁坝，可在沉排上填筑用沥青填充的轻型块石来建造。

图 10-16 结构简单而较低的海岸丁坝

当丁坝也使高潮期间潮流流速远离海岸时，波浪的冲击将集中在丁坝坝头。在这种情况下，丁坝几乎与防波堤没有任何差别，图 10-17 即为这类丁坝。为了使冲刷坑（由丁坝坝头附近的水流造成的）与丁坝间有足够的距离，必须进行底部保护。

10.4.3 防波堤

可将防波堤视为大丁坝。断面由几种尺寸的块石组成，可称之为物有所值，图 10-18 即为这种结构。

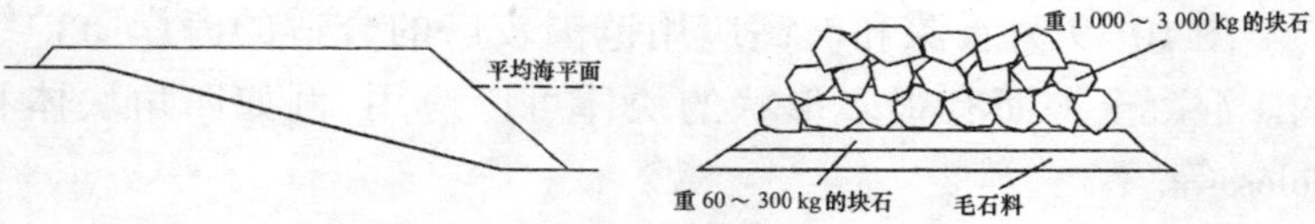

图 10-17　结构简单且较高的海岸丁坝

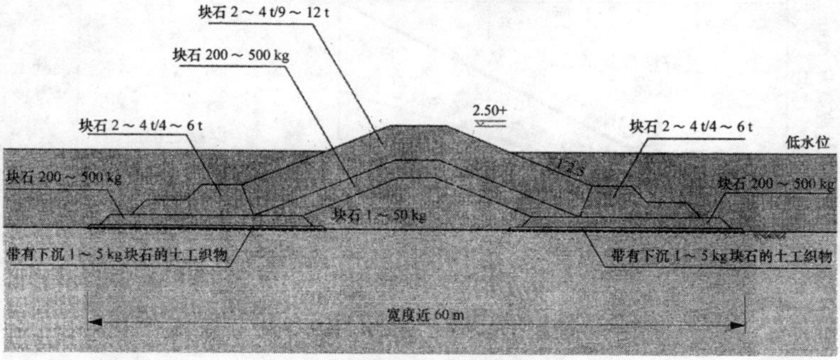

图 10-18　防波堤横断面

10.5　护　坡

这一节介绍的是与渠道、河岸及海岸保护有关的问题。

10.5.1　类型选择

护坡类型的选择取决于材料的可获性、可用空间、护坡的其他功能、荷载及景观的协调等。表 10-1 为确定选择护坡类型的标准。

表 10-1　选择护坡类型的标准

标准类型	松散块石	干砌块石	沥青	草皮	刚性材料
重荷载	+	+	+ +	−	+ +
成本	取决于	取决于	取决于	取决于	取决于
沉陷的适应性	+ +	+	+	+ +	−
需要的空间	0	0	0	−	+ +
施工/维护	+ +	0	−	+	0
景观	取决于	取决于	取决于	取决于	取决于
可接近性	−	+	+	+	−

图 10-19 为水深和波高应用范围较广的合适的海岸防护结构。混凝土护面有很多形状的块体可以应用,例如四角块体和doloss等。

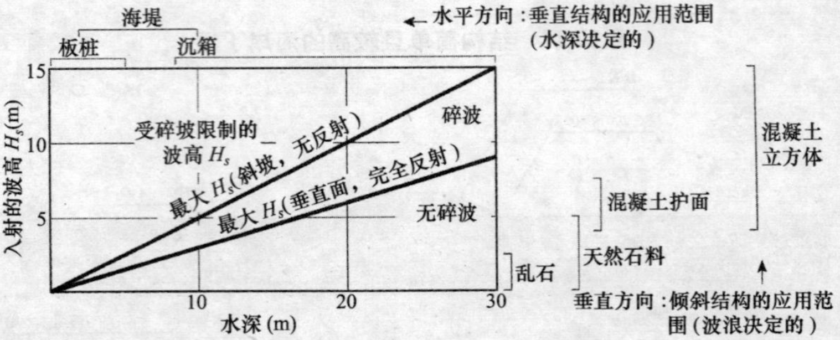

图 10-19　防护设施的概念性设计(Vander Weiden,1989)

10.5.2　过渡段

10.5.2.1　概　述

护坡中的过渡段是必不可少的,因为斜坡上的不同部位需要不同的解决办法。但同时,过渡段是脆弱组成部分,损坏常常从此开始。众所周知,在日常生活中,由雨和暴雨产生的问题从不会发生在墙的中部,总是出现在墙和屋顶或窗户之间的过渡段。

过渡段会降低强度和/或遭受增大的荷载。图 10-20(a)为混凝土块护坡和松散块石保护体之间的过渡段,隔板是企图使混凝土块就位。由于土层沉陷,会发生裂开,这将导致强度下降(混凝土块下未受保护的土层)。隔板也可能导致荷载加大:由于此处排水不畅通,波浪对混凝土块的压力较大,见第 8 章。

理想的过渡段应与邻接层一样坚固和富有柔性,这非常难以做到。因此以下几方面应引起注意:

(1)注意:可能是最重要的方面。在施工、检测和维护中高度注意,这样可以避免很多问题。

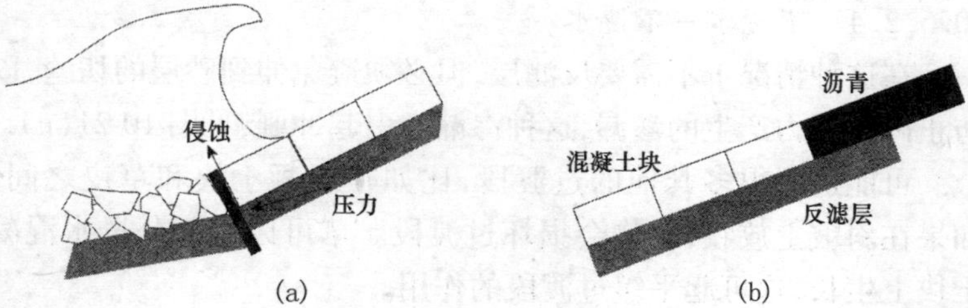

图 10-20　过渡段的一般问题

(2)渗透性:当过渡段两侧护坡的渗透性存在差异时,确定过渡段的尺寸时应该考虑到这种差异。

(3)重叠:应该避免裂开延伸到砂层,邻层间总应有重叠,见图 10-20(b)。

10.5.2.2　透水－透水

图 10-21(a)为两个渗透率不同(混凝土块和松散块石)的透水护坡间的过渡段。渗透性很强的块石可使混凝土块下产生超压力。通过用沥青灌注块石 1 m 左右,波浪压力将不易进入。形状特殊的混凝土梁确保混凝土块支撑在过渡段上。

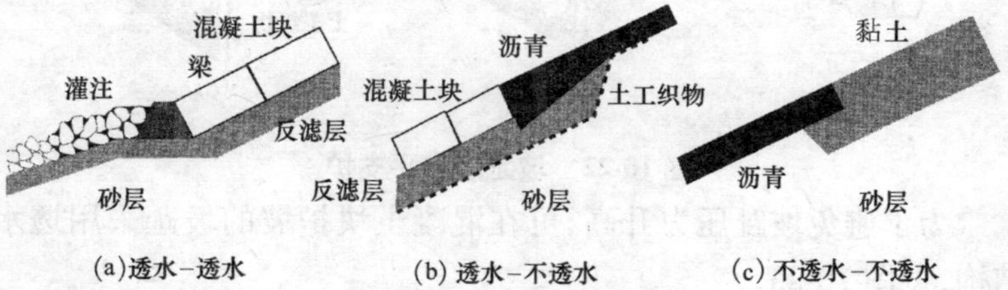

图 10-21　透水护坡与不透水护坡间的过渡段

10.5.2.3　透水－不透水

图 10-21(b)中的混凝土块和沥青,在反滤层中有一段重叠,以避免一个明显的切缝。通过混凝土块,沥青下会产生超压力。过渡段的沥青层较厚,以承受住这种压力。

10.5.2.4　不透水－不透水

在这种情况下不需要反滤层，但必须避免伸到砂层的切缝，以防止内部压力产生的渗漏，这种渗漏会引起冲刷，见图 10-21(c)。

可能遭遇很多其他的过渡段，比如在混凝土块和草皮之间。如果在斜坡上放牧，动物会损坏过渡段。草可以在部分透水混凝土块上生长，这可起平缓过渡段的作用。

10.5.3　坡　趾

坡趾是一种特殊类型的过渡段，即从斜坡到水平面。前一节谈到的问题，在这里也适用，但坡趾的支撑功能必须要慎重对待。

斜坡在坡趾产生水平力，坚硬的岩基完全可承受此力，见图 10-22(a)，但是软土却可使坡趾发生变形，或可能对护坡产生侵蚀或其他损坏，见图 10-22(b)。在这种情况下，坡趾防蚀设施就显得很重要，坡趾防蚀设施可用块石建造，它能承受水平力。

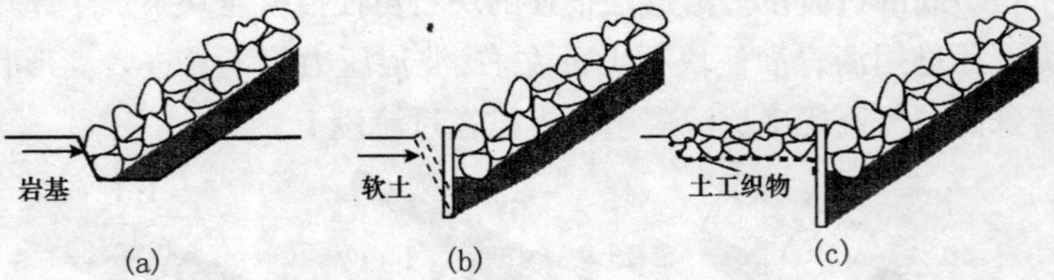

图 10-22　坡趾的水平支护

为了避免坡趾压力升高，可在混凝土块护坡的坡趾采用透水结构，见图 10-23。

若护坡的坡趾易受冲刷，比如蜿蜒河道的外河弯，有几种措施可供采用，见图 10-24。

在情况(a)中，将河岸挖到预计的冲刷深度，在施工中对护坡加以延伸。这种办法虽然合适但成本昂贵。

在情况(b)中，可采用沉排、混凝土块或其他黏性结构。当坡趾冲刷开始时，沉排将吊在冲刷坑内。有时也把它称为“滑曳

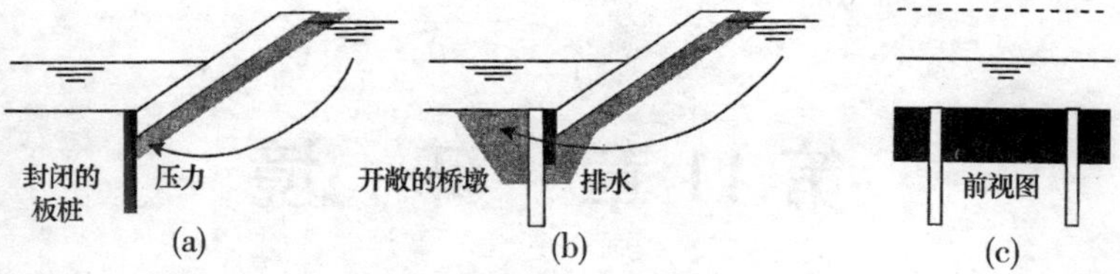

图 10-23　坡趾处的排水

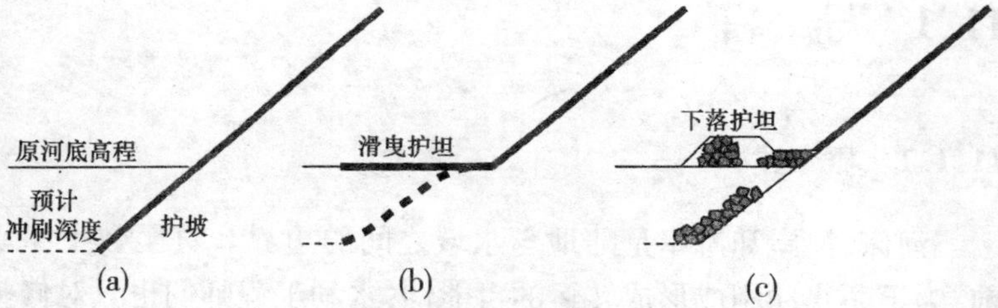

图 10-24　预计冲刷状况下的坡趾保护

(launching)护坦”。

图 10-24(c)为一种特殊类型的坡趾保护设施,称为下落护坦。它是无沉排或土工织物的一层松散块石。当坡趾发生冲刷,松散块石“下落”并覆盖冲刷坑的边坡。下落护坦所用的块石应符合以下要求:

(1)应足够大,以承受可能的水流冲击力。

(2)尺寸应相当均匀:混凝土块构成细粒径的下落护坦,用来形成一个“不完善的反滤层”,允许穿过块石冲刷底部材料。这在下落护坦中是必要的:一个完善的反滤层会阻碍穿过块石的冲刷,导致一段时间后护坦的无控坠落。

(3)应具有高密度($>2\ 500\ \mathrm{kg/m^3}$),高密度有利于下落过程更理想。

下落护坦必需的体积($\mathrm{m^3/m}$)可由下式估算:

$$V = (5 \sim 7) h_s\, d_{n50}$$

应定期对下落护坦进行监测,以检查冲刷和下落过程。

第11章　环　境

11.1　导　言

11.1.1　概　述

河床、河岸和海岸是陆地与水域之间的边界。直至数十年以前,为了防止冲刷或形成转运的可能性,水利工程师们也只对修整这些边界感兴趣,然而,社会对环境问题的日益关注已导致必须寻找一些其他的解决方法。陆地与水域之间的过渡带在自然界和景观方面起着重要的作用,这种认识对水利工程师们也产生了影响。自然友好的防护已成为世界范围的问题,单一功能的防护正在被逐渐废弃。第11.1.2节将介绍更多的有关生态方面的背景资料。

另一个环境方面的问题是所用材料的选择。为了防止污染,已不再允许使用某些含有重金属或有毒物质的材料。所用材料的选择也取决于工程所在地区的现行法律。一般可以说,许多产品质量值得怀疑。使用铅矿渣是很明显的错误,因为它会辐射出相当多的重金属,而磷矿渣可用于盐水环境,但却不能用于淡水。有关这方面更多的资料见 CUR200(1999)。

生态学和水利工程学似乎完全相反,但也未必如此。可以将通航运河作为实例。传统的或可利用的空间和资金,往往决定运河两岸应运用板桩来建造。板桩做岸的运河,其生态功能受到严重妨碍,因为直立河岸根本不给植物区系和动物区系提供活动场所。而且,在这样的运河上航行也会使人感到不愉快。由于两岸直立，船行波的作用会持续很长时间，当运输繁忙时，运河水面会晃荡，这将严重妨碍小型船舶的航行。因此，生态和航运之间未必存在矛盾。另一个例子是作为天然保护的植被的存在。保存未被损坏的植被可以节省大量资金。

另一种防护方法也是对水利工程师们的挑战。一组新的边界条件已进入防护设计领域，使得防护设计更加令人感兴趣。此外，在研究中已经出现新的维护领域，因为植被对负荷和强度的影响导致像生态工程或工程生物学的融合。本章列举了一些有关这种新方法的例子。

11.1.2 生态学

11.1.2.1 概述

生态学是研究有生命的生物体之间的相互关系及其与环境的关系的科学。最近数十年，这门科学已变得越来越重要。一个人不必成为了解“经济发展有几方面的影响，而应从长远来看这些影响可能对人类构成威胁”的环境专家。作为有生命的生物体的人，也是生态系统的一部分。河岸和海岸都是大型水系（如河流和湖泊）的一部分。这样一个系统的健康运行，是与该水系有关的其他所有行业正常运行的先决条件。如果一个水系不是一个稳定的生态系统，那么，对于饮用水，对于渔业或娱乐业等行业来说，作为原材料的水的供应也会受到危险。

减少污染是必要条件，但是，这不足以成就一个健康运行的生态系统。例如，将大马哈鱼引回莱茵河，要求不仅仅是减少工业污水排放量，而且还必须形成鱼类能产卵的河岸和其他安静的场所。这样，了解一些有关生态学方面的知识，对水利工程师来说是没有害处的。

11.1.2.2 生态基础设施

在规划一级，可以把生态基础设施分为几个组成部分，参见

图 11-1。

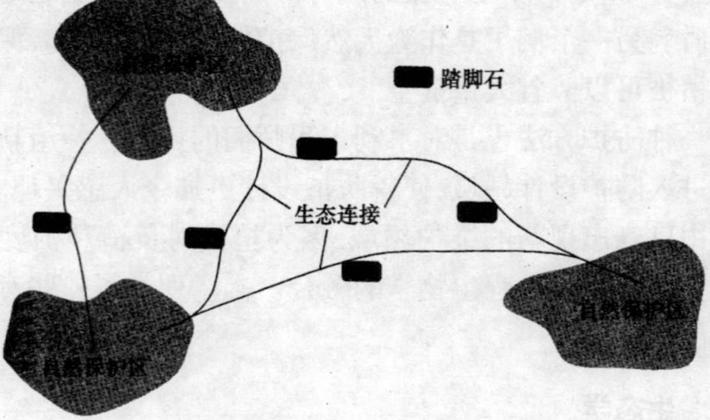

图 11-1　生态基础设施

11.1.2.3　自然保护区

某些物种大体上可以生活在一个理想环境的区域。这些区域够大,足以长期保护某些种群。

11.1.2.4　生态连接区

生态连接区能为某些物种服务,是属于比较一般的用途。如果连接区的作用不理想,就会出现分裂,尤其是对于那些不大迁徙、繁殖率低(即存活率小)的物种影响更大。

11.1.2.5　踏脚石

如果两自然保护区之间的距离太大,就可以在其间设踏脚石,以分散物种。这些区域适用于作为临时栖息区域,但是,这些区域太小,不是一个种群健康生存的久留之地。

河岸可在生态连接中起作用,而且也可以为某些物种起踏脚石的作用。

11.1.2.6　动态环境

和人一样,植物和动物也喜欢一定程度的动态环境。自然界提供了种类繁多的环境,从安静的水池到湍急水流区和拍岸波浪区。图 11-2 示出了生物体的健康与动态程度之间的关系。

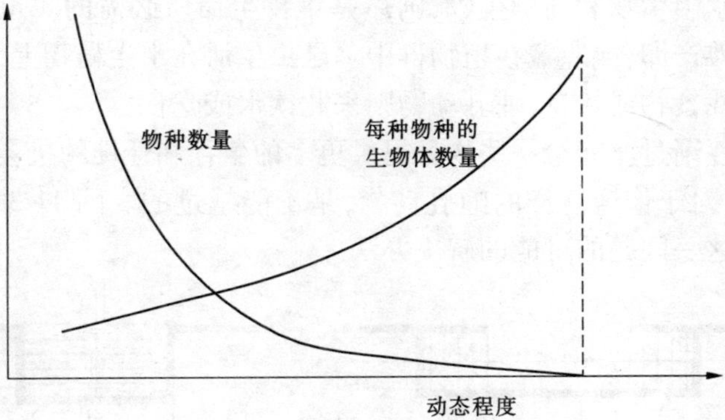

图 11-2　物种与动态程度

许多物种可以生活在中等程度的动态区域,但是,每种物种的生物体数量很少。在高度动态的环境中,只有极少数的物种可以生存,但每种物种的生物体的数量会很多。如果一个区域的水流太动态,任何物种都不可能生存。后者的例子是海滩,这里波浪冲击,而环境需要生物体的数量是如此之多,以致不适合作为植物或动物的生境。潮汐浅滩的环境稍不动态,在这里,美洲红树林可以经受波浪的冲击,因而贝壳类动物可以在水面下生存。这种浅滩的各个部位的干或湿状况的为时长短,取决于相对于潮位的高度。而且,在各个部位,只有少数几种物种能满足环境要求。不管怎样,在每平方米范围内,可以发现有大量的某些物种的生物体。另一个例子,是在暴露在太阳下的沙丘斜坡上发现,这里也栖息有少数几种物种,而处在阴影下的沙丘的另一面,差异相当的大。

关于河岸和海岸,很明显,对于大多数生物体来说,容易受到波浪作用的石质陡坡不适宜作为大多数生物的生境。因此,为了创造比较好的生存条件,有必要采取减缓动态的措施。

11.1.2.7　河岸和生态系统

河岸是大型生态系统的一个组成部分,构成从水域到陆地和从陆地到水域的过渡带，呈现出两者之间的特性。对于许多物种，包括水生生物和陆栖生物，河岸是维持生命所必需的。鱼类利用浅水滩产卵，或躲藏在植物群中。昆虫生活在水生植物上，鸟类来此寻找食物或休息，哺乳动物则来此饮水或吃食。

逐渐过渡能给一些物种提供更多的生存和迁徙的机会。板桩河岸，对于像鹿这样的哺乳动物，是不能越过的。图 11-3 示出了克服这一问题的可能的解决办法。

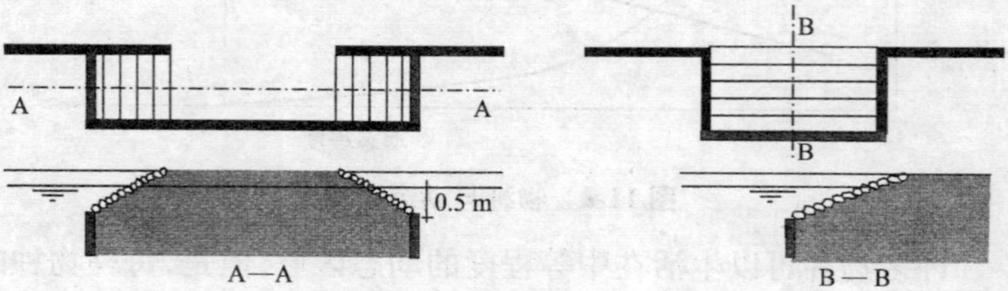

图 11-3　哺乳动物越岸地点

在进行河岸防护设施设计时，必须知道一定地区内，哪些是可以做的。在其他可比地区的自然河岸可供参考。对河岸的其他功能，比如像休闲游览，也必须加以考虑。逐步实施的方法能有助于制定应包括将来的维修和监测的最终方案。对于自然友好的河岸，其建设费用与维修费用之间的关系可能会有所差异，自然友好的河岸，成本实际上是比较低廉的。

图 11-4 为实施自然友好河岸护岸工程的步骤。它从想象需要什么和可能做什么开始，并按一般的步骤进行。在工程的第一阶段，已经对护岸工程的维修、监测和评价作了考虑。这比“一般”护岸工程还更需要这样做，因为自然友好河岸的运行，要求对其进行终身维护，尤其是在最初的几年。

11.1.3　荷载和强度

在极端条件下，任何护岸都可能受到损坏，需要进行维修。第

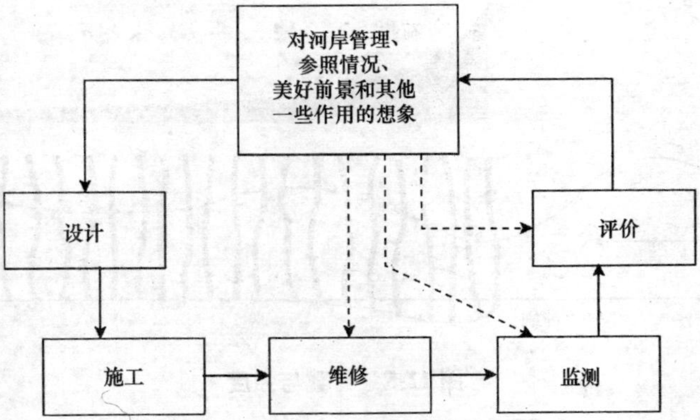

图 11-4　规划和实施步骤

1 章业已说过,如果冲刷损害某些利益,才需要防止冲刷。在自然状态下,河岸或海岸的冲淤均属于正常现象,对于自然界友好的防护设施,可以说情况类似。如果植被可以起到防护作用,只要被保护的利益不受到危害,出现一些损失是可以接受的,在极端荷载之后,植被可以恢复。

作为保护设施的植被,既可减小荷载也可增大强度。植被对波浪和水流具有较大的阻力,因而能减小荷载。植物的根通过对小规模的粒料实施保护,或是对其进行加固,可以增加强度。图 11-5为承受波浪荷载的植被。外侧植物是“打前阵的士兵”,水受的荷载比内侧植物的大。在最前沿地带,由于水流速度高,如果植物的根不能保持土壤,也可能会发生冲刷。其结果可能是外侧植物被毁坏或消失。只要士兵足够多,仍然可以打胜仗。如果在下次极端事件发生之前有足够的时间来恢复,那么,植被保护会很好地起作用。不然的话,还需要采取额外的保护措施。例如,修筑块石坝。

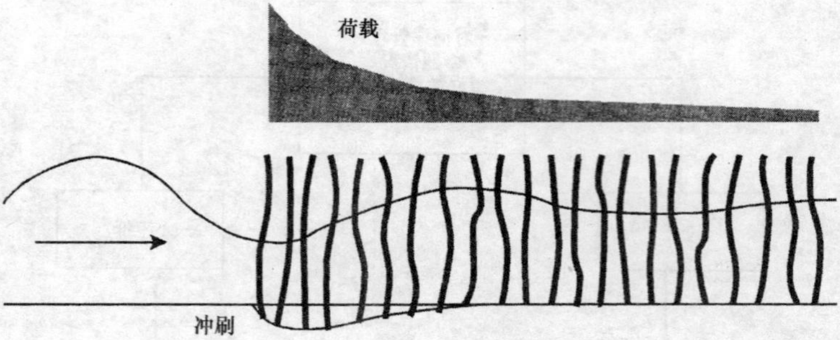

图 11-5　荷载与强度

11.2　河床防护设施

11.2.1　概　述

河床防护设施完全位于水下,因此从生态学观点来看,河床防护设施好像不会对生态造成多大的妨碍。然而,和块石护坡大不相同,松散石料护底甚至可以改善原有的生态状况。这样,贝壳类以及其他一些生物体能够很容易地附着在大块石上或隐藏在大块石之间,以形成新的生态机会。

11.2.2　沉　排

第 10 章提到:沉排要有反滤层作用,土工织物是必不可少的,因为枝条或芦苇的临界水力比降低(平行河底的只有几个百分点)。为了寻找天然材料取代这种土工织物,已经做了一些分析研究(Lemmens,1996)。

图 11-6 为研究各种天然纤维织物的临界水力比降的实验布置。为了把测试结果与现有的解决方法进行比较,采用土工织物作为参照物。

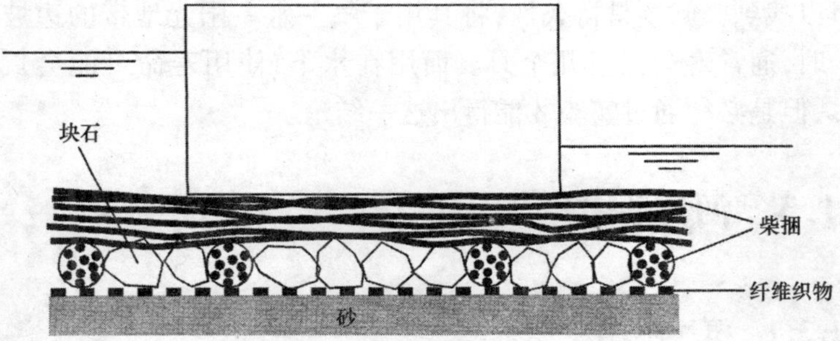

图 11-6　天然材料制作的沉排的滤水实验

似乎可以找到土工织物的替代品。芦苇垫层(表 11-1 中序号 4)的临界水力比降与植物的根可以穿透的土工织物(表 11-1 中序号 3)的一样,它比较适合于用做岸坡保护,而不适合用做河床保护。填充有木纸浆的黄麻纤维材料(表 11-1 中序号 8)的临界水力比降与高质量的土工织物(表 11-1 中序号 2)的比降一样,后者树根不可穿透,适用于质量要求高的河床保护。

表 11-1　纤维织物类型及水力比降

序号	纤维织物类型	临界水力比降(%)
1	无(传统式沉排)	7
2	合成纤维土工织物(树根不可穿透)	59
3	合成纤维土工织物(树根可穿透)	16
4	芦苇(沉排中使用的传统的反滤布)	18
5	椰子纤维反滤布	12
6	填充有 4 cm 木纸浆的椰子纤维织物反滤布	14
7	黄麻纤维反滤布	26
8	填充有 4 cm 木纸浆的黄麻纤维反滤布	56

像黄麻纤维、椰子纤维或其他天然纤维的织物,在许多地方都

可以找到。问题是持久性,将其用于气-水-阳光地带的边坡保护时,通常寿命只有几个月。而用在水下,使用寿命可能会长得多,但是必须通过实验才能得出这一结论。

11.3 河岸保护

11.3.1 概 述

正如第11.1.2节中所表述的,从水域到陆地的渐变过渡,是自然友好的设计中的关键词之一。首先,这是指的缓坡,这样,自然友好的河岸保护需要空间!在较小水域,建一个缓坡可能就足够了,然后等待植物生长,或者通过播种或种植稍作帮助。在一些河流或运河中,这往往是远远不够的。随着荷载的不断增加,可加强作为保护措施的植被,或者减小河岸前方的荷载。下面各节将会列举一些这方面的例子。

11.3.2 植 被

11.3.2.1 荷 载

植被,例如芦苇、灯心草、柳树林或是其他一些水生植物,可以减小波浪的冲刷和水流的速度。轨道波浪运动环绕芦苇秆流动,使其弯向前又弯向后,使波浪减弱成为一个非常复杂的过程。作为波浪减缓器,非常刚强的芦苇秆是很有效的。波浪方向的弯曲,可以使芦苇受到的影响很小,但是,与波向垂直的振动会更加引起较大的减弱,由于对轨道运动的阻力较大(Klok ,1996)。最后,芦苇秆的内摩擦也会消耗一部分能量。由于所有这些因素,还不能解析地或用数值计算来确定波浪的减弱。实验研究已得出以下波浪传递经验公式(CUR,1999):

$$K_T = \frac{H_T}{H_1} = 1 - \left[1 - \exp\left(-0.001N^{0.8}\frac{B}{\cos\beta}\right)\right] \quad (11\text{-}1)$$

式中：N 为每平方米的芦苇秆数量；B 为植被的宽度；β 为波浪的入射角(与河岸垂直的波浪为 0°，船行波为 55°)，将各种 N 值的波浪传递示于图 11-7(a)中。

公式(11-1)得出的数值，对于生长季节的芦苇秆来说是有效的。在其他一些季节，取决于芦苇秆的长度和外形，波浪的传递可以达到很高的值，波浪几乎没有减弱。这样，作为波浪减缓器的芦苇的功效取决于季节。因此，如果荷载也呈季节性变化(例如旅游航运)，这是一种合适的解决办法。

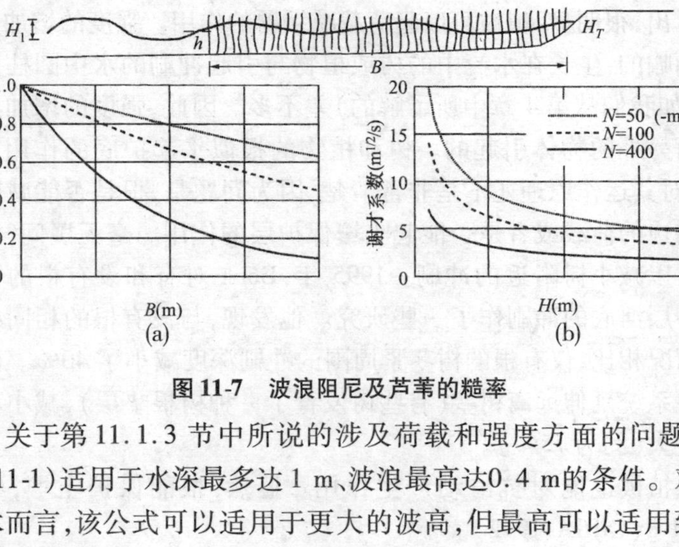

图 11-7　波浪阻尼及芦苇的糙率

关于第 11.1.3 节中所说的涉及荷载和强度方面的问题，公式(11-1)适用于水深最多达 1 m、波浪最高达0.4 m的条件。对于树木而言，该公式可以适用于更大的波高，但最高可以适用到多高，则尚属未知。

植被同样也可以减缓流速。植被的等效谢才系数(CUR，1999)为：

$$C_{植被} = \sqrt{\frac{g}{0.5NDh}} \quad (11\text{-}2)$$

式中:D 为茎的直径;h 为水深。

图 11-7(b)示出了各种 N 值的结果。应当指出,与在明渠水流中计算出的数值相比,C 值相当低。C 值与均匀流的对数流速分布没有关系,且在下面的关系式中也只使用代数参数:

$$u_{植被} = u_{明流} \frac{C_{植被} \sqrt{h_{植被}}}{C_{明流} \sqrt{h_{明流}}} \tag{11-3}$$

正如在第 2 章中所讨论的,在第 2 章中,下标明流代表植被以外的数值。

11.3.2.2　强　度

在第 11.1.3 节中,对荷载和强度进行过讨论。从上述例子可以看出,很明显,植被可以起荷载减缓器的作用。强度的增加是不言而喻的:生长在水流中的树或植物与引起冲刷的水中圆柱体墩(正如我们从第 4 章中所了解的)差不多。因此,强度的增加必须是由另外的物体引起的。树和植物的根似乎起护底的作用。不过,对其运作原理还不是非常清楚,因为问题是,根是否能减轻树杆周边的荷载或者是否能起土壤保护层的作用。毫无疑问,根似乎可以减小树附近的冲刷。1995 年,Dorst 对有和没有根的柳树的沙层河底的冲刷作了一些研究。他发现,与没有根的相同树茎的情况相比,仅有根的树茎紧周围的冲刷深度减小了 40%。由于树根系统延伸远离树茎(有些树发育了一种树根垫层),减小程度就更大(约为 75%)。

植被也能对抗滑动产生作用。显然,根能保护土壤,参见图 11-8(CIRIA,1992)。

11.3.2.3　草　皮

对草皮以及草本类植被需要特别保护。草皮不可能生长在水下,但可以耐受水流和波浪荷载若干小时,这取决于荷载的大小。本节讨论与河岸保护有关的水流流速。第11.4.3节将讨论海岸保护的波浪荷载。

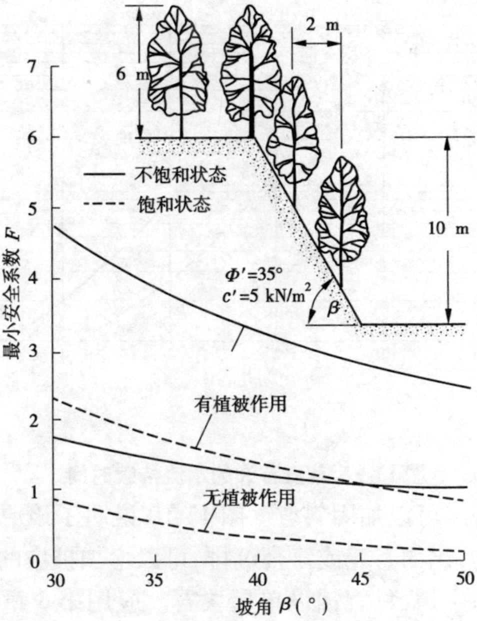

图 11-8　根的抗滑作用

图 11-9 所示为容许的水流速度及其持续时间的关系曲线。草皮可以在短时期内经受住相当高的水流速度,或者是可以经受比较低的水流速度好几天。在流速比较低的情况下,水流会流过草地。在流速增大的情况下,草叶就会平压在土壤上,并将其覆盖,这样就增加了一层保护。

第 11.4.3 节对管理与草皮植被质量之间的关系进行了分析研究。

11.3.3　带增固层的植被

当波浪荷载或水流荷载超过前一节所述的荷载大小时,沉排

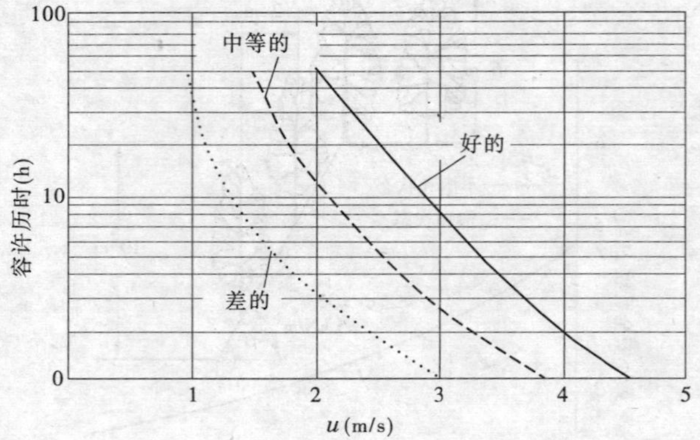

图 11-9　草皮容许的水流持续时间

或其他人造护层可以加固斜坡。图 11-10 说明了该原理：薄沉排，或类似结构物，比如石笼或复合沉排，可以增加护坡的强度。为了不妨碍植物的生长，只宜铺设单层块石。应用第 8 章的公式计算尺寸，但是由于只铺设一层块石，应考虑到一定裕度。当植物完全长成以后，植物根能起保持土壤的作用，但是，在初期，需要布置反滤层。像在第11.2.2节中所提到的可降解的土工织物，可以解决这个问题。

11.3.4　荷载减小设施

当波浪荷载确实太大，以致植被不能生存时，为了给水生植物创造一个能够茂盛生长的环境，必须在河岸的前面设有荷载减小设施。到那时，在减波设施后面的长条地带，就会变成安静的区域。为了更新长条带中的水，水渠或河流与长条带之间应能进行水体互换。图 11-11 示出一些荷载减小设施的实例。图 11-11(a)为低保护设施（板桩或块石坝），参见第 7 章中的减波设施。图 11-11(b)是带水下孔洞的板桩，孔洞沿水渠有一定间距。

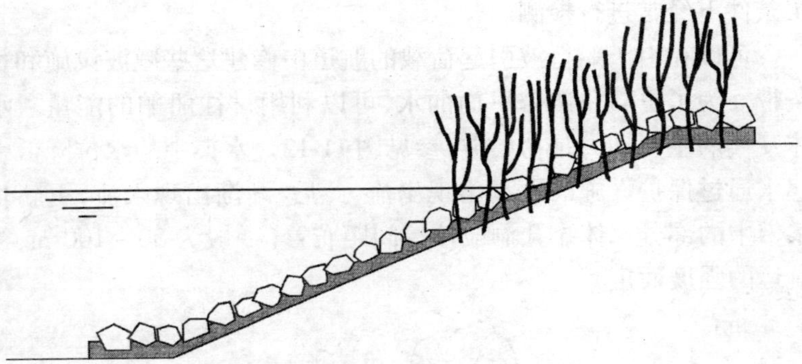

图 11-10 加固的植被

图 11-11(c)是顶部高于水面的保护设施,但是沿水渠长度方向间断。这就是说,局部仍会发生波浪冲击河岸的现象。为了防止对植被造成损害,像图 11-11(d)中提出的解决办法是比较可行的,只是要求有稍大的空间。注意:横断面图 11-11(a)与图 11-11(b)和平面图图 11-11(c)与(d)不匹配。它们代表不同解决办法。

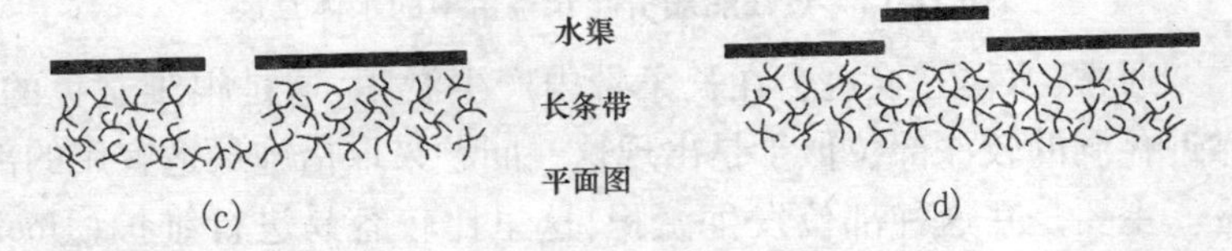

图 11-11 减波设施后方有水生植物的长条带

在河流或湖泊中,风成波和水流必须解决长条带中水的互换问题。由于这些现象也会对河岸和植被的稳定性造成威胁,必须在荷载与保护设施之间寻求一种巧妙的综合平衡,而且应当在现实条件下经常进行检测。

可以在由于船行波引起荷载的航道中修建这些减波设施和长条带。为了更新长条带里面的水，可以利用过往船舶的能量。水体互换的主要动力是初始波，参见图11-12。水渠中的水位降低引起水通过保护设施的孔洞出现出流，此后，渐渐出现入流，更新长条带中的部分水体。孔洞应按等间距布置（一般为50~100 m，视航运的强度而定）。

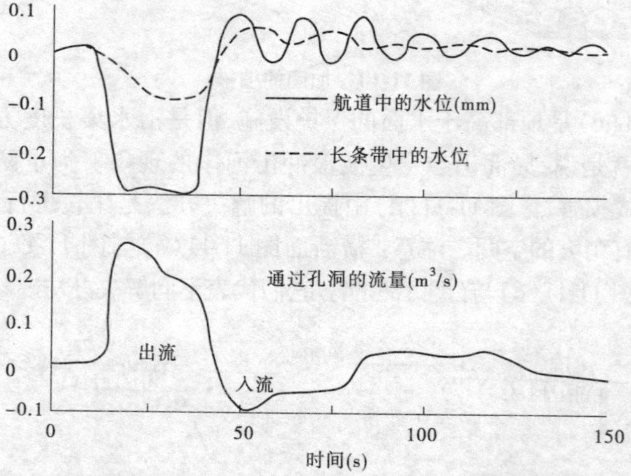

图11-12　过往船舶引起长条带中的水体互换

通常，水体互换也会在长条带内产生淤积，这是很难避免的。靠近孔洞的较深部位似乎是出现这一问题采取措施最适宜用的部位。主要是在这种部位发生淤积，这里比较容易进行维护（Hooijmeijer，1998）。

11.3.5　丁　坝

在许多河流的两岸都建有丁坝。如果航运强度增大或水流速度增加，丁坝之间可能会发生冲刷，参见图11-13。如不采用石料护坡,还有一些较为简单的替代方案:(a)示出泥沙补给的可能性。泥沙补给会严重地破坏现有的植被,但是,从岸上冲来的种子可使天然植被恢复。(b)示出丁坝向陆地上延伸。这在很大程度上可保存天然过程不变,不过,却将失去一些土地。

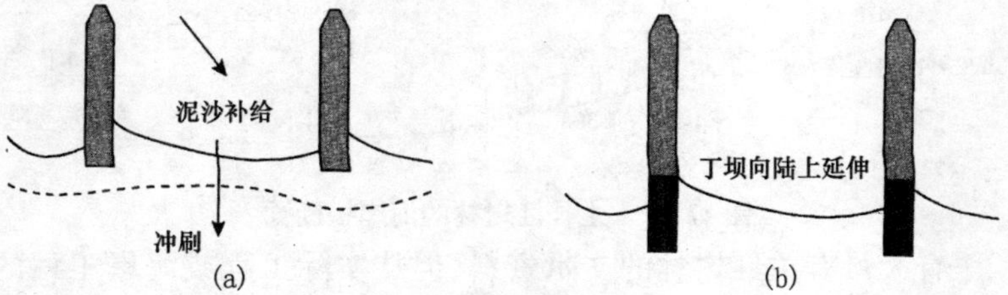

图 11-13 丁坝间的冲刷

11.4 海岸保护

11.4.1 红树林

红树林是许多热带海岸地区和潮汐海湾的天然植被,它们能形成高度丰饶的生态系统,是许多海洋物种的养殖场。红树林能在极其动态的环境中奇迹般地茂密生长。这些树能适应大多数其他植物不能适应的盐水。树苗几乎没有机会下沉,因此红树一般是在母株上萌发的,它在孢蒴(繁殖体)中生长成几乎完整的一棵树,这种繁殖体可以随着潮汐漂移,并能在几天之内变成直立的幼树。

图 11-14 示出了有红树林植被的淤泥海岸的典型横断面。通过该图,可以增加对红树林的重要性和薄弱性的了解。这些红树林还是一种天然的海岸防护林,如果哪里把它们弄掉了,无论什么原因,要付出的代价是遭受冲刷和/或建人工防护设施。然而,处处栽植这些植物防浪设施并不是特别理想的方案。红树林只能存

在于中等波浪气候的海岸(Noakes,1955),这主要是由于其树苗不能在极其动态的环境中下沉(Sato,1985)。但是,一旦这些树长大以后,它们甚至能顶住偶然出现的旋风(Stoddart,1965; Hopley,1974)。

图 11-14 生长红树林的海岸横断面

有大量有关红树林的文献资料,但从实际工程或海岸工程的观点来研究的却很少。从水利工程的观点来看,了解红树林对波浪传递和海岸稳定的影响是极其重要的。

红树林最显著的特点之一是它的根系。因为红树林通常是生长在厌氧条件下的淤泥土中,它们借助气生根,改善其与大气之间的气体交换。世界上的红树种类有许多,其中最主要的是海榄[雌]属和红树属两种。这两种红树有完全不同的气生根。红树属具有“支撑”式根或“高跷”式根,而海榄[雌]属则生长潜水艇“通气管”式的出水通气根,它从底部垂直冒出,参见图 11-15。这些根在抑制波浪方面起着重要作用,甚至于可能比树干发挥的作用还要大。

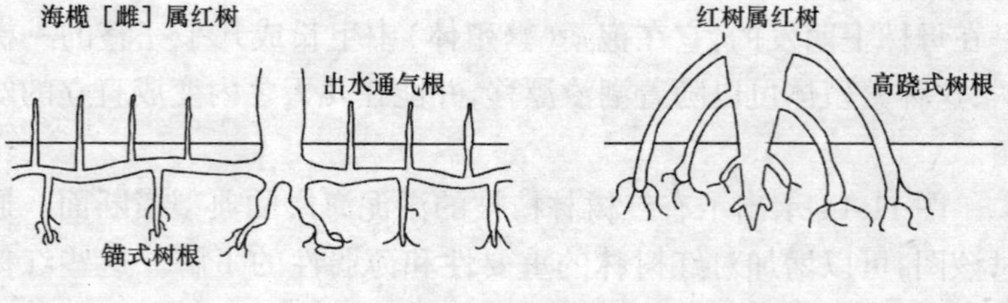

图 11-15 红树林的树根

由于具有这种呼吸系统,红树经常需要新鲜空气,因此它们只能生长在潮间区的上部,大概在平均海水面以上、(春季)高水位以下范围内。它们能耐风暴潮，但是，在持续极长时间的淹没之后，有红树被淹死的报道（Steinke 和 Ward，1989），而且，当风暴期间有大量泥沙堆积在其根系上面时，红树甚至会被憋死。在平均海水面以下，树苗不可能下沉，在水位比较高的情况下，红树林无法与其他植物种类竞争。红树林前面的海滩往往为坡度约为1∶1 000的潮区泥泞滩。在红树林的后面，在春季高水位与偶尔海潮淹没水位之间，在“正常”植被开始出现之前，可能存在生长适盐（嗜盐）草本植物和草类的盐沼泽，参见图 11-16。这些潮区（一般坡度为 1∶200 ~1∶300）森林的宽度主要取决于潮位差（沿着热带和海岸，这种潮位差从几直米到 5 m 以上不等）。

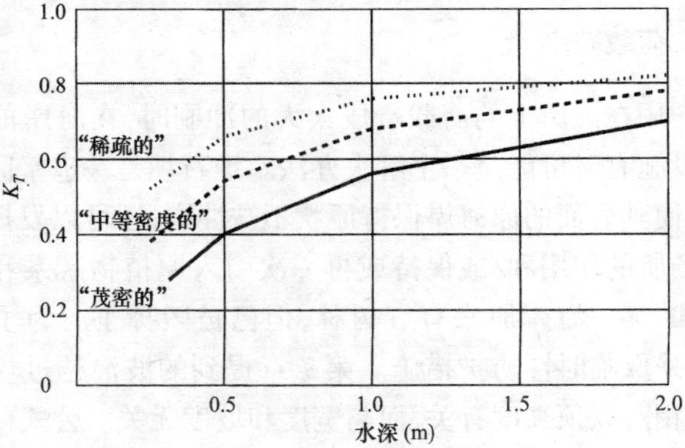

图 11-16　穿过红树林区 100 m 的波浪传递

在代尔夫特理工大学，进行了一项有关波浪在红树林中传递的研究，参见 Schiereck 和 Booij（1995）。根据波浪在圆柱体周围的水动力衰减情况，估计了红树的树干和树根能发挥的作用。因为在植被的面积大小和密度方面有很大的差异，故将其划分为 3 种典型状况：稀疏的植被、中等密度的植被和茂密的植被，参见图 11-16，在该图中，把波浪传递定义为 H_T/H_I，传递的波高除以来波的波高。

采用波浪能量模型(Holthuijsen 等,1989),计算了几个红树林斜坡度上的能量消耗,如图 11-16 所示。如果每单位面积的能量消耗假定是均匀的(Bruun 于 1954 年针对海滩就做过这样的假定),则红树林的相应坡度为1:100~1:300,淤泥浅滩的相应坡度为1:1 000~1: 2 000。这些数字与自然情况基本一致,参见图 11-14。

由图 11-14 可以看出这些研究结果的重要性。如果把红树林毁掉,坡度将变为 1:1 000,导致海岸线后退数百米。因此,确实的,在有自然保护的地方,一定要将其保存好。重新造林很困难,而且还可能要求对其实施临时性防护。

11.4.2 荷载减小

当作用在海岸上的荷载造成太大的冲刷时,在海岸前面设荷载减缓设施有时可能是一个解决办法。堆石坝是一道坚固的防护屏障,能使其后面的原海岸保持原状不被冲刷,还可以发挥海滩休闲娱乐场所的作用和/或保持或再一次引入原植物区系和动物区系。比如,某一海岸原来有红树林,但已被毁掉了。为了恢复植被,必须采取临时性防护措施。第 7 章提到的波浪越过坝顶的传递,只与相对坝顶高度有关,而与宽度和坡度无关。公式(11-4)可以描述实验结果:

$$\frac{H_T}{H_I}=\left[\frac{B}{H_I}\right]^{-0.31}\left[1-\exp(-0.5\xi)\right]F_{坝} \tag{11-4}$$

公式中的 $F_{坝}$ 表示坝型,表 11-2 给出一些 $F_{坝}$ 的值。

表 11-2 坝型及采用的数值

坝型	块石坝	钢丝石笼	不透水坝(沥青或干砌块石)
$F_{坝}$	0.64	0.7	0.8

图 11-17 示出公式(11-4)的计算结果。图 11-17(a)为不同坝顶宽度和 $\xi=2$ 的计算结果(公式(11-4) 中的最小宽度应该是

$B/H_I=1$)。当然,宽度愈大,波浪传递愈小。图 11-17(b)示出不同 ξ 值和 $B/H_I=1$ 的计算结果。ξ 值愈大(较陡的岸坡或坡度较小的波浪),波浪传递愈大。

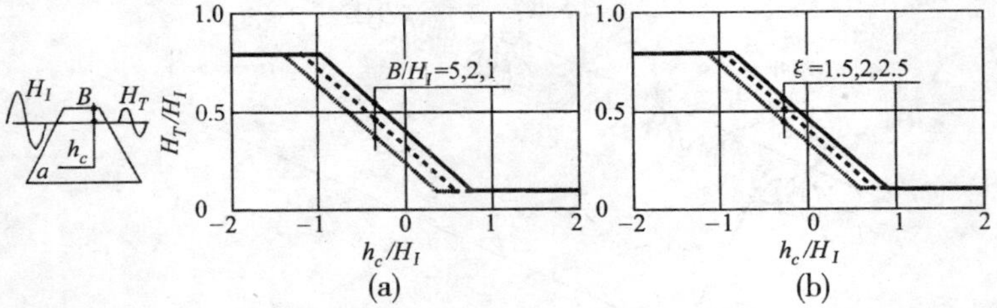

图 11-17　坝的波浪传递

为了便于水体的交换和各类动物的进出,必须按等间距设置一些孔洞,参见图 11-18。

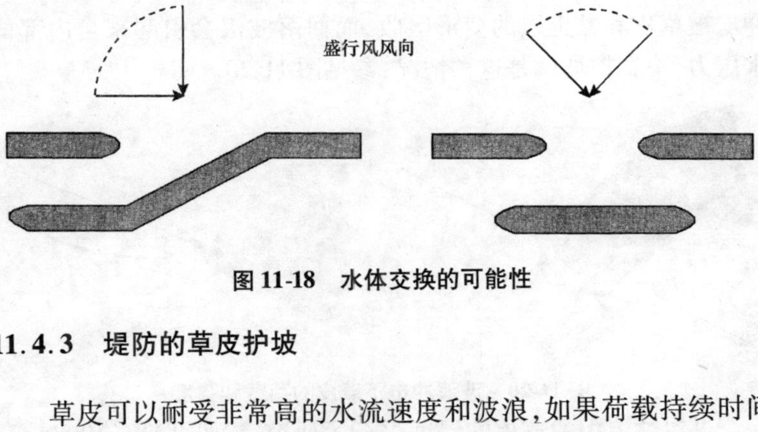

图 11-18　水体交换的可能性

11.4.3　堤防的草皮护坡

草皮可以耐受非常高的水流速度和波浪,如果荷载持续时间是有限的,草皮管理很好。在荷兰,进行了大量有关草皮强度方面的研究。图 11-19 示出了黏土层上的草皮。带根的上层称为草皮。草皮的强度主要来自根部,分布均匀的健康的草根能起到坚固的覆盖层的作用。草皮的强度受施肥的影响非常大。施肥多,"懒"草坐食,因而根不发育,然而,施肥较少,草必然勤于觅食,因而根长而强壮。

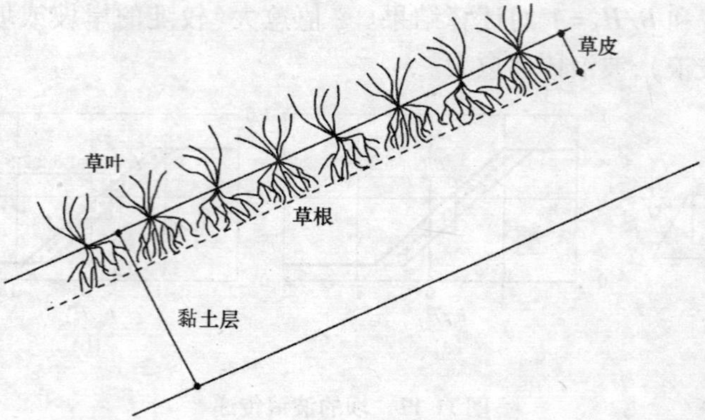

图 11-19 草皮和黏土层

荷载和强度机理是沥青层与块石护岸处理特点的综合。波浪冲击被草皮和黏土层的变形吸收,而回落波浪会引起来自内部的水压力,块石护坡就是这种情况,参见图 11-20。

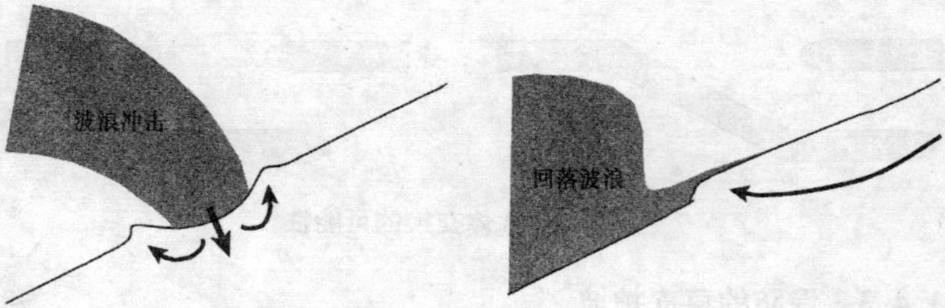

图 11-20 波浪冲击下草皮的荷载和强度

已对波浪中的草皮的侵蚀进行了研究,参见 TAW(1998),草皮的侵蚀可用下列公式表达:

$$t_{\max} = \frac{d}{\gamma E} = \frac{d}{\gamma C_E H_s^2} \tag{11-5}$$

式中:d 为草皮的厚度;E 为侵蚀速度;γ 为安全系数;C_E 表示草皮的质量,见表 11-3。

表 11-3　草皮质量划分标准

草皮质量	好	中	差
$C_E(10^{-6}$ L/ms)	0.5~1.5	1.5~2.5	2.5~3.5

图 11-21 示出了公式(11-5)的计算结果,$d=0.05$ m,$\gamma=2$。只要草皮的质量好,且暴风持续时间不超过几个小时,通常,堤防上的草皮层能够耐受 $H_s=1.5$ m的波浪。这使草皮成为只是偶然出现波浪的堤防上部的极好的覆盖层。当波浪的高度超过1.5 m时,最大波浪冲击区应当用块石或沥青保护,但是,在波浪的上冲区,仍可用草皮护坡。质量好的草地,可以耐受高度低于0.4 m的波浪达几天,因此在吹程有限的河口段或河流中,对于堤防的上部(草决不会长久生活在水下),采用草皮护坡可能是一个好的备选方案。

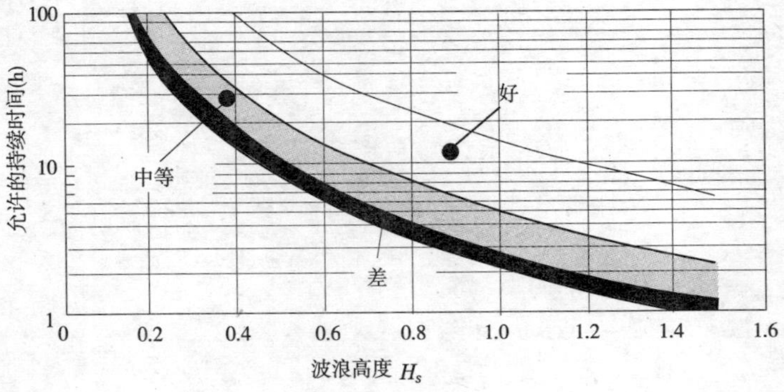

图 11-21　波浪荷载和优质草皮允许的持续时间

如前所述,草皮的质量,尤其是草根,主要取决于施肥的程度。牲口过度食草,会大大降低草皮质量。此外,牲口的蹄可能会损害草层。然而,在自然与强度之间并没有矛盾。不施肥,草会生长的更加茂密,并可期望更多的生物多样性。许多草本植物和花卉在草中生长的更加茂盛。可以将生物多样性作为评价草皮质量的度量,为检查草皮质量提供直观的工具(参见 TAW,1998;Sprangers,1999)。